电力系统继电保护及自动装置

（第2版）

李斌　赖勇　杨红静 等　主编

中国水利水电出版社

www.waterpub.com.cn

内 容 提 要

本书主要介绍电力系统继电保护及安全自动装置的工作原理、实际应用等内容。

全书共分9章，第1章介绍继电保护基础知识，包括电压互感器、电流互感器、变换器、微机保护硬件、软件基本知识；第2～6章介绍输电线路继电保护、安全自动装置工作原理及配置；第7章介绍主设备保护，包括变压器保护、同步发电机保护、母线保护及断路器失灵保护；第8章介绍供电网络自动装置，包括备用电源自动切换以及自动按频率减负荷装置；第9章介绍发电厂自动装置，包括同步发电机的励磁调节与自动并列装置。

本书既可以作为电气工程及其自动化专业本科教材，还可以作为电力系统、继电保护从业人员的专业培训教材。

图书在版编目（ＣＩＰ）数据

电力系统继电保护及自动装置 / 李斌等主编. -- 2
版. -- 北京 : 中国水利水电出版社，2015.8(2023.7重印)
ISBN 978-7-5170-3598-5

Ⅰ. ①电… Ⅱ. ①李… Ⅲ. ①电力系统－继电保护②
电力系统－继电自动装置 Ⅳ. ①TM77

中国版本图书馆CIP数据核字(2015)第206986号

书 名	**电力系统继电保护及自动装置**（第 2 版）	
作 者	李斌 赖勇 杨红静 等 主编	
出版发行	中国水利水电出版社	
	（北京市海淀区玉渊潭南路 1 号 D 座　100038）	
	网址：www. waterpub. com. cn	
	E - mail：sales@mwr. gov. cn	
	电话：(010) 68545888（营销中心）	
经 售	北京科水图书销售有限公司	
	电话：(010) 68545874、63202643	
	全国各地新华书店和相关出版物销售网点	
排 版	中国水利水电出版社微机排版中心	
印 刷	天津嘉恒印务有限公司	
规 格	184mm×260mm　16 开本　13.5 印张　320 千字	
版 次	2008 年 3 月第 1 版　2008 年 3 月第 1 次印刷	
	2015 年 8 月第 2 版　2023 年 7 月第 4 次印刷	
印 数	11001—13000 册	
定 价	**42.00** 元	

第 2 版 前 言

随着电力系统自动化技术的快速发展，电力系统继电保护、安全自动装置进入数字化、网络化阶段，且相互融合，如输电线路自动重合闸、按频率自动减负荷装置已经成为实际继电保护装置中的程序模块，而备用电源自动投入装置中也加入了继电保护功能。因此本书编写时考虑融合电力系统继电保护与安全自动装置方面内容，按照设备功能组织编写：基础知识（第1章）、输电线路用继电保护、安全自动装置（第2～6章）、电力主设备保护（第7章）、供电网络自动装置（第8章）、发电厂自动装置（第9章）。在编写过程中，力求反映当前生产实际，强调基本概念、基本原理、设备配置以及兼顾一定的整定计算原则，减少不必要的理论分析，突出实用性、可读性。对于目前实际应用较少的电磁型、整流型继电器，只介绍基本概念，略去详细的继电器结构、动作方程分析等内容。

本书是普通高等学校电力工程类的专业课教材，也可作为从事电力系统运行、管理的技术人员的专业读物及从事继电保护和安全自动装置工作的技术人员的专业培训教材。

本书（第1版）于2008年出版，本次为修订版，在第2版的编写过程中，为了适应课程学时的设置保留了原有的章节结构，在此基础上，为适应近年来继电保护及自动控制装置的发展，修改了其中不符合技术发展的内容，且具体各章节内容根据电力生产技术发展进行了适当调整，并对第1版教材中的部分错误进行了修正。

编者除了一直承担本科的专业教学工作外，还长期从事继电保护专业技师、高级技师的培训及鉴定工作，熟悉变电站二次施工设计，因此对电力系统继电保护与安全自动装置当前的状况及发展趋势非常了解，从而为此教材具有较强的实用性、针对性提供了保证。为了进一步增强教材的工程实用性，第2版教材编写时特聘请了具有丰富工作经验的江苏省宿迁供电公司高级技师赖勇编写第1、2章。

本书的第1、2章由赖勇编写，第3、4、6章由东南大学成贤学院杨红静编写，第7章由南京工程学院隆贤林编写，第5、8、9章由南京工程学院李敏编写。李斌、隆贤林分别负责第 1~6 章和第 7~9 章的统稿工作，赖勇负责全书技术图纸、工程应用方面的统稿工作。

在此衷心地感谢为此书提供大量技术资料和图纸的继电保护设备制造单位及施工设计部门。

由于水平有限，书中难免存在不妥和错误之处，恳切希望广大师生和读者批评指正！

编　者
2015 年 5 月

第1版前言

随着电力系统自动化技术的快速发展,电力系统继电保护、安全自动装置进入数字化、网络化阶段,且相互融合,如输电线路自动重合闸、按频率自动减负荷装置等已经成为实际继电保护装置中的程序模块,而备用电源自动投入装置中也加入了继电保护功能。因此本书编写时考虑融合电力系统继电保护与安全自动装置方面等内容,按照设备功能组织编写:基础知识(第1章)、输电线路用继电保护、安全自动装置(第2~6章)、电力主设备保护(第7章)、供电网络自动装置(第8章)、发电厂自动装置(第9章)。在编写过程中,力求反映当前生产实际,强调基本概念、基本原理、设备配置以及兼顾一定的整定计算原则,减少不必要的理论分析,突出实用性、可读性。对于目前实际应用较少的电磁型、整流型继电器,只介绍基本概念,略去详细的继电器结构、动作方程分析等内容。

本书是普通高等学校电力工程类的专业课教材,也可作为从事电力系统运行、管理的技术人员的专业读物及从事继电保护和安全自动装置工作的技术人员的专业培训教材。

编者除了一直承担本科的专业教学工作外,还长期从事继电保护专业技师、高级技师的培训及鉴定工作,熟悉变电站二次施工设计,因此对电力系统继电保护与安全自动装置当前的状况及发展趋势比较了解,从而为本教材具有较强的实用性、针对性提供了保证。

本书的第1、2、4、6章由南京工程学院李斌编写,第3、7章由南京工程学院隆贤林编写,第5、8、9章由南京工程学院李敏编写,李斌、隆贤林分别负责前6章和后3章的统稿工作。

国电南自、南瑞继保、南瑞科技等设备制造单位以及江苏省电力设计院为此书提供了大量的技术资料及图纸,在此表示衷心的感谢。

由于水平有限,书中难免存在不妥和错误之处,恳切希望广大师生和读者批评指正!

编　者

2007年11月

下角符号对照表

act	动作	aper	非周期分量
set	整定	arc	电弧
bra	分支	p	极化
rel	可靠	d	差动
re	返回	k	短路
Ms	自启动	imp	冲击
sen	灵敏	φ	相
er	误差	$\varphi\varphi$	相间
ss	同型	min	最小
brk	制动	max	最大

目　　录

第1章 基 础 知 识

1.1 继电保护及安全自动装置概述

1.1.1 电力系统继电保护及安全自动装置的作用

继电保护及安全自动装置是电力系统的重要组成部分，是电力系统安全、稳定运行的可靠保证，是保证输电、供电可靠性与电能质量的主要措施。

电力系统在运行中，可能发生各种故障和不正常运行状态，最常见同时也是最危险的故障是发生各种形式的短路。发生短路时可能产生三方面的后果：①对电力设备而言，过高的短路电流及其燃起的电弧可能使故障元件损坏，另外发热和电动力的作用还会引起非故障元件的损坏，缩短元件的使用寿命；②对电网而言，故障可能破坏电力系统并列运行的稳定性；③对用户而言，故障导致电能质量下降，会影响工厂产品质量，破坏用户用电的持续性。

电力系统中电气元件的正常工作遭到破坏，但没有发生故障，这种情况属于不正常运行状态。例如，因负荷超过电气设备的额定值而引起的电流升高（一般又称过负荷）就是一种最常见的不正常运行状态。另外，电网的电压、频率、功角的波动如果超出允许范围也会引起系统的不稳定。

故障和不正常运行状态都可能在电力系统中引起事故。事故，就是指全部或部分系统的正常工作遭到破坏，并造成对用户少送电或电能质量变坏到不能容许的地步，甚至人身伤亡和电气设备损坏。

在电力系统中，继电保护装置的基本作用是在故障时自动、迅速、可靠、有选择性地将故障元件从电力系统中切除，即跳开故障设备各侧的断路器；如果系统出现过负荷等不正常运行状态时自动、迅速地发出告警信号，必要时也可以动作于跳闸。

为了保证重要电力设备的稳定正常运行，保证输电、供电的持续性与电能质量，维护系统的稳定，需要在发电机与电网中装设安全自动装置，例如自动重合闸、备用电源自动投入装置，同步发电机的自动调节励磁装置、自动并列装置、自动按频率减负荷装置等。安全自动装置的主要作用是：①配合继电保护装置提高供电的持续性；②保证电能质量与系统稳定。

为了维护电力系统安全稳定运行，在确定电力网结构、厂站主接线和运行方式时，必须与继电保护及安全自动装置的配置统筹考虑，合理安排。继电保护及安全自动装置的配置方式既要满足电力网结构和厂站主接线的要求，也要考虑电力网和厂站运行方式的灵活性。对导致继电保护及安全自动装置不能保证电力系统安全运行的电力网结构形式、厂站主接线形式、变压器接线方式和运行方式，应限制使用。

1.1.2 继电保护的基本原理

为完成继电保护的任务，应该要求它能够正确地区分系统正常运行、不正常运行与发生故障这三种运行状态，利用这三种状态电气参数变化的特征构成保护的判据，并根据不同的判据构成不同原理的继电保护。一般情况下，发生短路后总是伴随有电流增大、电压降低、线路始端测量阻抗减小，以及电压与电流之间相位角变化等现象。利用正常运行与故障时这些基本参数的区别可以构成各种不同原理的继电保护。例如，反应于电流增大而动作的过电流保护，反应于电压降低而动作的低电压保护以及反应于短路点到保护安装地点之间的距离而动作的距离（低阻抗）保护等。

这些电气参数包括反应于每相中的电流和电压（如相电流、相电压或线电压）和仅反应于其中某一个对称分量（如负序、零序或正序）的电流和电压等。由于在正常运行情况下，负序和零序分量不会出现，而在发生不对称接地短路时，它们都具有较大的数值，在发生不接地的不对称短路时，虽然没有零序分量，但负序分量却很大，因此，利用这些分量构成的保护装置，一般都具有良好的选择性和灵敏性，这也是这种保护装置获得广泛应用的原因。

除上述反应于各种电气量的保护以外，还有根据电气设备的特点实现反应非电量的保护。例如，当变压器油箱内部的绕组短路时，反应于油被分解所产生的气体压力变化而构成的瓦斯保护；反应于电动机绕组的温度升高而构成的过负荷或过热保护等。

1.1.3 电力系统继电保护的基本要求

动作于跳闸的继电保护，在技术上一般应满足四个基本要求，即选择性、速动性、灵敏性和可靠性，现分别讨论如下。

1. 选择性

继电保护动作的选择性是指保护装置动作时，仅将故障元件从电力系统中切除，使停电的范围尽量小，以保证系统中的无故障部分仍能继续工作。选择性说明图如图 1-1 所示。

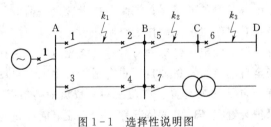

图 1-1 选择性说明图

在图 1-1 所示的电路接线中，当 k_1 点短路时，应由距短路点最近的保护 1 和 2 动作跳闸，将故障线路切除，变电站 B 则仍可由另一条无故障的线路继续供电。而当 k_3 点短路时，保护 6 动作跳闸，切除线路 C-D，此时只有变电站 D 停电。

在要求继电保护动作有选择性的同时，还必须考虑继电保护或断路器有拒绝动作的可能性，因而就需要考虑后备保护的问题。图 1-1 中，当 k_3 点短路时，距短路点最近的保护 6 本应动作切除故障，但由于某种原因，该处的继电保护或断路器拒绝动作，故障便不能消除，此时靠其前面一条线路（靠近电源侧）的保护 5 动作，故障也可消除。保护 5 作为相邻元件的后备保护。按以上方式构成的后备保护是在远处实现的，因此又称为远后备保护。

在复杂的高压电网中，当实现远后备保护在技术上有困难时，也可以采用近后备保护的方式。即当本设备的主保护拒绝动作时，由本设备的另一套保护作为后备保护；当断路器拒绝动作时，由同一发电厂或变电站内的有关断路器动作，实现后备。由于这种后备作用是在主保护安装处实现，因此，称它为近后备保护。

根据以上分析，在继电保护的配置上有以下几个基本概念：

（1）主保护。尽可能快速（符合要求）地切除被保护元件内部故障的保护称为主保护。

（2）后备保护。当被保护元件主保护拒动时利用该保护切除相应断路器的保护称为后备保护。后备保护分为近后备保护和远后备保护。

（3）辅助保护。辅助保护是为补充主保护和后备保护的性能或当主保护和后备保护退出运行而增设的简单保护。

2. 速动性

快速地切除故障可以提高电力系统并联运行的稳定性，减少用户在电压降低的情况下工作的时间，并缩小故障元件的损坏程度。因此，在发生故障时，应力求保护装置能迅速动作切除故障。对继电保护速动性的具体要求，应根据电力系统的接线以及被保护元件的具体情况来确定。下面列举一些必须快速切除的故障。

（1）根据维持系统稳定的要求，必须快速切除的高压输电线路上发生的故障。

（2）使发电厂或重要用户的母线电压低于允许值（一般为 0.7 倍额定电压）的故障。

（3）大容量的发电机、变压器以及电动机内部发生的故障。

（4）1～10kV 线路导线截面过小，为避免过热不允许延时切除的故障。

（5）可能危及人身安全、对通信系统或铁道号志系统有强烈干扰的故障等。

故障切除的总时间为保护装置动作时间加断路器动作时间。目前一般的快速保护的动作时间为 0.04～0.08s，最快的可达 0.01～0.02s；一般的断路器的动作时间为 0.06～0.15s，最快的可达 0.02～0.06s。

3. 灵敏性

继电保护的灵敏性，是指对于其保护范围内发生故障或不正常运行状态的反应能力。灵敏性一般包括两方面的含义：①保护区内的各种故障类型都能反应；②保护区内任意一点故障都能反应。保护装置的灵敏性通常用灵敏系数来衡量，它主要取决于被保护元件和电力系统的参数和运行方式。灵敏系数应根据常见的不利方式和不利的短路形式计算。

在进行整定计算时，常用到最大运行方式和最小运行方式。最大运行方式是指流过保护装置的短路电流为最大的系统运行方式；最小方式是指流过保护装置的短路电流为最小的系统运行方式。

反应故障参数增加的保护装置（如过电流保护），其灵敏系数为

$$K_{sen} = \frac{I_{k.min}}{I_{act}} \tag{1-1}$$

式中　$I_{k.min}$——保护区末端金属性短路时保护安装处故障参数的最小值；

　　　I_{act}——保护装置的动作参数。

反应故障参数降低的保护装置（如低电压保护），其灵敏系数为

$$K_{sen} = \frac{U_{act}}{U_{k.max}} \tag{1-2}$$

式中　$U_{k.max}$——保护区末端金属性短路时保护安装处故障参数的最大值；

　　　U_{act}——保护装置的动作参数。

GB/T 14285—2006《继电保护和安全自动装置技术规程》对各类保护的灵敏系数都作了具体规定，关于这个问题在以后各章中还将分别予以讨论。

4. 可靠性

保护装置的可靠性是指在该保护装置规定的保护范围内发生了它应该动作的故障时，它可靠不拒动，而在任何该保护不应该动作的情况下，则可靠不误动。

可靠性主要针对保护装置本身的质量和运行维护水平。一般来说，保护装置的组成元件的质量越高、接线越简单、回路中继电器的触点数量越少，保护装置的工作就越可靠。同时，精细的制造工艺、正确的调整试验、良好的运行维护以及丰富的运行经验，对于提高保护的可靠性也具有重要的作用。

继电保护装置的误动作和拒绝动作都会给电力系统造成严重的危害。但提高其不误动的可靠性和不拒动的可靠性的措施常常互相矛盾。由于电力系统的结构和负荷性质不同，误动和拒动的危害程度有所不同，因而提高保护装置可靠性的着重点在各种具体情况下也应有所不同。应根据电力系统和负荷的具体情况采取适当的措施。

为了便于分析继电保护装置的可靠性，在有些文献中将继电保护不误动的可靠性称为安全性，而将其不拒动和不会非选择性动作的可靠性称为可信赖性，意指保护装置的动作行为完全依附于电力系统的故障情况。安全性和可信赖性基本上都属于可靠性的范畴，因此本书仍沿用我国传统的四个基本要求（或称"四性"）的提法。

选择继电保护方式除应满足上述的基本要求外，还应该考虑其经济性。首先应从国民经济的整体利益出发，按被保护元件在电力系统中的作用和地位来确定保护方式，而不能只从保护装置本身的投资来考虑。这是因为保护不完善或不可靠给国民经济造成的损失一般都远远超过即使是最复杂的保护装置的投资。但要注意对较为次要且数量很多的电气元件（如低压配电线路、小容量电动机等）也不应该装设过于复杂和昂贵的保护装置。

由于对不同的自动装置有不同的要求，对自动装置的基本要求在相关章节中介绍。

1.1.4　继电保护及安全自动装置的发展

继电保护及安全自动装置是随着电力系统的发展而发展起来的。电力系统中的故障与不正常运行状态是不可避免的。短路必然伴随着电流的增大，因而为了保护发电机等免受短路电流的破坏，首先出现了反应电流超过预定值的过电流保护。熔断器就是最早的、最简单的过电流保护装置，这种保护方式至今仍广泛应用于低压线路和用电设备。熔断器的特点是集保护装置与切断电流的装置于一体，因而最为简单。由于电力系统的发展，用电设备的功率、发电机的容量不断增大，发电厂、变电站和供电网的接线不断复杂化，电力系统中的正常工作电流和短路电流都不断增大，熔断器已不能满足选择性和快速性的要求，于是出现了作用于专门的断流装置（断路器）的过电流继电器。20 世纪初随着电力系统的发展，继电器开始广泛应用于电力系统的保护，这个时期也可认为是继电保护与安全自动装置发展的开端。

1901 年出现了感应型过电流继电器。1908 年提出了比较被保护元件两端电流的电流差动保护原理。1910 年方向性电流保护开始得到应用，在此时期也出现了将电流与电压相比较的保护原理，20 世纪 20 年代初距离保护装置出现。随着电力系统载波通信的发展，1927 年前后出现了利用高压输电线上高频载波电流传送和比较输电线两端功率方向或电流相位的高频保护装置。20 世纪 50 年代，微波中继通信开始应用于电力系统，从而出现了利用微波传送和比较输电线两端故障电气量的微波保护。早在 20 世纪 50 年代就出现的利用故障点产生的行波实现快速继电保护的设想，经过 20 余年的研究，20 世纪 70 年代末出现了行波保护装置。显然，随着光纤通信在电力系统中的大量采用，利用光纤通道的继电保护也将得到广泛的应用。

与此同时，构成继电保护装置的元件、材料，保护装置的结构型式和制造工艺也发生了巨大的变革。20 世纪 50 年代以前的继电保护装置都是由电磁型、感应型或电动型继电器组成。这些继电器都具有机械转动部件，统称为机电式继电器。但这种保护装置体积大、消耗功率大、动作速度慢、机械转动部分和触点容易磨损或粘连、调试维护比较复杂，不能满足高电压、大容量电力系统的要求。

20 世纪 50 年代，由于半导体晶体管的发展，开始出现了晶体管式继电保护装置。这种保护装置体积小、功率消耗小、动作速度快、无机械转动部分，称为电子式静态保护装置。20 世纪 70 年代是晶体管继电保护装置在我国大量应用的时期，满足了当时电力系统向高电压、大容量方向发展的需要。

电子工业方面，集成电路技术的发展使数十个或更多的晶体管集成在一个半导体芯片上成为可能，从而出现了体积更小、工作更加可靠的集成运算放大器和其他集成电路元件，促使静态继电保护装置向集成电路化方向发展。20 世纪 80 年代后期静态继电保护从第一代（晶体管式）向第二代（集成电路式）过渡，20 世纪 90 年代开始向微机保护过渡。目前，微机保护装置已取代集成电路式继电保护装置，成为静态继电保护装置的主要形式。

微机保护具有巨大的计算、分析和逻辑判断能力，有存储记忆功能，因而可用于实现任何性能完善但复杂的保护原理。微机保护可连续不断地对本身的工作情况进行自检，因此工作可靠性很高。此外，微机保护可用同一硬件实现不同的保护原理，使保护装置的制造大大简化，也更容易实行保护装置的标准化。微机保护除了保护功能外，还可兼有故障录波、故障测距、事件顺序记录和调度计算机交换信息等辅助功能，这对简化保护的调试、事故分析和事故后的处理等都有重大意义。

由于计算机网络与通信技术的发展及其在电力系统中的大量应用，微机保护目前正朝集测量、保护、控制和数据通信一体化的方向发展。此外，基于计算机网络的数据信息共享功能，微机保护可以共享全系统的运行数据和信息，并应用自适应原理和人工智能方法使保护原理、性能和可靠性得到进一步的发展和提高，使继电保护技术沿着网络化、智能化、自适应和保护、测量、控制、数据通信一体化的方向不断前进。

继电保护与自动装置是电力学科中最活跃的分支，在 20 世纪 50～90 年代的 40 年时间走过了机电式、整流式、晶体管式、集成电路式和微机式五个发展阶段，目前已经进入智能化、数字化阶段。电力系统的快速发展为继电保护及自动装置技术提出了艰巨的任务，电子技术、计算机技术、通信技术又为继电保护及自动装置技术的发展不断注入新的活力。

1.2 电压互感器

电压互感器（TV）是隔离高电压，供继电保护、自动装置和测量仪表获取一次电压信息的变换器。

电压互感器也是一种特殊形式的变压器，其二次电压正比于一次电压，近似为一个电压源，正常使用时电压互感器的二次负载阻抗一般较大。在二次电压一定的情况下，阻抗越小电流越大，当电压互感器二次回路短路时，二次回路的阻抗接近于零，二次电流变得非常大，如果没有保护措施将会导致损坏电压互感器。所以，电压互感器的二次回路不能短路。

正确地选择和配置电压互感器型号、参数，严格按技术规程与保护原理连接电压互感器二次回路，对降低计量误差、确保继电保护等设备的正常运行、确保电网的安全运行具有重要意义。

1.2.1 电压互感器的型式

电压互感器的型式多种多样，按工作原理分为电磁式电压互感器、电容式电压互感器和光电式电压互感器。其中电磁式电压互感器在结构上又可分为三相式和单相式两种。在三相式电压互感器中又分为三相三柱式和三相五柱式两种。从使用绝缘介质上电压互感器又可分为干式、油浸式及 SF_6 等多种电压互感器。

1. 电磁式电压互感器

电磁式电压互感器的优点是结构简单，制造和运行经验丰富，产品成熟，且暂态响应特性较好。其主要缺点是因铁芯的非线性特性，容易产生铁磁谐振，引起测量不准确及电压互感器损坏。

2. 电容式电压互感器

电容式电压互感器的优点是没有谐振问题，装在线路上时可以兼作高频通道的结合电容器。其主要缺点是暂态响应特性比电磁式电压互感器差。带载波附件的电容式电压互感器原理接线如图 1-2 所示，电容分压后的电压经 T 变换后输出。

电容式电压互感器包括电容分压器和电磁装置两部分，电容分压器的作用是电容分压，包括高压电容器 C_1（主电容器）和串联电容器 C_2（分压电容器）。电容器组由三节套耦合电容器及电容分压器重叠组成，每节耦合电容器或电容分压器单元装有数十只串联

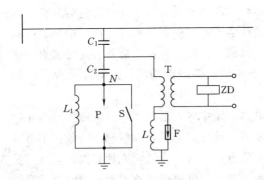

图 1-2 电容式电压互感器示意图

C_1—高压电容；C_2—中压电容；T—中间变压器；
ZD—阻尼器；L—补偿电抗器；F—氧化锌避雷器；
L_1—排流线圈；P—保护间隙；S—接地开关

6

而成的膜纸复合介质组成的电容元件，并充以十二烷基苯绝缘油密封，高压电容 C_1 的全部电容元件和中压电容 C_2 被装在 1~3 节瓷套内，由于它们保持相同的温度，所以温度引起的分压比的变化可被忽略。电容元件置于瓷套内经真空处理、热处理后已彻底脱水、脱气，注进已脱水脱气的绝缘油并密封于瓷套内。每节电容器单元顶部有一个可调节油量的金属膨胀器，以便在运行温度范围内使油压始终保持正常状态。

电磁装置由中间变压器 T 和补偿电抗器 L 组成，其作用是将电容分压器上的电压降低到所需的二次电压值，由于电容分压器上的电压会随负荷变化而变化，在分压回路串入电感（补偿电抗器）来补偿电容器的内阻抗，可以使电压稳定。电容分压器经过一个电磁式电压互感器隔离后再接仪表和保护装置。

另外，电容式电压互感器还设有过压保护装置和载波耦合装置。保护装置包括保护间隙（P）和氧化锌避雷器（F），用来限制补偿电抗器和电磁式电压互感器与分压器的过电压；阻尼电阻（ZD）用来防止持续的铁磁谐振。载波耦合装置是一种能接收载波信号的线路元件，把它接到开关 S 的两端，其阻抗在工频电压下很小，完全可以忽略，但在载波频率下其数值却很大。当不接载波耦合装置时，应闭合接地开关 S。L_1 是排流线圈，电容分压器的工频电流通过排流线圈接地。排流线圈的工频阻抗值很小，当小于 10Ω，且电容电流也小于 0.5A 时，排流线圈两端的工频压降就很小，当小于 5V 时，由于排流线圈的一端接地，这样，在工频电压下，电容分压器低压端 N 对地电位就被限制得很低。另外，排流线圈两端的保护间隙可抑制 N 点出现的冲击过电压。N 点处于低电位可以保证两点：①保证电容分压器低压引出套管、引出端子板免受过电压而损坏，当电容式电压互感器不带有载波附件，如果电容分压器低压端 N 接地不可靠，则 N 点会出现高压而损坏绝缘件；②由于电容分压器低压端 N 直接与结合滤波器的高压端相连，N 点的低电位保证了结合滤波器始终处于低电位，即使结合滤波器内部出现故障，也能保证结合滤波器及后置载波机免受过电压之害，保证了设备和人身的安全。

3. 光电式电压互感器

数字式光电电压互感器是一种混合式光电电压互感器。其采用罗科夫斯基线圈实现的大电流（或高电压）变送、高电位取能、远距离激光供能、光纤数据传输、变电站自动化信息接口等多项技术，具有无饱和、高精度、线性度好、安全性高等特点。光电互感器的采集器单元（包括电流电压传变和信号处理等）与电力设备的高电压部分为等电位，高低压之间全部使用光纤连接，将一次电流电压传变为小电压信号，然后转换为数字量，通过光纤传输给保护、测量和监控等设备使用，减少了设备的体积和重量，提高了可靠性。

光电互感器可作为数据服务器使用，向实现保护测量等具体功能的装置提供数据，也可以根据需要集成继电保护和测控等功能。光电互感器原理如图 1-3 所示。

1.2.2　电压互感器的基本参数

1. 一次额定电压

电压互感器的一次参数主要是额定电压。其一次额定电压的选择主要应满足相应电网电压的要求，其绝缘水平能够承受在电网电压下长期运行，并能承受可能出现的雷电过电压、操作过电压及异常运行方式下的电压，如小接地电流方式下的单相接地。

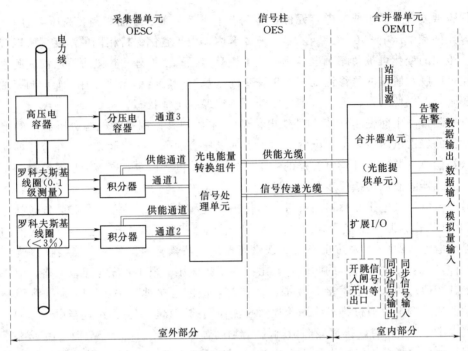

图 1-3 光电式电压互感器原理图

对于三相电压互感器和用于单相系统或三相系统间的单相互感器，其一次额定电压应符合 GB/T 156—2007《标准电压》所规定的某一个标称电压，即 6kV、10kV、20kV、35kV、66kV、110kV、220kV、330kV、500kV。对于接在三相系统相与地之间或中性点与地之间的单相电压互感器，其一次额定电压为上述额定电压的 $1/\sqrt{3}$。

2. 二次额定电压

接于三相系统相间电压的单相电压互感器的二次额定电压为 100V，即系统正常运行时电压互感器二次线电压为 100V，相电压为 $100/\sqrt{3}$V，即 57.7V。

接成开口三角形的电压绕组额定电压与系统中性点接地方式有关。大接地电流系统中开口三角形绕组的额定电压（现场有时称为三次绕组）为 100V，小接地电流系统中该绕组额定电压则为 100/3V。

3. 二次额定输出容量

电压互感器的额定输出容量标准值是 10VA、15VA、25VA、30VA、50VA、75VA、100VA、150VA、200VA、250VA、300VA、400VA、500VA。对于三相式电压互感器，其额定输出容量是指每相的额定输出，电压互感器二次承受负载功率因数 $\cos\varphi = 0.8$（滞后），负载容量不大于额定容量时，互感器能保证幅值与相位的精度情况下的输出容量。

除额定输出容量外，电压互感器还有一个极限输出值。其含义是在 1.2 倍一次额定电压下，互感器各部位温升不超过规定值时，二次绕组能连续输出的视在功率值（此时互感器的误差通常超过限值）。

在选择电压互感器的二次输出容量时，首先要进行电压互感器所接的二次负荷统计。计算出各台电压互感器的实际负荷，然后再选出与之相近并大于实际负荷的标准输出容

8

量，并留有一定的裕度。

4. 电压互感器的误差

电磁式电压互感器由于励磁电流、绕组的电阻及电抗的存在，当电流经过一次及二次绕组时会产生电压降和相位偏移，从而产生电压比值误差（简称变比误差）和相位误差（简称相位差），即

变比误差

$$\Delta U\% = \frac{n_{TV}U_2 - U_1}{U_1} \times 100\% \tag{1-3}$$

式中　n_{TV}——额定电压比；

　　　U_2——二次侧的实际电压；

　　　U_1——一次侧电压。

相位差

$$\delta = \arg\frac{\dot{U}_2}{\dot{U}_1} \tag{1-4}$$

电压互感器的相位差，是指一次电压与二次电压相量的相位之差。当二次电压相位超前于一次电压时，相位差为正值，以分（'）或 rad 表示。

电容式电压互感器，由于电容分压器的分压误差以及电流流过中间变压器时，补偿电抗器产生电压降等原因也会使电压互感器产生变比误差和相位差。

电压互感器电压的变比误差和相位差的限值大小取决于电压互感器的准确级，具体规定如下：

（1）对于测量用电压互感器的标准准确度级有 0.1、0.2、0.5、1.0、3.0 五个等级。满足测量用电压互感器电压误差和相位差的条件为：在额定频率下，其一次电压在 80%～120%额定电压之间的任一电压值，二次负载的功率因数 cosφ 为 0.8（滞后），二次负载的容量应在 25%～100%之间。如表 1-1 所示。

表 1-1　　　　　　　　　　测量用电压互感器的误差限值

准确级	变比误差 /%	相位差 /(')	准确级	变比误差 /%	相位差 /(')
0.1	±0.1	±5	1.0	±1.0	±40
0.2	±0.2	±10	3.0	±3.0	—
0.5	±0.5	±20			

（2）继电保护用电压互感器的标准准确度级有 3P 和 6P 两个等级。保护用电压互感器的误差限值如表 1-2 所示。

表 1-2　　　　　　　　　　保护用电压互感器的误差限值

准确级	电压误差 /%	相位差 /(')	准确级	电压误差 /%	相位差 /(')
3P	±3.0	±120	6P	±6.0	±240

1.2.3　电压互感器的二次回路接线

为了满足电压互感器在测量、继电保护及安全自动装置上的使用，电压互感器有多种配置与接线方式。

1. 电压互感器的配置

电压互感器一般按以下原则选择配置：

（1）当主接线为单母线、单母线分段、双母线等主接线时，在母线上安装三相式电压互感器；当其出线上有电源时，需要重合闸检同期或无压，需要同期并列时，应在线路侧安装单相或两相电压互感器。

（2）对于3/2主接线，一般在线路或变压器侧安装三相式电压互感器，在母线上安装单相互感器以供同期并列和重合闸检无压、检同期使用。

（3）内桥接线的电压互感器可以安装在线路侧，也可以安装在母线上，一般不同时安装。安装地点不同对保护功能有影响。

（4）对220kV及以下的电压等级，电压互感器一般有2个次级，一组为星形接线，一组为开口三角形接线。在500kV系统中，为了继电保护的完全双重化，一般选用3个次级的电压互感器，其中两组接为星形，一组接为开口三角形。

（5）当计量回路有特殊需要时，可增加专供计量的电压互感器次级或安装计量专用的电压互感器组，此时电压互感器有3个次级。

（6）在小接地电流系统中，需要检查线路电压或同期时，应在线路侧装设两相式电压互感器或装一个电压互感器接于线电压。在大接地电流系统中，需要检查线路电压或同期时，应首先选用电压抽取装置。500kV线路一般都装设3个电容式线路电压互感器作为保护、测量和载波通信公用电压互感器。

2. 继电保护和测量用电压互感器二次回路接线

电压互感器的二次接线主要有单相接线、单线电压接线、V/V接线、星形接线、三角形接线、中性点接有消谐电压互感器的星形接线等。各接线的连接方式如图1-4所示。

（1）单相接线常用于大接地电流系统判断线路无压或同期，可以接于任何一相。

（2）单线电压接线中一个电压互感器接于两相电压间，主要用于小接地电流系统判断线路无压或同期。

（3）V/V接线主要用于小接地电流系统的母线电压测量，用两个电压互感器接于线电压就能完成三相电压的测量，可以节约投资。但是该接线方式在二次回路中无法测量系统的零序电压，因此当需要测量零序电压时不能使用该接线方式。

（4）星形接线与三角形接线应用最多，常用于测量母线的三相电压及零序电压。接线如图1-4（d）、图1-4（e）所示，星形接线可以获得三相对地电压，三角形绕组输出电压为三相电压之和，即3倍零序电压。

（5）图1-4（f）为中性点接有消谐电压互感器的星形接线。在小接地电流系统中，当单相接地时允许继续运行2h，由于非接地相的电压上升到线电压，是正常运行时的$\sqrt{3}$倍，特别是间隙性接地还会产生暂态过电压，可能造成电压互感器铁芯饱和，引起铁磁谐

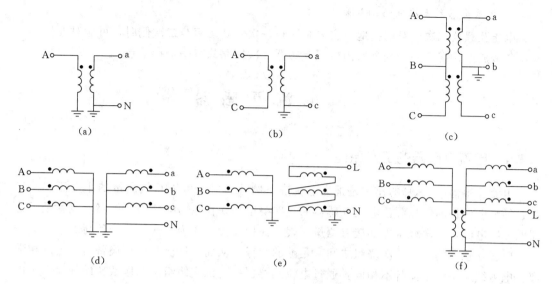

图 1-4　TV 接线方式图

（a）单相接线；（b）单线电压接线；（c）V/V 接线；（d）星形接线；
（e）三角形接线；（f）中性点接有消谐电压互感器的星形接线

振，使系统产生谐振过电压。所以，使用在小接地电流系统的电压互感器均要考虑消谐问题。消谐措施有很多种，在开口三角绕组输出端子上接电阻性负载或电子型、微机型消谐器是其中之一，图 1-4（f）中在星形接线的中性点接一个电压互感器也能起到消谐的作用，所以该电压互感器也称为消谐电压互感器。

3. 电压互感器二次回路的保护

电压互感器相当于一个电压源，当二次回路发生短路时会产生很大的短路电流，如果没有选择合适的保护装置将故障切除，会损坏电压互感器及其二次绕组。

电压互感器二次回路的保护设备应满足：①在电压回路最大负荷时，保护设备应不动作；②当电压回路发生单相接地或相间短路时，保护设备应能可靠地切除短路故障；③在保护设备切除电压回路的短路过程中和切除短路之后，反映电压下降的继电保护装置不应误动作，即保护装置的动作速度要足够快；④电压回路短路保护动作后出现电压回路断线应有预告信号。

电压互感器二次回路保护设备，一般采用快速熔断器或自动空气开关。熔断器作为保护设备的优点是结构简单，能满足上述选择性及快速性要求。但是，报警信号需要在继电保护回路中得以实现。采用自动空气开关作为保护设备时，除能切除短路故障外，还能保证三相同时切除，防止缺相运行，并可利用自动开关的辅助触点，在断开电压回路的同时切除有关继电保护的正电源，防止保护装置误动作，或由辅助接点发出断线信号。

电压互感器二次侧应在各相回路和开口三角绕组的试验芯上配置保护用的熔断器或自动开关。开口三角形绕组回路正常情况下无电压，故可不装设保护设备。熔断器或自动开关应尽可能靠近二次绕组的出口处装设，以减小保护死区。保护设备通常安装在电压互感器端子箱内，端子箱应尽可能靠近电压互感器来布置。

4. 电压互感器二次回路的接地

电压互感器二次回路的接地，主要是防止一次侧高压窜至二次侧时，可能对人身及二次设备造成的伤害，一个变电所内电压互感器二次回路只有一个接地点。

1.3 电流互感器

1.3.1 电流互感器的工作原理

电流互感器（TA）的作用是把大电流按比例降到仪表可以直接测量的小电流，并作为各种继电保护的信号源。电流互感器的一次绕组串联在电力线路中，线路电流就是互感器的一次电流，二次绕组外部接有测量仪表和保护装置，作为二次绕组的负荷。

电流互感器的一、二次绕组之间有足够的绝缘，从而保证所有低压设备与高电压相隔离。电力线路中的电流各不相同，通过电流互感器一、二次绕组不同匝数比的配置，可以将大小悬殊的线路电流变换成大小相接近、便于测量的电流值（二次电流额定值一般为5A 或 1A）。电流互感器相当于一个工作在短路状态下的变压器。若不计一次电流中的励磁分量，其一、二次电流之比等于匝数比。电流互感器就是利用这一原理来测量一次侧的大电流。

运行中的电流互感器，其二次回路必须接有负荷或直接短路，如果在一次绕组有电流的情况下二次开路，则二次反磁势不再存在，一次电流全部用来励磁，铁芯中的磁感应强度急剧增加，二次感应电势急剧上升。此时，因铁芯饱和，磁通波形将变成平顶波，二次电压很高，当出现很高的开路电压时，会对二次绕组的绝缘、测量及继电保护装置构成威胁，所以电流互感器运行时，应特别注意防止二次绕组的开路。

1.3.2 电流互感器的极性

电流互感器的极性、参考方向规定，如图1-5所示。

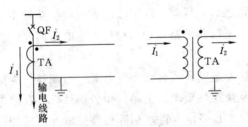

图 1-5 电流互感器参考方向示意图

电流互感器参考方向规定与《电机学》课程中变压器参考方向正好相反，因为按照 TA 参考方向，I_1 与 I_2 同相；而在变压器参考方向下，I_1 与 I_2 反相。

1.3.3 电流互感器接线方式

电流互感器常见接线方式如图 1-6 所示，图中 KA 为电流继电器或继电保护电流测量元件。

（1）两相不完全星形接线用于 35kV 及以下电压等级小接地电流系统，可以获得 A、C 相电流，能够对各种相间故障起到保护作用。

（2）三相完全星形接线用于 110kV 及以上电压等级大电流接地系统，可以获得三相

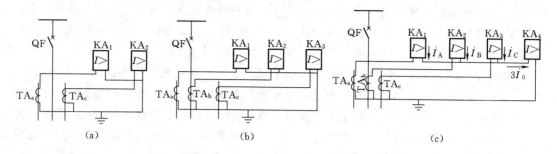

图 1-6　电流互感器接线方式

（a）两相不完全星形接线；（b）三相完全星形接线；（c）零序电流获得接线

相电流。

（3）三相完全星形接线的中线上可以获得三相电流之和，即 3 倍零序电流，如图 1-6（c）所示中的 KA_4 上流过的 $3\dot{I}_0$ 能够反应接地故障时产生的零序电流。

1.3.4　电流互感器的误差

电流互感器符号、等效电路、相量图如图 1-7 所示。

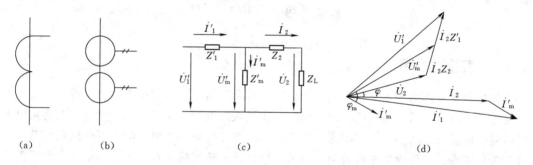

图 1-7　电流互感器符号、等值电路及相量图

（a）接线图使用符号；（b）配置图使用符号；（c）等值电路；（d）等值电路相量图

影响电流互感器误差的主要因素是二次负载及一次电流大小。从图 1-7 不难看出，电流互感器的误差主要来自励磁电流，即一次电流中有一部分流入励磁回路而不变换至二次侧。二次负载越大，分流到励磁回路的励磁电流也越大，造成电流互感器误差增大。一次电流增大时，电流互感器铁芯趋向饱和，励磁阻抗下降也会导致励磁电流增大，电流互感器误差也会随之增大。

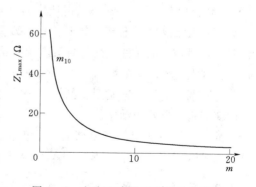

图 1-8　电流互感器 10% 误差曲线图

继电保护使用的电流互感器误差极限通常为 10%，在误差为 10% 情况下二次阻抗与一次电流的关系曲线称为 10% 误差曲线，如图 1-8 所示，其中 m 为一次电流倍数，Z_{Lmax} 为允许的最大二次阻抗。

电流互感器的准确度级分为测量用电流互感器的准确度级和保护用电流互感器的准确度级。测量用电流互感器的准确度级分为 0.1、0.2、0.5、1、3、5 等 6 个等级。一般的测量用电流互感器的准确度采用 0.5 级，计量回路可采用 0.2 级。

电流互感器由于存在电流波形畸变，需采用复合误差来规定其误差特性。GB 1208—2006《电流互感器》规定标准的保护用电流互感器有 5P 和 10P 两个准确度级，如表 1-3 所示。在表示保护用电流互感器准确度级时，通常也将准确限值系数一并写出，例如，某保护用电流互感器的准确度级为 5P20，其中 20 即为准确限值系数。其含义是：该互感器是作为供保护用的，在一次侧流过的最大电流为其一次额定电流 20 倍时，该互感器的综合误差小于 5%。

表 1-3   GB 1208—2006 规定 5P、10P 的误差极限

准确度级	变比值误差/% （额定一次电流下）	复合误差/% （额定准确限值的一次电流下）	额定一次电流下相位差 /(′)
5P	±1	±5	±60
10P	±3	±10	—

1.4 变 换 器

1.4.1 变换器作用

保护装置动作判据主要为母线（线路）电压和线路电流，因此需要将母线（线路）电压互感器、电流互感器输出的二次电压、电流送入继电保护装置。若测量继电器为机电型继电器，电流或电压互感器二次侧一般直接接到电流继电器、电压继电器的线圈。若保护装置为整流型、晶体管型或微机型，电流互感器或电压互感器输出的二次电流、电压需要经变换器进行线性变换后再接入测量电路。变换器的基本作用如下：

（1）电量变换。将互感器二次侧电压（额定电压 100V）、电流（额定电流 5A 或 1A），转换成弱电压（数伏），以适应弱电元件的要求。

（2）电气隔离。电流、电压互感器二次侧的保护接地、工作接地，用于保证人身和设备安全，但是弱电元件往往与直流电源连接，而直流回路不允许直接接地，因此需要经变换器实现电气隔离，如图 1-9 所示。

（3）调节定值。整流型、晶体管型继电保护可以通过改变变换器一次或二次绕组抽头来改变测量继电器的动作值。

继电保护中常用的变换器有电压变换器（UV）、电流变换器（UA）和电抗变压器（UX），UV 作用是电压变换，UA、UX 作用是将电流变换成与之成正比的电压。

1.4.2 电压变换器

电压变换器（UV）原理接线如图 1-10 所示，UV 原方与电压互感器相连，TV 二次侧有工作接地，UV 副方的"直流接地"为保护电源的 0V，电容 C 容量很小，起抗干扰

作用。

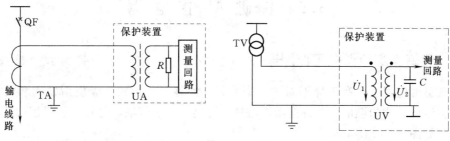

图 1-9　变换器的电气隔离作用　　　　图 1-10　电压变换器应用图

从 UV 原方看进去输入阻抗很大，对于负载而言 UV 可以看作一个电压源，UV 两侧电压成正比，$\dot{U}_2 = K_U \dot{U}_1$。

1.4.3　电流变换器

电流变换器（UA）与电压变换器不同，从 UA 原方看进去输入阻抗很小，对于负载而言 UA 可以看作一个电流源。

电流变换器应用接线如图 1-11 所示。

UA 二次电流（一般为 mA 级）与一次电流成正比，二次电流在电阻上形成二次电压，$\dot{U}_2 = R K_I \dot{U}_1$。

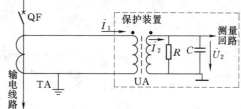

图 1-11　电流变换器应用图

1.4.4　电抗变压器

将 TA 输出的二次电流转换为电压还可以采用电抗变压器（UX），UX 等效电路如图 1-12所示，UX 的输入阻抗很小，串联于 TA 二次回路；对于负载，UX 近似为电压源。

UX 励磁阻抗相对于负载来讲很小，可以认为一次电流全部用于励磁，这样二次电压 $\dot{U}_2 = Z_m \dot{I}_1 = \dot{K}_1 \dot{I}_1$，$\dot{K}_1$ 称为 UX 的转移阻抗。

与 TA 电压变换电路不同，UX 输出电压超前输入电流一定相位角，具有电抗特性。由于 UX 励磁阻抗较小，其铁芯一般带有气隙。

UX 转移阻抗的大小可以通过调整铁芯气隙及一、二次线圈匝数的变化而变化；转移阻抗的角度通过并联在辅助绕组上的电阻 R_φ 调整，R_φ 越大转移阻抗角越接近 90°，R_φ 越小则转移阻抗角越小，如图 1-13 所示。

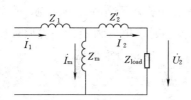　　　　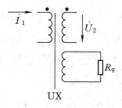

图 1-12　电抗变压器等效电路图　　　图 1-13　UX 转移阻抗角调整图

1.5 电磁型继电器

1.5.1 电磁型继电器的工作原理

电磁型继电器主要有三种不同的结构型式,即螺管线圈式、吸引衔铁式和转动舌片式,任何结构型式的继电器,都是由电磁铁、可动衔铁、线圈、触点、反作用弹簧和止挡所组成,如图1-14所示。

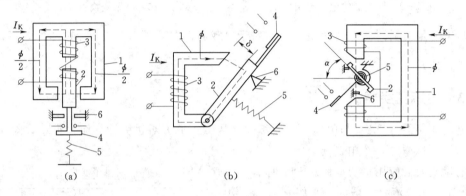

图1-14 电磁型继电器原理结构图
(a)螺旋线圈式;(b)吸引衔铁式;(c)转动舌片式
1—电磁铁;2—可动衔铁;3—线圈;4—触点;5—反作用弹簧;6—止挡

当在继电器的线圈中通入电流 I_K 时,在铁芯中产生磁通 Φ,铁芯、空气隙和衔铁构成闭合磁路。衔铁被磁化后,产生电磁力 F 和电磁力矩 M_e,当 I_K 足够大时,电磁力矩足以克服弹簧的反作用力矩,衔铁被吸向电磁铁,动合触点闭合,称为继电器动作,这就是电磁型继电器的基本工作原理。

电磁力矩与电流的平方成正比,与通入线圈中的电流方向无关,为一恒定旋转方向的力矩。所以,采用电磁原理不仅可以构成直流继电器,也可以构成交流继电器。交流继电器主要为测量继电器,如电流、电压等继电器;直流继电器则用于获得延时、出口或信号,如时间、中间和信号继电器。

1.5.2 电磁型电流继电器

1. 电流继电器动作电流与返回电流

电流继电器多采用转动舌片式结构。有3种力矩作用于舌片:输入电流产生的电磁力矩 M_e、弹簧力矩 M_s、摩擦力矩 M_f。输入电流很小时,电磁力矩无法克服弹簧力矩,继电器处于未动作状态,触点是断开的。当电流增大、电磁力矩满足

$$M_e \geqslant M_s + M_f \tag{1-5}$$

此时衔铁转动,继电器动作,触点闭合。

当继电器无输入量时断开,继电器动作后闭合,此类触点称为动合触点,也称为常开

触点，意思是常态（继电器不接入任何量）时触点为打开状态。

继电器动作后，将电流减小到电磁力矩不足以反抗弹簧力矩时，继电器返回到初始状态，触点重新断开，继电器的返回条件为

$$M_e \leqslant M_s - M_f \tag{1-6}$$

能使电流继电器动作的最小的电流称为动作电流，用 I_{act} 表示；而能使电流继电器返回的最大的电流称为返回电流，用 I_{re} 表示。

如图 1-15 所示为电磁力矩 M_e、弹簧力矩 M_s、摩擦力矩 M_f 与衔铁转角 α 之间的关系。

如图 1-15 所示 α 为衔铁转角，α_1 对应舌片起始位置，α_2 对应舌片终止位置。弹簧力矩 M_s 与 α 成正比，摩擦力矩 M_f 为常数，电磁力矩 M_e 与输入电流有关。输入电流为动作电流时，电流继电器刚好满足动作条件。电流降低到返回电流时，则在 α_2 处开始返回。由图 1-15可知：①继电器动作后在 α_2 处电磁力矩大于弹簧力矩，此时产生了一个"剩余力矩"施加在触点上，合理地调整剩余力矩大小可以使继电器动作时触点接触良好；②由于摩擦力矩、"剩余力矩"的作用，电流继电器返回电流小于动作电流，两者之比称为返回系数，即

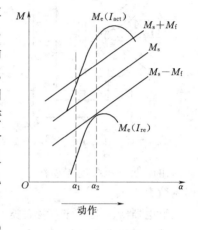

图 1-15　三种力矩与转角 α
的关系示意图

$$K_{re} = \frac{I_{re}}{I_{act}} \tag{1-7}$$

电流继电器返回系数小于 1，一般为 $0.85 \sim 0.9$。

2. 电流继电器特性

当输入电流 $I_K > I_{act}$ 时，继电器动作，动合触点闭合；若 $I_K < I_{re}$，继电器返回，触点又断开。

电流保护的基本原理就是当发生故障、电流超过设定值时，电流继电器动作，触点闭合，接通断路器跳闸回路，跳开断路器，以切除故障。

3. 继电器动作电流的调整

继电器动作电流调整方式如下：

（1）使用整定把手方式调整弹簧拉力。调紧弹簧，则动作电流增大；调松弹簧，则动作电流减小。

（2）改变线圈连接方式。继电器有两个电流线圈时，串联使用的动作电流为并联使用的 1/2。

国产的电磁型电流继电器有 DL—10、DL—20C 和 DL—30 等系列。

1.5.3　电磁型电压继电器

电磁型电压继电器也采用转动舌片式结构，与电磁型电流继电器不同的是线圈所用导线较细且匝数多，流入继电器中的电流正比于施加在继电器线圈上的电压。

1. 过电压继电器

过电压继电器工作原理与电流继电器相同。当输入电压高于设定值时，电磁力矩克服弹簧力矩及摩擦力矩，继电器动作，动合触点闭合。

2. 低电压继电器

低电压继电器的工作特点是动作、返回时衔铁运动方向与电流继电器相反，结构如图1-16所示。

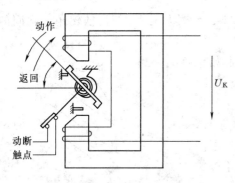

图1-16 低电压继电器结构原理图

电力系统正常运行时，电压较高，低电压继电器触点断开；当发生故障，电压低于动作电压时，继电器动作，触点闭合；故障切除后系统电压升高时，继电器返回，触点再次断开。

低电压继电器动作电压定义为能使继电器动作的最大电压，返回电压定义为能使继电器返回的最小电压。低电压继电器的动作条件是电压低于动作电压，返回条件是电压高于返回电压。由于低电压继电器不加入电压时其触点闭合，此类触点称动断触点，也称为常闭触点。

由于低电压继电器动作电压、返回电压之间的大小关系正好与电流继电器相反，其返回系数大于1。

继电器实际上可分为两大类，即：过动作量继电器（如电流继电器、过电压继电器）和欠动作量继电器（如低电压继电器）。两类继电器动作值、返回值定义不同，使用的触点类型不同，返回系数大小也不同。

1.5.4 辅助继电器

在机电型继电保护中，为了完成逻辑功能的辅助继电器有时间继电器、中间继电器和信号继电器。

1. 时间继电器

时间继电器的作用是建立保护装置动作时限。它由螺旋线圈式电磁型构件和钟表机构组成。当螺旋线圈通入电流时，衔铁在电磁力的作用下，立即克服塔形弹簧反作用力而被吸入线圈。衔铁被吸入的同时，钟表机构开始带动可动触点，经整定延时闭合其触点。这种继电器一般多为直流操作。

时间继电器的使用如图1-17所示，当电流继电器动作时其触点闭合，接通时间继电器线圈正电源，时间继电器得电，经一定延时后KT触点闭合。

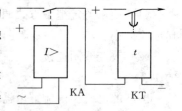

图1-17 时间继电器使用图

如图1-17所示时间继电器工作时"延时动作，瞬时返回"，即线圈得电持续时间达到设定值时动作（延时触点动作），线圈失电时衔铁立即回到初始位置，继电器返回（延时触点断开）。在静态型保护原理框图中使用如图1-18所示中的图形符号表示时间元件功能。

18

如图 1-18（a）所示为延时电路，输出较输入延迟时间 t，若输入信号持续时间短于延迟时间，则无输出信号。

如图 1-18（b）所示为展宽电路，输出信号脉冲宽度总比输入信号脉冲宽。

如图 1-18（c）所示为定宽时间电路，又称为"固定电路"，只要有输入，立即输出一个固定宽度的信号，输出信号宽度与输入信号无关。

继电保护框图中若时间元件未注明单位，则默认单位为 ms。

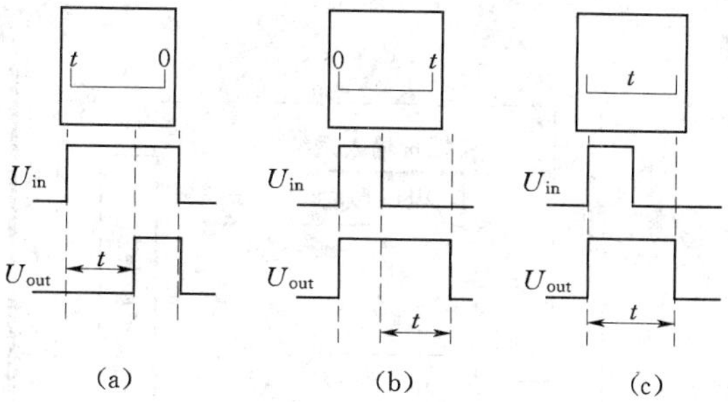

图 1-18　时间元件
(a) 延时动作瞬时返回；(b) 瞬时动作延时返回；
(c) 定宽时间电路

2. 中间继电器

中间继电器的作用是，用于同时接通或断开几条独立回路、代替小容量触点或者带有小的延时来满足保护的需要。由于电流、电压继电器由于动作快、可动触点比较轻巧、触点容量较小，所以不能直接接通断路器跳闸电流，只能接通中间继电器线圈回路，由中间继电器触点接通断路器跳闸回路，如图 1-19 所示。当中间继电器用于跳闸回路时，又可称为出口继电器，以 KCO 表示。

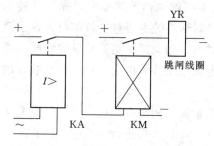

图 1-19　中间继电器使用示意图

电磁式中间继电器一般采用吸引衔铁式结构。为保证在直流操作电源电压降低时，仍能可靠动作，要求中间继电器可靠动作电压应小于额定电压的 70%。

3. 信号继电器

发生故障时电流继电器动作，触点闭合，接通断路器跳闸回路，跳开故障后流入电流继电器的电流为零，电流继电器返回，需要由信号继电器"记忆"电流保护的跳闸行为。

信号继电器的作用，是在保护动作时，发出灯光和音响信号，并记忆保护装置的动作情况，以便记录保护装置动作情况，分析电力系统故障的性质和保护动作的正确性。信号继电器的记忆作用是由机械掉牌或磁保持、手动复归完成的，即运行人员记录保护动作情况后手动将信号继电器复位。国产信号继电器有 DX—11 等系列。

1.6　微机保护硬件组成

从功能上说，微机保护装置可以分为 6 个部分：①模拟量输入系统（或称数据采集系统）；②CPU 主系统；③开关量输入/输出系统；④人机对话系统；⑤通信系统；⑥电源，如图 1-20 所示。

模拟量输入系统的主要功能是采集由被保护设备的电流、电压互感器输入的模拟信号，将此信号经过滤波转换为所需的数字量。CPU 主系统包括微处理器 CPU、只读存储

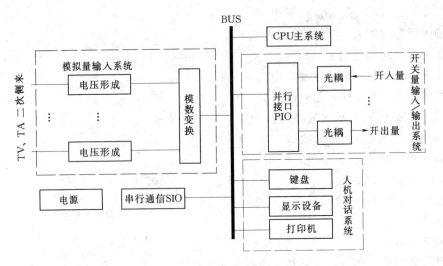

图 1-20 微机保护硬件系统构成示意图

器（EPROM）、随机存取存储器（RAM）及定时器（TIMER）等。CPU 执行存放在 EPROM 中的程序，对由数据采集系统输入至 RAM 区的原始数据进行分析处理，并与存放于由可擦可编程只读存储器（E^2PROM）中的定值比较，以完成各种保护功能。开关量输入/输出系统由并行口、光电耦合电路及有触点的中间继电器等组成，以完成各种保护的出口跳闸、信号指示及外部触点输入等工作。人机对话系统主要包括打印机、显示设备、键盘和各种面板开关等，其主要功能是用于人机对话，如调试、定值调整等功能。考虑到保护之间通信及远动的要求，还应有通信接口。电源采用开关电源，提供整个装置的直流电源。

根据模数转换的原理的不同，微机保护装置中模拟量输入回路有两种方式：一是基于逐次逼近式 A/D 转换方式；二是利用电压/频率变换（VFC）原理进行 A/D 变换的方式。前者包括：电压形成回路、模拟低通滤波器（ALF）、采样保持电路（S/H）、多路转换开关电路（MPX）及模数转换电路（A/D）等功能模块；后者主要包括：电压形成、VFC 回路、计数器等模块，如图 1-21 所示。

1.6.1　基于逐次逼近式 A/D 转换的模拟量输入系统

微机只能处理数字量，不能处理模拟量，因此需要通过数据采集系统将模拟量转为数字量。分析基于逐次逼近式 A/D 转换的模拟量输入系统的基本工作原理及作用，主要包括电压形成回路、采样保持回路（S/H）、ALF 和采样频率、多路转换开关（MPX）、模数转换甩路（A/D）和接口等 6 个部分。

1. 电压形成回路

微机保护的交流输入来自被保护设备的电流互感器、电压互感器的二次侧。这些互感器的二次电流或电压一般数值较大，变化范围也较大，不适应模数转换器的转换要求，故需对它进行变换。一般采用各种中间变换器来实现这种变换，例如，电流变换器（UA）、电压变换器（UV）和电抗变换器（UX）等。

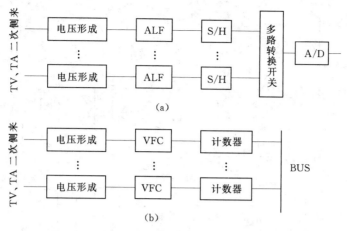

图 1-21 模拟量输入回路框图
(a) 逐次逼近 A/D 转换方式;(b) VFC 原理的 A/D 转换方式

电压形成回路除了上面所述的电量变换作用外,还起屏蔽和隔离的作用。

2. 采样保持电路 (S/H)

(1) 采样。为达到将输入的模拟信号变成数字信号的目的,首先要对模拟量进行采样。采样是将一个连续的时间信号 $x(t)$ 变成离散的时间信号 $x^*(t)$。理想采样是提取模拟信号的瞬时值,抽取的时间间隔由采样控制脉冲 $s(t)$ 来控制,如图 1-22 所示理想的采样过程。把 $x(t)$ 变成采样信号 $x^*(t)$ 的过程称为采样或离散化。采样信号仅对时间是离散的,其幅值依然连续,因此这里的采样信号 $x^*(t)$ 是离散时间的模拟量,它在各个采样点上 $(0,T_s,2T_s,\cdots)$ 的幅值与输入的连续信号 $x(t)$ 的幅值是相同的。在微机保护中采样的间隔是均匀的,通常把采样间隔 T_s 称为采样周期,定义 $f_s=1/T_s$ 为采样频率。

所谓理想采样,是输入信号 $x(t)$ 经过采样器变成 $x^*(t)$ 后在采样点上无损耗,同时采样控制脉冲宽度很窄已趋于零,这样 $x^*(t)$ 信号在各采样时刻的值是 $x(t)$ 在这些点上的瞬时值。即有

$$x^*(t) = x(t)\,\big|_{t=nT_s} \tag{1-8}$$

(2) 保持。保护装置往往要反映多个系统参数,例如,电压电流保护必须同时输入各相电流和电压,由于 A/D 芯片的价格较贵,同时也为了简化硬件电路,一般都是多个模拟通道共享一个模数转换器,如图 1-21 (a) 所示。每个通道采样是同时的,而各通道的采样信号是依次通过 A/D 回路进行转换的,每转换一路信号都需要一定的转换时间。为保证各通道采样的同时性,在等待模数转换的过程中必须保持采样值不变。理想保持器的保持信号如图 1-23 所示。

(3) 采样保持电路。采样保持电路原理图如图 1-24 所示,它由一个电子模拟开关 AS、保持电容 C_H 及两个阻抗变换器 (一般由运算放大器构成) 组成。开关 AS 受采样脉冲控制,在采样脉冲到来时 AS 闭合,此时电路处于采样状态,保持电容 C_H 上的电压为 u_i 在采样时刻的电压值。在 AS 断开时 (脉冲控制端为低电平),电容 C_H 上保持住原采样电压,电路处在保持状态。若阻抗变换器 1 和 2 的输入阻抗为无限大,输出阻抗为零,电容 C_H 无泄漏,采样脉冲宽度 T_C 为零,则其为一理想采样保持器。

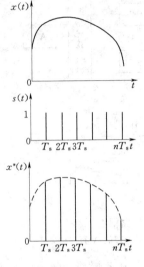

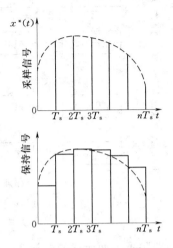

图 1-22 采样过程示意图　　　　图 1-23 理想采样保持信号图

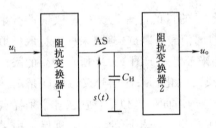

图 1-24 采样保持电路原理图

但实现这种理想状态是不太可能的，因为在采样状态（S态）时，电容 C_H 上的电压不可能立即跟踪输入电压，而有一个过渡过程；在保持状态（H态）时，电容 C_H 上的电压也不可能毫无衰减地保持住 AS 断开前的电压，有衰减量 ΔU。显然，我们希望在采样状态下，C_H 上的电压跟踪输入电压的过渡过程越短越好，即希望 C_H 对阻抗变换器 1 的输出阻抗放电或充电的时间尽可能短。同时还可以看出，采样脉冲宽度 T_c 必须满足截获时间，且尽可能窄，这样才能准确反映某一时刻 u_i 的值。在保持状态下，希望 C_H 上的电压保持的时间尽可能长。为了提高保持能力，电路中的阻抗变换器 2 应当对 C_H 呈现高阻抗，而输出阻抗很低，以增加带负载的能力。目前，采用的采样保持电路都是把几部分集成在一片芯片上（除保持电容外），如 LF398 就是这样的采样保持芯片。

对于高质量的采样保持电路应满足以下要求：

（1）截获时间尽量短，特别是对快速变化的输入信号采样更应保证这一点。

（2）保持时间要长。

（3）模拟开关的动作延时、闭合电阻和开断时的泄漏电流要小。

前两个指标一方面取决于图 1-24 中所用阻抗变换器的质量，另一方面也和电容器 C_H 的容量有关。就截获时间来说，希望 C_H 越小越好；但就保持时间而言，C_H 越大越好。因此，对 C_H 的大小应权衡之后作出适当的选择。

3. ALF 和采样频率

分析采样过程后可知微机保护是处理电压电流经过采样离散化后的信号。那么，很自然就会有这样一个问题：连续时间信号经采样离散化成为离散时间信号后是否会丢掉一些

22

信息？也就是这个离散信号能否真实反映或代表被采样的连续信号，若要求不丢失信息，应满足什么条件？为了回答这些问题，首先观察如图 1-25 所示的波形。

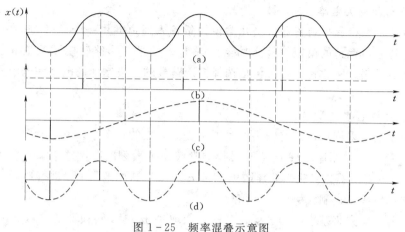

图 1-25　频率混叠示意图

(a) 采样信号；(b) $f_s = f_0$；(c) $f_s = \dfrac{3}{2} f_0$；(d) $f_s = 2f_0$

设被采样信号 $x(t)$ 的频率为 f_0，其波形如图 1-25 (a) 所示。对其进行采样，如图 1-25 (b) 所示是对 $x(t)$ 的每个周期采一点，即 $f_s = f_0$，采样后看到的为一直流量（见虚线）；如图 1-25 (c) 所示，当 f_s 略大于 f_0 时（这里 $f_s = 1.5f_0$），采样后看到一个差拍低频信号；在图 1-25 (d) 中，当 $f_s = 2f_0$ 时，采样后看到频率为 f_0 的信号。当 $f_s > 2f_0$ 时，采样后所看到的信号更加真实地代表了输入信号 $x(t)$。由此可见，当 $f_s < 2f_0$ 时，频率为 f_0 的输入信号被采样之后，将被错误地认为是一低频信号，通常把这种现象称为频率混叠。显然，在 $f_s \geqslant 2f_0$ 后，将不会出现频率混叠现象。因此，若要不丢掉信息地对输入信号进行采样，就必须满足 $f_s \geqslant 2f_0$ 这一条件。若输入信号 $x(t)$ 含有各种频率成分，其最高频率为 f_{max}，若要对其不失真地采样，或者采样后不产生频率混叠现象，采样频率必须不小于 $2f_{max}$，即 $f_s \geqslant 2f_{max}$，也就是说，为了使信号被采样后能够不失真还原，采样频率必须不小于两倍的输入信号的最高频率，这就是奈奎斯特采样定理。

对微机保护系统来讲，在故障初瞬，电压、电流中可能占有很高的频率比例，为了防止频率混叠，采样频率 f_s 必然选得很高，从而要求硬件速度快，这增加了成本，有时甚至难以做到。实际上目前大多数保护原理都是基于工频分量的，因此可以在采样之前使输入信号限制在一定的频带之内，即降低输入信号的最高频率，从而降低 f_s，这样一方面可以降低对硬件的速度要求，另一方面也不至于产生频率混叠现象。要限制输入信号的最高频率，只需在采样前用一个模拟低通滤波器（ALF）滤出 $f_s/2$ 以上的频率分量即可。

模拟低通滤波器通常分为无源和有源两种。无源滤波器通常是由 RLC 等组件组成，由于电感组件饱和程度随温度变化，使滤波特性发生漂移，而且大电感会给保护带来延时，因此在微机保护 ALF 中很少应用。

采用 ALF 消除频率混叠现象后，采样频率的选择很大程度上取决于保护的原理和算法的要求，同时还要考虑硬件速度。目前，绝大多数微机保护的采样周期 T_s 为 5/6ms 或 5/3ms，即采样频率为 1200Hz 或 600Hz。

4. 多路转换开关电路（MPX）

综上所述，微机保护装置通常是几路模拟量输入通道共用一个 A/D 芯片，采用多路转换开关将各通道保持的模拟信号分时接通 A/D 转换器。多路转换开关是电子型的，通道切换受微机控制。多路转换开关包括选择接通路数的二进制译码电路和电子开关，它们被集成在一片芯片中。

5. 模数转换电路（A/D）

模数转换器将采样保持回路输出的模拟量变为离散的数字量。

（1）A/D 的基本原理。每个 A/D 转换器都有一个满刻度值，这个满刻度值也叫基准电压 U_R。A/D 变换就是将输入的离散模拟量 $u^*(t)$ 与基准电压 U_R 进行比较，按照四舍五入的原则，编成二进制代码的数字信号。

在比较前，应先将基准电压分层，分的层数取决于 A/D 转换器的位数。以 3 位 A/D 为例来说明分层情况。当模数转换器的位数 $N=3$ 时，3 位二进制代码可以表示 8 个状态，因此可以将 U_R 分成 8 层，每层对应于 1 个 3 位二进制代码，如图 1-26（b）所示。相邻两层间的模拟量相差 Q，称 $Q/2$ 为分辨率，则

$$Q = \frac{U_P}{层数} = \frac{U_R}{2^N} \tag{1-9}$$

相邻两层间的数字量相差为 LSB，称为基本量化单位，$LSB=001$。

如图 1-26 及式（1-9）所示，模数转换器的位数越多即 N 值越大，则分层越多，对于一个不变的基准电压 U_R 而言，每层所代表的值 Q 越小，即 LSB 所代表的值越小，则模数转换器分辨率与转换的精度越高。

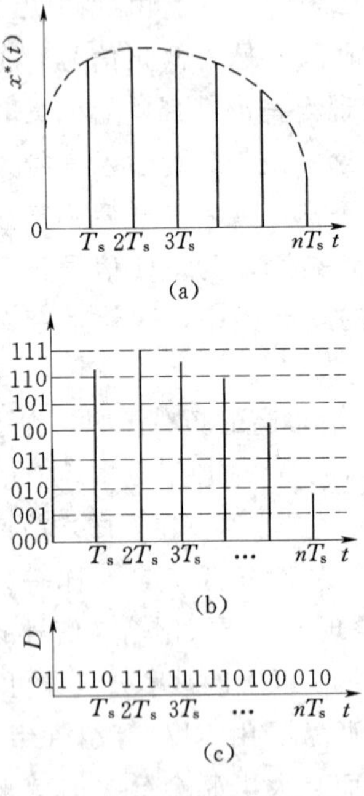

为了把模拟信号变成数字信号，应将模拟信号的各采样值分别与 U_R 比较，看其属于 U_R 的哪一层，所属层的二进制代码即为此点采样值的数字量，这一过程称为量化。模拟量进行量化过程中只能用有限位二进制码来表示，因此必须进行舍入处理，从而产生了误差，这一误差称为量化误差。

如图 1-26（a）所示为模拟信号 $u(t)$ 的采样信号 $u^*(t)$，采样周期为 T_s。如图 1-26（b）所示 $u^*(t)$ 各值所属的层，对于两层之间的值，按舍入原则让其属于上层或下层，各值的数字量如图 1-27（c）所示，$u(nT_s)$ 就是将 $u^*(nT_s)$ 量化后的数字量 D 的输出。

（2）数模转换器（D/A）。模数转换一般要用到数模转换器，数模转换器的作用是将数字量 D 转换成模拟量。如图 1-27 所示是常见的一个 4 位数模转换器的原理图。

如图 1-27 所示中电子开关 $S_1 \sim S_4$ 在数字量 $B_1 \sim B_4$

图 1-26 分层量化示意图
（a）采样信号；（b）把基准电压分层；（c）数字量 D

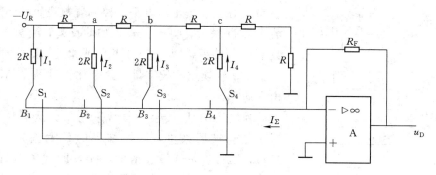

图 1-27 数模转换器原理举例图

某一位为"0"时接地，为"1"时接至运算放大器 A 的反相输入端。流向运算放大器反相端的总电流 I_Σ 反映了4位数字量的大小，开关倒向哪一侧，对图中电阻网络的电流分配没有影响。另外，这种电阻网络有一个特点，即从图中的 $-U_R$、a、b、c 4 个点分别向右看，网络的等值阻抗都是 R，因而 a 点电位必定为 $-U_R/2$，b 点电位为 $-U_R/4$，c 点为 $-U_R/8$。图中各电流分别为

$$I_1 = \frac{U_R}{2R},\ I_2 = \frac{U_R}{4R},\ I_3 = \frac{U_R}{8R},\ I_4 = \frac{U_R}{16R} \qquad (1-10)$$

而流入放大器反相端的电流 I_Σ 为

$$I_\Sigma = B_1 I_1 + B_2 I_2 + B_3 I_3 + B_4 I_4$$

$$= B_1 \frac{U_R}{2R} + B_2 \frac{U_R}{4R} + B_3 \frac{U_R}{8R} + B_4 \frac{U_R}{16R}$$

$$= \frac{U_R}{R}(B_1 2^{-1} + B_2 2^{-2} + B_3 2^{-3} + B_4 2^{-4})$$

$$= \frac{U_R}{R}D \qquad (1-11)$$

其中 $\qquad\qquad D = B_1 2^{-1} + B_2 2^{-2} + B_3 2^{-3} + B_4 2^{-4}$

D 是按代码的权组合起来表示的数字量。输出电压为

$$u_D = I_\Sigma R_F = \frac{U_R R_F}{R}D \qquad (1-12)$$

由此可见输出模拟电压 u_D 正比于输入的数字量 D 的比例常数为 $\dfrac{U_R R_F}{R}$。

（3）逐次逼近式模数转换原理。逐次逼近式模数转换的基本思想是二分搜索法。其工作原理如图 1-28 所示。D/A 是数模转换回路，其作用是把数字信号转换成模拟信号，SAR 为暂存器。要把模拟信号 $u^*(t)$（采样信号）转换成数字量 D，先由置数逻辑送出一个数字量 D，将此数字量 D 经 D/A 回路转换成模拟量 u_D。将 u_D 加到比较器的反相输入端，比较器的同相输入端为模拟信号 $u^*(t)$，比较器比较 u_D 和 $u^*(t)$。若 $u_D > u^*(t)$，则比较器输出低电平，控制置数逻辑使 SAR 中的数字量 D 减小，然后再比较；如 $u_D <$

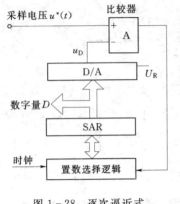

图 1-28　逐次逼近式 A/D 转换器图

$u^*(t)$，比较器输出高电平，控制置数逻辑使 SAR 中的数字量 D 增大，再次比较，如此反复，直到找到一个数字量 D 使得 u_D 与 $u^*(t)$ 相等或相近，则此时的 D 就是 $u^*(t)$ 转换成的数字量。这个比较过程在 ADC 芯片内自动完成。

为加快 A/D 转换，通常采用二分搜索法。例如，对 4 位转换器来讲，转换结果的最大值为二进制数 1111，第一步先试最大值的一半，即试送 1000，如果比较器输出为"1"，则送数偏小，保留最高位为 1，反之则最高位为 0；然后将次高位置"1"，第二次试送 1100，如果比较器输出为"1"，则送数偏小，保留次高位为 1，反之将次高位变为 0。如此逐位确定，直至最低位，全部比较完毕后得到最终值 D。该方法是一种较快的逼近方法，N 位转换器只要比较 N 次，比较的次数与输入模拟量的值无关。

6. 数据采集系统与微机接口

为保证定时采样，数据采集系统与微机接口一般采用中断方式。外部实时时钟的周期即为采样周期，实时时钟一方面向采样保持器发出采样保持信号，另一方面向 CPU 发出外部中断请求信号。CPU 收到中断请求后，转入采样中断服务程序，并通过总线发出让多路转换开关 MPX 接通第一路采样通道的信号，同时起动 A/D 转换。A/D 转换器完成模数转换后向 CPU 发出转换结束信号，CPU 查询到转换结束信号后通过数据总线读取转换数据，并起动第二路的 A/D 转换，直到所有通道的 A/D 转换完成。如图 1-29 所示是常见的数据采集系统与 CPU 连接方式。

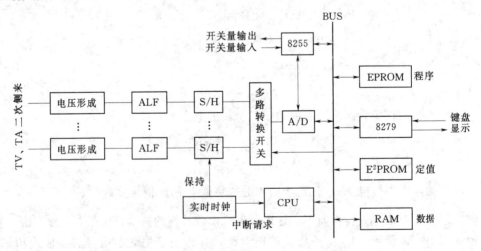

图 1-29　数据采集系统与 CPU 接口接线图

需要指出，这种方式在转换过程中，CPU 不停查询是否转换结束，在此期间无法完成其他的程序处理，故该方式一般适用于有快速 A/D 芯片且模拟量路数不多的场合。对于有大量模拟量输入的场合，可以采用 DMA 方式。

26

微机保护也可采用电压—频率变换技术来进行 A/D 转换。这种方法具有容易获得较高的分辨率、CPU 接口简单等优点，同时还给保护装置的多 CPU 化带来了极大的方便。但该方法本身有误差，现在基本不再采用。

1.6.2 开关量输入输出系统

1. 开关量输入回路

开关量输入大多数是接点状态的输入，可以分成两类：一类是安装在装置面板上的接点，例如，各种工作方式开关，调试装置或运行中定期检查装置用的键盘接点，复位按钮及其他按钮等；另一类是从装置外部经过端子排引入装置的触点，例如，需要由运行人员不打开装置外盖而在运行中切换的各种压板，转换开关以及其他保护装置和操作继电器的触点等。

第一类接点与外界电路无联系，可直接接至微机的并行接口，如图 1-30（a）所示，也可以直接与 CPU 口线相连。解初始化时规定图中可编程并行口的 PA_0 为输入口，CPU 可以通过软件查询随时了解外部接点 S 的状态。当 S 未被按下时，通过上拉电阻使 PA_0 为 5V，S 按下时，PA_0 为 0V。因此 CPU 通过查询 PA_0 的电平为"0"或为"1"就可以判断 S 是处于断开还是闭合状态。

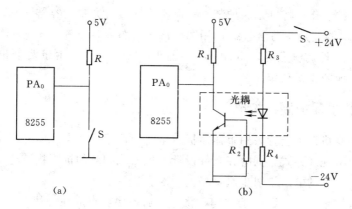

图 1-30　开关量输入图
(a) 第一类接点接入；(b) 第二类接点接入

第二类接点由于与外电路有联系，不能像图 1-30（a）那样接入，而需经光耦器件进行隔离，以防接点输入回路引入干扰，其原理接线如图 1-30（b）所示。图中虚线框内是光耦组件，集成在一个芯片内。当外部触点 S 接通时，有电流通过光耦器件的发光二极管，使光敏三极管受激发而导通，三极管集电极电位呈低电平。S 打开时，光敏三极管截止，集电极输出高电平。因此，根据三极管集电极的电位（即 PA_0 口线的电位）变化可以判断外部触点的通断情况。这种电路使可能带有电磁干扰的外部接线回路和微机电路之间只有光的耦合而无电的联系，可大大削弱干扰。

对于某些外部触点，如果在其通断变化后须立即得到处理，用软件查询方式会带来延时，这时可以将光敏三极管的集电极直接接于 CPU 的中断请求端子。

2．开关量输出回路

开关量输出主要包括保护的跳闸出口以及本地、中央信号等。一般采用并行接口的输出口来控制有触点继电器（干簧或密封小中间继电器）的方法。为提高抗干扰能力，也要经过光电隔离，如图1-31所示。只要由软件使并行口的 PB_0 输出"0"，PB_1 输出"1"，便可使与非门 D_2 输出低电平，发光二极管导通，光敏三极管激发导通，使继电器 K 动作，其接点闭合，起动后级电路。在初始化和需要继电器返回时，应使 PB_0 输出"1"，PB_1 输出"0"。

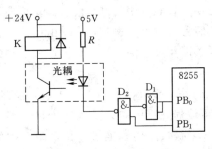

图 1-31　开关量输出回路图

这里经与非门 D_1（用作反相器）及与非门 D_2 输出，而不是将发光二极管直接同并行接口相连，一方面是为了增强并行接口的带负荷能力，另一方面是在采用与非门后，要满足两个条件才能使 K 动作，从而提高其抗干扰能力。

PB_0 经过一个反相器，而 PB_1 不经过反相器，这样可防止在拉合直流电源的过程中继电器 K 的短时误动。因为在拉合直流电源过程中，当 5V 电源处在中间某一临界电压时，可能由于逻辑电路的工作紊乱而造成保护动作，特别是保护装置的电源往往接有大量电容器，所以闭合直流电源时，无论是 5V 电源还是驱动继电器 K 用的电源 E，都可能缓慢上升或下降，从而完全可能来得及使继电器 K 的触点短时闭合。采用图1-31接法后，由于两个相反条件的互相制约，可以可靠地防止误动作。

1.6.3　典型微机保护硬件构成

现在典型的微机保护装置采用整体面板、全封闭机箱，强电、弱电回路严格分开，并且取消了传统背板配线方式，同时在软件设计上也采取相应的抗干扰措施，装置的抗干扰能力大大提高，对外的电磁辐射也满足相关标准。

保护装置采用单片机＋DSP 的结构，将主、后备保护集成在一块 CPU 板上，DSP 和单片机独立采样，由 DSP 完成所有的数字滤波、保护算法和出口逻辑，由 CPU 完成装置的总起动和人机界面、后台通信及打印功能，硬件模块如图1-32所示。

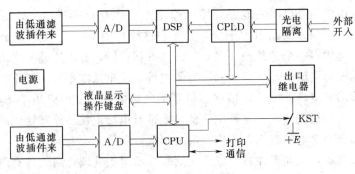

图 1-32　硬件模块图

1.7　微机保护软件组成

1.7.1　微机保护算法

微机保护装置是处理经过采样和模数变换后得到的数字量和开关信号。数字系统和模拟系统在概念和处理方法上有较大差异：模拟式装置由电阻、电容、电感等元件组成，而数字式装置则以存储器、运算器、控制器及接口部件等为基础，通过编制程序来实现；模拟系统用微分方程和拉氏变换技术，而数字系统则用差分方程和 Z 变换来描述。

算法是研究微机保护的重点之一。不论哪一类算法，其核心目的可归结为算出表征被保护设备运行特点的参数，例如：电流、电压的有效值、相位、序分量或某次谐波分量等。有了这些基本的计算量，就可以很容易地构成各种不同原理的继电器或保护。

衡量各种算法的优缺点，主要指标可归结为计算精度、响应时间和运算量。这三者之间往往是相互矛盾的，因此应根据保护的功能、性能指标（如精度、动作时间）和保护系统硬件的条件（如 CPU 的运算速度、存储器的容量）的不同采用不同的算法。

1.7.2　微机保护软件

微机保护装置的软件由程序组成，整个软件流程如图 1-33 所示。微机保护的程序由主程序与中断服务程序两大部分组成，在中断服务程序中有正常运行程序模块和故障处理程序模块。正常运行程序模块进行采样值自动零漂调整及运行状态检查，运行状态检查包括交流电压断线、检查开关位置状态、变化量制动电压形成、重合闸充电、准备手合判别等。不正常时发告警信号，信号分两种：①运行异常告警，这时装置不闭锁，提醒运行人员进行相应处理；②闭锁告警信号，告警同时将装置闭锁，保护退出。

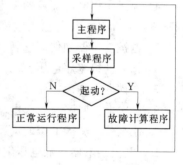

图 1-33　微机保护程序结构图

故障计算程序中进行各种保护的算法计算，跳闸逻辑判断以及事件报告、故障报告及波形的整理等。

1. 主程序

主程序按固定的采样周期接受采样中断进入采样程序，在采样程序中进行模拟量采集与滤波、开关量的采集、装置硬件自检、交流电流断线和起动判据的计算，根据是否满足起动条件而进入正常运行程序或故障计算程序。硬件自检内容包括 RAM、E^2PROM、跳闸出口三极管等。

2. 中断服务程序

（1）故障处理程序。根据被保护设备的不同，保护的故障处理程序有所不同。对于线路保护来说，一般包括纵联保护、距离保护、零序保护、电压电流保护等处理程序。

（2）正常运行程序。正常运行程序包括开关位置检查、交流电压和电流断线判断、交流回路零点漂移调整等，具体如下：

1）开关位置检查。三相无电流，同时断路器处于跳闸位置动作，则认为设备未运行。线路有电流但断路器处于跳闸位置动作，或三相断路器位置不一致，经 10s 延时报断路器位置异常。

2）交流电压断线判断。交流电压断线时发 TV 断线异常信号。TV 断线信号动作的同时，将 TV 断线时会误动的保护（如带方向的距离保护等）退出，自动投入 TV 断线过流保护和 TV 断线零序过流保护或将带方向保护经过控制字的设置改为不经方向组件控制。三相电压正常后，经延时发 TV 断线信号复归。

3）交流电流断线判断。交流电流断线发 TA 断线异常信号。保护判出交流电流断线的同时，在装置总起动组件中不进行零序过流组件起动判别，且要退出某些会误动的保护，或将某些保护不经过方向组件控制。

4）交流回路零点漂移调整。随着温度变化和环境条件的改变，电压、电流的零点可能会发生漂移，装置将自动跟踪零点的漂移。

复 习 思 考 题

1. 为什么 TV 二次回路严禁短路？

2. 为什么 TA 二次回路严禁开路？

3. TA 电流参考方向是如何规定的？规定参考方向下一次电流与二次电流相位关系如何？

4. 画出采用电流变换器与电抗变压器将保护输入电流变为电压的原理接线图，比较两种方法获得的电压与输入电流相位关系的不同。

5. 电抗变压器如何调整转移阻抗角？

6. 如何获得零序电压？

7. 如何获得零序电流？

8. 二次电压回路与二次电流回路，哪一个装设有熔断器、空气开关等保护装置？

9. 什么是电流继电器的动作电流、返回电流、返回系数？

10. 电流继电器与低电压继电器的返回系数、触点类型有什么区别？

第2章 电网的电流保护

2.1 单侧电源线路的电流保护

2.1.1 无时限电流速断保护

1. 无时限电流速断保护的整定

无时限电流速断保护（又称电流Ⅰ段保护）反应于电流升高而不带时限动作，电流高于动作值时继电器立即动作，跳开线路断路器。电流继电器的动作电流的计算过程称为整定计算。动作电流整定必须保证继电保护动作的选择性，如图2-1所示。

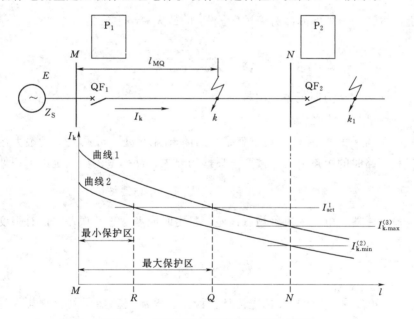

图2-1 无时限电流速断保护整定示意图

k_1处故障对于保护P_1是外部故障，应当由保护P_2跳开QF_2。当k_1处故障时短路电流也会流过保护P_1，需要保证此时保护P_1不动作，即保护P_1的动作电流必须大于外部故障时的短路电流。

如图2-1所示曲线为短路电流曲线，表示在一定系统运行方式下短路电流与故障点远近的关系。短路电流计算公式为

三相短路时
$$I_k^{(3)} = \frac{E_\Phi}{Z_S + Z_1 l} \tag{2-1}$$

31

两相短路时
$$I_k^{(2)} = \frac{E_\Phi}{Z_S + Z_1 l} \times \frac{\sqrt{3}}{2} \qquad (2-2)$$

式中 E_Φ——相电势；

$\quad\quad Z_S$——系统电源等效阻抗；

$\quad\quad Z_1$——线路单位长度阻抗（架空线路一般为 $0.4\Omega/\mathrm{km}$）；

$\quad\quad l$——故障点到保护安装处的距离，km。

短路电流大小由以下因素决定：

（1）系统运行方式（简称运方），系统电源等效阻抗 Z_S 与电源投入数量、电网结构变化有关，Z_S 最大时短路电流最小，称为最小运方；Z_S 最小时短路电流最大，称为最大运方。

（2）故障点远近，故障点越近、l 越小，短路电流越大。

（3）短路类型，$I_k^{(3)} > I_k^{(2)}$，一般电流保护用于小接地电流系统，不需要考虑接地短路类型。

如图 2-1 所示短路电流曲线 1 对应最大运方、三相短路情况，曲线 2 对应最小运方、两相短路情况。

根据上面的讨论，外部故障时流过保护 P_1 的最大短路电流为

$$I_{k.max}^{(3)} = \frac{E_\Phi}{Z_{S.min} + Z_1 l_{MN}} \qquad (2-3)$$

式中 $Z_{S.min}$——最大运方时的系统阻抗；

$\quad\quad l_{MN}$——线路 MN 全长。

外部故障距离保护 P_1 最近的地方就是线路的末端 N 处，可见 $I_{k.max}^{(3)}$ 为最大运方下本线末端发生三相短路时的短路电流。按照选择性的要求，动作电流应满足以下条件

$$I_{act}^{I} > I_{k.max.N}^{(3)} \qquad (2-4)$$

考虑电流互感器、电流继电器均有误差，整定时应考虑这些误差并留有裕度，无时限电流速断保护 P_1 动作电流整定为

$$I_{act}^{I} = K_{rel} I_{k.max.N}^{(3)} \qquad (2-5)$$

式中 K_{rel}——可靠系数，考虑短路电流计算误差、电流互感器误差、继电器动作电流误差、短路电流中非周期分量的影响和必要的裕度，一般取 1.2～1.3。

如图 2-1 所示，动作电流大于最大的外部短路电流，最大运方下 MQ 段发生三相短路时短路电流大于动作电流，保护动作，这个区域称为保护区。电流保护的保护区是变化的，短路电流水平降低时保护区缩短，如最小运方发生两相短路时保护区变为 MR。

整定公式也可以理解为考虑各种运方、短路类型以及 TA、保护误差等情况后无时限电流速断保护的保护区不伸出本线范围，P_1 I 段保护不能保护本线全长。

当运行方式为线变组方式时，电流 P_1 I 段保护可将保护区伸入变压器内，保护本线全长，整定方法如图 2-2 所示。

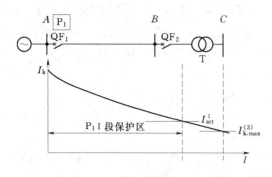

图 2-2 线变组整定方法示意图

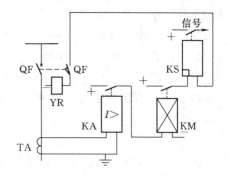

图 2-3 无时限电流速断保护单相原理接线图

2. 无时限电流速断保护的单相原理接线

无时限电流速断保护单相原理接线如图 2-3 所示，电流继电器动作时其触点闭合，中间继电器得电，由中间继电器 KM 触点接通线路断路器跳闸回路，同时信号继电器 KS 发出保护跳闸信号。

中间继电器一方面代替了电流继电器的小容量触点接通跳闸线圈电流，另一方面可以利用 0.06～0.08s 的固有延时，躲过管型避雷器放电时间（一般放电时间可达 0.04～0.06s），防止避雷器放电引起保护误动作。信号继电器 KS 的作用是指示该保护动作，以便运行人员处理和分析故障。断路器辅助触点 QF 用来断开跳闸线圈 YR 中的电流，防止继电器 KM 触点损坏。

3. 无时限电流速断保护的特点

（1）保护区受运方、故障类型影响而波动，运方变小时保护区缩短，发生两相短路时保护区比三相短路时的保护区短。

（2）电流 P_1 I 段保护不能保护本线全长，在线路末端发生短路时，短路电流小于整定值，保护不动作，所以线路上只配有电流 P_1 I 段不能切除所有线路故障。

2.1.2 限时电流速断保护

由于无时限电流速断保护不能保护线路全长，因此必须增加一段电流保护，用以保护本线全长，这就是限时电流速断保护，又称电流 II 段保护。

1. 限时电流速断保护整定

（1）动作电流、动作时限整定。如图 2-4 所示，设置电流 P_1 II 段保护的目的是保护本线路全长，P_1 II 段保护的保护必然会伸入下线（相邻线路），如图 2-4 所示，阴影区域发生故障时，P_1 II 段保护存在与下线保护 P_2 I 段"抢动"的问题。

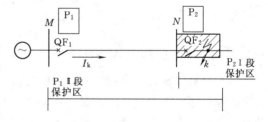

图 2-4 电流 II 段保护与下线 I 段保护
"抢动"示意图

发生如图 2-4 所示故障时，P_1 II 段、P_2 I 段电流继电器均动作，而按照保护选择性的要求，希望 P_2 I 段保护动作跳开 QF_2，P_1 II 段保护不跳开 QF_1。为了保证选择性，

33

P_1 Ⅱ段保护动作带有一个延时，动作慢于 P_2 Ⅰ段保护。这样下线始端发生故障时保护 P_1 Ⅱ段保护与下线 P_2 Ⅰ段保护同时起动但不立即跳闸，下线 P_2 Ⅰ段保护动作跳闸后短路电流消失，P_1 Ⅱ段保护返回。本线末端短路时，下线 P_2 Ⅰ段保护不动作，本线 P_1 Ⅱ段保护经延时动作跳闸。

本线 P_1 Ⅱ段保护整定的原则是与下线 P_2 Ⅰ段保护配合。

1）动作时限配合：

$$t^{\text{Ⅱ}} > t^{\text{Ⅰ}}, \ t^{\text{Ⅱ}} = t^{\text{Ⅰ}} + \Delta t = \Delta t \qquad (2-6)$$

式中　Δt——时间级差，应长于 P_2 Ⅰ段保护动作、断路器跳闸、P_1 Ⅱ段保护返回时间之和，同时还要考虑时间继电器误差并留有一定裕度；

Δt——0.3～0.5s，一般取 0.5s，时间元件精度较高时 Δt 可取较小值。

2）保护区配合：P_1 Ⅱ段保护区不伸出下线 P_2 Ⅰ段保护区。

P_1 Ⅱ段保护区配合示意图如图 2-5 所示，若 P_1 Ⅱ段保护区伸出下线 P_2 Ⅰ段保护区（如图 2-5 虚线部分所示），如图 2-5 所示阴影部分发生故障时，P_2 Ⅰ段保护不动，P_1 Ⅱ段与 P_2 Ⅱ段保护起动，同时动作，跳开 QF_1、QF_2，保护动作为非选择性。

电流Ⅱ段保护整定公式为

$$\begin{cases} I_{\text{act}}^{\text{Ⅱ}} = K_{\text{rel}} I_{\text{act.2}}^{\text{Ⅰ}} \\ t^{\text{Ⅱ}} = \Delta t \end{cases} \qquad (2-7)$$

式中　K_{rel}——可靠系数，考虑到短路电流中的非周期分量已衰减，取 1.1～1.2；

$I_{\text{act.2}}^{\text{Ⅰ}}$——下线Ⅰ段动作电流；

Δt——动作时限，一般取 0.5s。

电流Ⅱ段整定过程如图 2-6 所示。

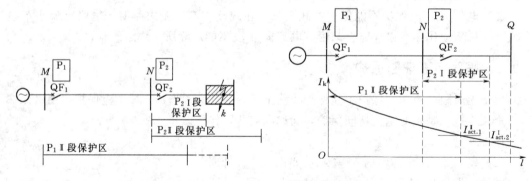

图 2-5　Ⅱ段保护区配合示意图　　　　图 2-6　电流Ⅱ段保护动作电流整定示意图

（2）灵敏度校验。设置限时电流速断保护的目的是保护线路全长，故应校验在本线路发生故障，短路电流最小的情况下保护能否可靠动作。电流保护动作条件为 $I_k > I_{\text{act}}$，保护反应故障能力以灵敏度系数表示为

$$K_{\text{sen}} = \frac{I_k}{I_{\text{act}}} \qquad (2-8)$$

考虑 TA、电流继电器误差，当 K_{sen} 大于规定值（1.3～1.5）时才认为电流保护能可靠动作。灵敏度校验按最不利情况计算，即在最小运行方式下，被保护线路末端发生两相

短路时，短路电流为本线路内部故障时最小的短路电流，以此短路电流校验灵敏度。

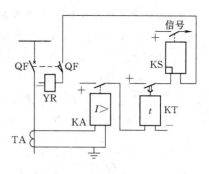

图 2-7　限时电流速断保护的单相原理接线图

$$K_{\text{sen}}^{\text{II}} = \frac{I_{\text{k.min}}^{(2)}}{I_{\text{act}}^{\text{II}}} \qquad (2-9)$$

当 $K_{\text{sen}}^{\text{II}}$ 大于规定值（$1.3 \sim 1.5$）时，灵敏度合格，说明 P_1 II 段保护有能力保护本线全长。当灵敏系数不能满足要求时，限时电流速断保护可与相邻线路限时电流速断保护配合整定，即动作时限为 $t_1^{\text{II}} = t_2^{\text{II}} + \Delta t = 2\Delta t$，$I_{\text{act}}^{\text{II}} = K_{\text{rel}} I_{\text{act.2}}^{\text{II}}$，或使用其他性能更好的保护如距离保护等保护。

2. 限时电流速断保护的单相原理接线

限时电流速断保护的单相原理接线如图 2-7 所示，它由电流继电器 KA、时间继电器 KT 和信号继电器 KS 所组成。

2.1.3　定时限过电流保护

1. 主保护与后备保护

无时限电流速断保护和限时电流速断保护共同构成了线路的主保护，即满足系统稳定和设备安全要求，能以最快速度、有选择地切除被保护设备的故障和线路故障的保护。仅 I 段保护不能构成主保护，因为 I 段保护不能切除线路上所有的故障。由 I、II 段构成的主保护最长的切除故障时间为 0.5s。

除了主保护，线路上还应配有后备保护，即主保护或断路器拒动时，用以切除故障的保护。一旦主保护设备或断路器发生故障拒动，后备保护应能切除故障。定时限过电流保护（电流 III 段保护）就是后备保护。

如图 2-8 所示为三段式电流保护的保护区示意图，当线路 NQ 上故障，保护 P_2 或断路器 QF_2 拒动时，需要由保护 P_1 提供后备保护，跳开 QF_1 以切除故障。

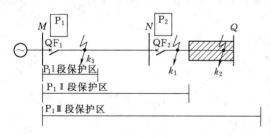

图 2-8　三段式电流保护的保护区示意图

后备保护分为远、近后备两种方式。近后备保护是当主保护拒动时，由本电力设备或线路的另一套保护实现的后备保护，如 k_3 处故障，P_1 I 段保护拒动，由 P_1 II 段保护跳开 QF_1。所谓远后备是当主保护或断路器拒动时，由相邻电力设备或线路的保护来实现的后备保护，如 k_1 处故障，保护 P_2 拒动或 QF_2 未跳开，P_1 II 段保护跳开 QF_1。

不难看出，P_1 I 段保护不能保护本线全长，无后备保护作用；P_1 II 段保护具有对本线路 P_1 I 段保护的近后备作用以及对下线路保护部分的远后备作用。对于图 2-8 中 k_2 处故障，若保护 P_2 或 QF_2 拒动，保护 P_1 II 无法反应，故障将不能被切除，这是不允许的，因此，必须设立 III 段保护提供完整的远后备保护，即 III 段应能保护下段线路全长。

综上所述，Ⅲ段保护为后备保护，既是本线主保护的近后备保护又是下段线路的远后备保护，Ⅲ段保护区应伸出相邻线路范围。

2. 定时限过电流保护（电流Ⅲ段）的整定原则

（1）动作时限整定。无时限电流速断保护和限时电流速断的保护动作电流都是按某点的短路电流整定。定时限过电流保护要求保护区较长，其动作电流按躲过最大负荷电流整定，一般动作电流较小，其保护范围伸出相邻线路末端。

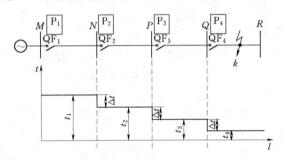

图 2-9 Ⅲ段保护动作时限阶梯特性示意图

电流Ⅰ段保护的动作选择性由动作电流保证，电流Ⅱ段保护的选择性由动作电流与动作时限共同保证，而电流Ⅲ段保护是依靠动作时限的阶梯特性来保证。

阶梯特性如图 2-9 所示，实际上就是实现指定的跳闸顺序，距离故障点最近的（也是距离电源最远的）保护先跳闸。阶梯的起点是电网末端，每个"台阶"是 Δt，一般为 0.5s，Δt 的取值考虑与Ⅱ段保护动作时限相同。

如图 2-9 所示中Ⅲ段保护动作时限整定满足以下关系：$t_1^{\mathrm{III}} > t_2^{\mathrm{III}} > t_3^{\mathrm{III}} > t_4^{\mathrm{III}}$，$t_4^{\mathrm{III}}$ 最短，可取 0.5s，级差 Δt，一般为 0.5s。图 2-9 中 k 点出故障时，由于Ⅲ段保护起动电流较小，P_1、P_2、P_3、P_4 的Ⅲ段保护可能同时起动；由于 t_4^{III} 最短，首先由保护 P_4 经 t_4^{III} 跳开 QF_4，故障切除后保护 P_1、P_2、P_3 均返回。

（2）动作电流整定。为保证被保护线路通过最大负荷时不误动作，且当外部短路故障切除后出现最大自起动电流时应可靠返回，过电流保护应按以下两个条件整定。

1）为保证过电流保护在正常运行时不动作，其动作电流应大于最大负荷电流。即

$$I_{\mathrm{act}}^{\mathrm{III}} = K_{\mathrm{rel}}^{\mathrm{III}} I_{\mathrm{L.max}} \tag{2-10}$$

2）保证过电流保护在外部故障切除后可靠返回，其返回电流应大于外部短路故障切除后流过保护的最大自起动电流。即

$$I_{\mathrm{re}}^{\mathrm{III}} = K_{\mathrm{rel}}^{\mathrm{III}} K_{\mathrm{Ms}} I_{\mathrm{L.max}}$$
$$I_{\mathrm{act}}^{\mathrm{III}} = \frac{K_{\mathrm{rel}}^{\mathrm{III}} K_{\mathrm{Ms}}}{K_{\mathrm{re}}} I_{\mathrm{L.max}} \tag{2-11}$$

式中　$K_{\mathrm{rel}}^{\mathrm{III}}$——可靠系数，它是考虑继电器动作电流误差和负荷电流计算不准确等因素而引入的大于 1 的系数，一般取 1.15～1.25；

　　　K_{re}——返回系数，一般取 0.85；

　　　K_{Ms}——自起动系数，它取决于网络接线和负荷性质，一般取 1.5～3。

自起动情况如图 2-10 所示，当故障发生在保护 P_1 的相邻线路 k 点时，保护 P_1 和 P_2 同时起动，保护动作切除故障后，变电所 B 母线电压恢复时，接于 B 母线上的处于制动状态的电动机要自起动，此时，流过保护 P_1 的电流不是最大负荷电流而是自起动电流，自起动电流大于负荷电流，以 $K_{\mathrm{Ms}} I_{\mathrm{L.max}}$ 表示。

1）、2）两个整定条件必须同时满足，整定电流Ⅲ段保护动作电流时取两式计算结果

较大的值。显然由式（2-11）计算的动作电流较大，因此Ⅲ段保护的动作电流为

$$I_{act}^{\text{Ⅲ}} = \frac{K_{rel}^{\text{Ⅲ}} K_{Ms}}{K_{re}} I_{L.max} \qquad (2-12)$$

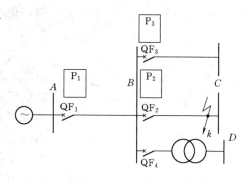

图 2-10　自起动情况示意图

（3）灵敏系数校验。过电流保护用作本线路近后备保护，同时作为相邻线路的远后备保护。因此应按这两种情况校验灵敏系数，即以最小运行方式下本线路末端两相金属性短路时的短路电流，校验近后备灵敏度；以最小运行方式下相邻线路末端两相金属性短路时的短路电流，校验远后备灵敏度。

如图 2-11 所示中保护 P 的Ⅲ段为例，近后备保护灵敏度为 $K_{sen.1}^{\text{Ⅲ}} = \dfrac{I_{k1.min}^{(2)}}{I_{act}^{\text{Ⅲ}}}$，要求大于 1.5；远后备保护灵敏度 $K_{sen.2}^{\text{Ⅲ}} = \dfrac{I_{k2.min}^{(2)}}{I_{act}^{\text{Ⅲ}}}$，要求大于 1.25。

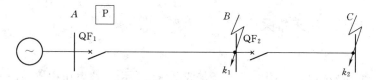

图 2-11　Ⅲ段保护灵敏度校验示意图

2.1.4　电流保护的接线方式

电流保护的接线方式是指电流保护中电流继电器线圈与电流互感器二次绕组之间的连接方式。要求保护接线方式能反应各种类型故障，且灵敏度尽量一致。

电流保护接线方式有三相三继电器的完全星形接线（如图 2-12 所示）和两相两继电器的不完全星形接线（如图 2-13 所示），电动机保护也可采用两相电流差接线（如图 2-14所示）。

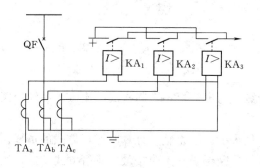

图 2-12　电流保护完全星形接线图

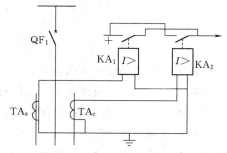

图 2-13　电流保护不完全星形接线图

流入电流继电器的电流与电流互感器二次侧电流的比值称为接线系数，显然完全星形接线与不完全星形接线的接线系数都为 1；两相电流差接线的接线系数则随短路类型变化

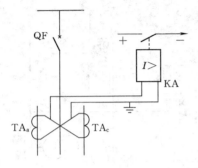

图 2-14 两相电流差接线图

而变化，这种接线方式性能不好，一般不用于线路保护，仅用于电动机保护。

完全星形接线和不完全星形接线中流入电流继电器的电流均为相电流，两种接线方式下的电流继电器都能反映各种相间短路故障。所不同的是，完全星形接线还可以反映各种单相接地短路，不完全星形接线不能反映全部的单相接地短路（如 B 相接地）。

在小接地电流电网中，单相接地时，流过接地点的仅为零序电容电流，相间电压仍然是对称的，对负荷没有影响。为提高供电可靠性，允许小接地电流电网一点接地后继续运行一段时间（2h）。因此在这种电网中，发生单相接地时无短路电流，电流保护不动作，仅由接地保护发告警信号（接地保护部分内容详见本章 2.3 节）。

电流保护一般用于 10~35kV 电网，属于小电流接地系统，为节省投资，一般采用不完全星形接线。采用不完全星形接线时，必须注意保护应统一安装在同名相上（通常安装于 A、C 相）。

2.1.5 电流电压联锁速断保护

1. 电压保护特点

线路发生短路故障时，母线电压下降，低电压保护由母线电压构成判据。整定示意图如图 2-15 所示。

电压保护具有以下特点：

（1）母线电压变化规律与短路电流相反，故障点距离电源越近母线电压越低；母线电压水平越低，保护区越长。

（2）运方变大时短路电流增加，母线电压水平升高，电压保护的保护区缩短。

（3）仅由母线电压不能判别是母线上哪一条线路故障，电压保护无法单独用于线路保护。

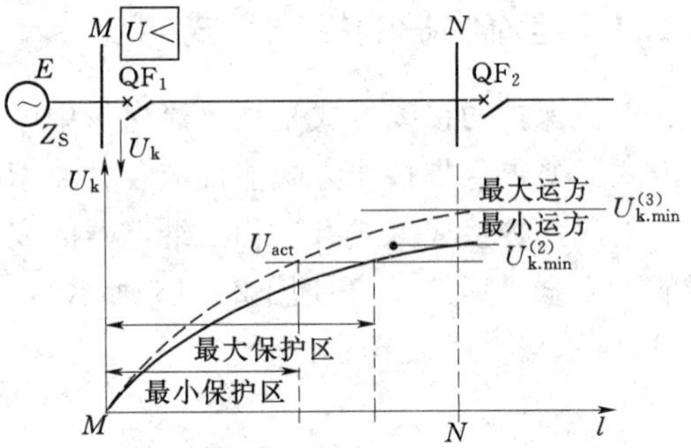

图 2-15 低电压保护整定示意图

2. 保护原理

电压保护不能单独用于线路保护，但可利用其保护区变化规律与电流保护相反的特点，与电流保护一起构成电流电压联锁速断保护，电流继电器与电压继电器触点串联出口。

电流电压联锁速断保护与电流速断保护最大的区别是整定计算时运行方式的选择。为了躲过本线路末端最大的外部短路电流，电流速断保护整定时按最大运行方式整定，当系统运方不是最大运方时，电流速断保护的保护区缩短。电流电压联锁速断保护则是按系统最常见的运方整定，当系统运方不是最常见运方时，无论运行方式变大还是变小，其保护区均缩短，但不会丧失选择性。

38

电流电压联锁速断保护整定示意图如图 2-16 所示，考虑常见运方下三相短路时电流、电压保护均有 80% 的保护区。

当系统运方变大时，如图 2-16 所示虚线，电流速断保护区伸长，但电压保护区缩短，电流保护与电压保护构成与逻辑出口，因此电流电压联锁速断保护的保护区缩短，不会误动。当运方变小时，电压速断保护区伸长，但电流保护区缩短，电流电压联锁速断保护的保护区还是缩短，仍不会误动。

电流电压联锁速断保护原理框图如图 2-17 所示，电流元件由 A、C 相电流继电器组成；电压元件由 3 个反映线电压的电压元件组成，电流元件与电压元件构成与逻辑出口。

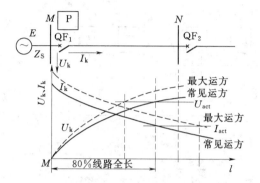

图 2-16　电流电压联锁速断保护整定示意图

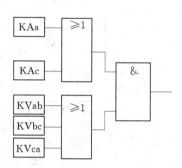

图 2-17　电流电压联锁速断保护原理框图

2.1.6　阶段式电流保护

1. 阶段式电流保护的组成

阶段式电流保护由电流Ⅰ段、电流Ⅱ段和电流Ⅲ段组成，三段保护构成或逻辑出口跳闸。电流Ⅰ段、电流Ⅱ段为线路的主保护，本线路故障时切除时间为几十毫秒（电流Ⅰ段固有动作时间）至 0.5s。电流Ⅲ段保护为后备保护，为本线路提供近后备保护，同时也为相邻线路提供远后备保护。电流保护一般采用不完全星形接线方式。

（1）电流Ⅰ段保护按躲过本线末端最大运方下三相短路电流整定以保证选择性，快速性好，但灵敏性差，不能保护本线全长。

（2）电流Ⅱ段保护整定时与下线路电流Ⅰ段保护配合，由动作电流、动作时限保证选择性，动作时限为 0.5s，动作电流躲过下线Ⅰ段保护动作电流，快速性比Ⅰ段保护差，但灵敏性较好，能保护本线全长。

（3）电流Ⅲ段保护按阶梯特性整定动作时限以保证选择性，整定动作电流时按正常运行时不起动、外部故障切除后可靠返回计算，动作慢，但灵敏性好，能保护下线路全长。

2. 电磁型电流保护归总图与展开图

三段式电流保护原理图如图 2-18 所示，图 2-18（a）为归总式原理图，图 2-18（b）为展开式原理图。

归总式原理图绘出了设备之间连接方式，继电器等元件绘制为一个整体，该图便于说明保护装置的基本工作原理。展开图中各元件不画在一个整体内，以回路为单元说明信号流向，便于施工接线及检修。

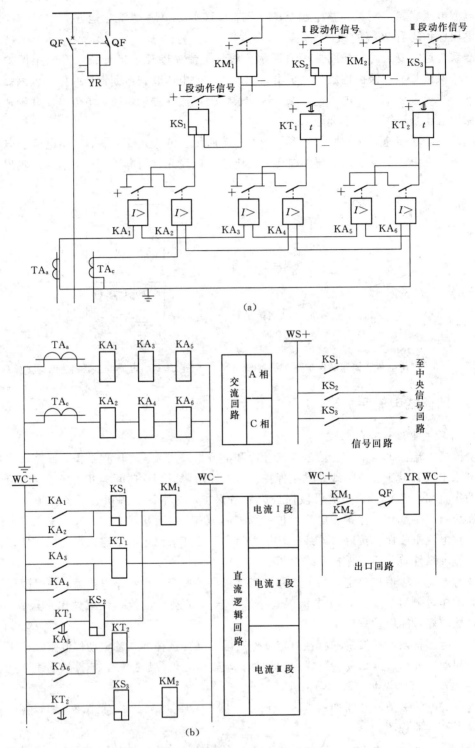

图 2-18　三段式电流保护原理图

(a) 归总式原理图；(b) 展开式原理图

（1）归总式原理图。如图 2-18（a）所示，三段式电流保护构成如下：

1）Ⅰ段保护测量元件由 KA_1、KA_2 组成，电流继电器动作后起动 KS_1 发Ⅰ段保护动作信号并由出口继电器 KM_1 接通 QF 跳闸回路。

2）Ⅱ段保护测量元件由 KA_3、KA_4 组成，电流继电器动作后起动时间继电器 KT_1，KT_1 经延时起动 KS_2 发Ⅱ段保护动作信号并由出口继电器 KM_1 接通 QF 跳闸回路，KT_1 延时整定值为电流Ⅱ段保护动作时限。Ⅰ、Ⅱ段保护共同构成主保护，可共用一个出口继电器。

3）Ⅲ段保护测量元件由 KA_5、KA_6 组成，电流继电器动作后起动时间继电器 KT_2，KT_2 经延时起动 KS_3 发Ⅲ段保护动作信号并由出口继电器 KM_2 接通 QF 跳闸回路，KT_2 延时整定值为电流Ⅲ段保护动作时限。Ⅲ段保护为后备保护，不可与主保护共用一个出口继电器。

用归总式原理图表示保护装置的构成很直观，但是二次接线难以编号，交、直流各种回路集中在一张图上，安装施工、检修均较困难。

（2）展开式原理图。如图 2-18（b）所示，按交流电流（电压）、直流逻辑、信号、出口（控制）回路分别绘制。

1）交流电流（电压）回路：由于没有使用交流电压，这里只有电流回路。由图中可以清楚地看到，KA_1、KA_3、KA_5 测量 A 相电流，KA_2、KA_4、KA_6 测量 C 相电流。

2）直流逻辑回路：由 KA_1、KA_2 以"或"逻辑构成Ⅰ段保护，无延时起动信号继电器 KS_1、中间继电器（出口继电器）KM_1。KA_3、KA_4 构成Ⅱ段保护，起动时间元件 KT_1，KT_1 延时起动 KS_2、KM_1。KA_5、KA_6 构成Ⅲ段保护，起动时间元件 KT_2，KT_2 延时起动 KS_3、KM_2。

3）信号回路：KS_1、KS_2、KS_3 触点闭合发出相应的保护动作信号，根据中央信号回路不同，具体的接线也不同（例如信号继电器触点可以起动灯光信号、音响信号等），如图 2-18 所示未画出具体回路。

4）出口（控制）回路：出口中间继电器触点接通断路器跳闸回路，完整的出口回路应与实际的断路器控制电路相适应，如图 2-18 所示中仅为出口回路示意图。

3. 低压线路保护逻辑框图

微机型保护将母线电压、线路电流经模数转换变为数字量，在程序中进行判别；很多电流元件、时间元件在保护内部由程序实现，并没有相应的触点、线圈；微机保护的直流逻辑部分常以逻辑框图表示，如图 2-19 所示。

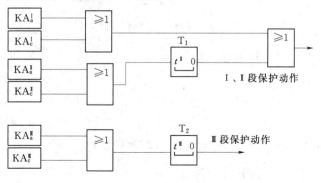

图 2-19 三段式电流保护逻辑框图

4. 半周绝对值积分算法计算电流电压有效值

微机保护也有交流回路、信号回路和出口回路。其中电压电流有效值可以采用半周绝对值积分算法。

半周绝对值积分算法的原理是依据一个正弦量在任意半个周期内绝对值积分为一常数 S，且积分值 S 与积分起始点即与初相角 α 无关，因为图 2-20 中两部分的阴影面积相等。

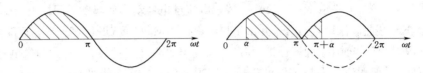

图 2-20 半周绝对值积分算法原理示意图

半周绝对值积分的面积 S 为

$$S = \int_0^{T/2} \sqrt{2} I \sin(\omega t + \alpha) \, dt = \int_0^{T/2} \sqrt{2} I \sin\omega t \, dt = \frac{2\sqrt{2}}{\omega} I \qquad (2-13)$$

由式 (2-13) 可知，只要求得正弦波半周的面积 S，就可以得到正弦波的幅值或有效值，计算式为

$$I = \frac{\omega S}{2\sqrt{2}} \qquad (2-14)$$

下面的问题就是如何求取积分面积 S。计算机求积分不是直接进行，而是用求和来代替，故式(2-13)的积分可以用梯形法或矩形法近似求出。用梯形法近似计算面积如图 2-21 所示。

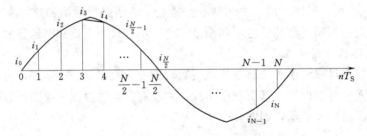

图 2-21 用梯形法近似计算面积

设若干个小梯形面积之和为 S'，则

$$S' = 1/2 \left(|i_0| + |i_1| + |i_1| + |i_2| + \cdots + \left| i_{\left(\frac{N}{2}-1\right)} \right| + \left| i_{\frac{N}{2}} \right| \right) T_S \qquad (2-15)$$

式中 i_0, i_1, $\cdots$, $i_{\frac{N}{2}}$——$n=0$, 1, $\cdots$, $\frac{N}{2}$ 时的采样值；

  N——每周采样点数；

  T_S——采样周期。

42

用矩形法的公式为

$$S' = T_S \sum_{k=0}^{\frac{N}{2}-1} \left| i_{(n-k)} \right| \qquad (2-16)$$

用绝对值求和来代替绝对值积分（即用 S' 代替 S）必然会带来误差。但只要采样频率足够高，T_S 足够小，误差就可以做到足够小。矩形法比梯形法公式简洁，便于编程，但在相同的 T_S 下，精度比梯形法差。必须说明的是，第一个采样数据对应的正弦量的相角 α 不同，误差也不同，也就是说积分的起始点对误差有影响。

半周积分法的特点是：①数据窗长度为半周，对 50Hz 的工频正弦量而言，时延为 10ms；②由于积分运算具有滤波功能，对高频分量有抑制作用，但不能抑制直流分量；③本算法的精度与采样频率有关，采样频率越高，其精度越高，误差越小，误差还与 α 有关；④由于只有加法运算，计算工作量小。

利用计算出的电压电流有效值与整定值比较，按照框图设置的逻辑就可以构成电压电流保护。

5. 电流保护评价

（1）选择性。

1）电流保护在单电源线路上具有选择性。

2）电流 I 段保护由动作电流保证选择性。

3）电流 II 段保护由动作电流及动作时间保证选择性。

4）电流 III 段保护由动作时间阶梯特性保证选择性。

（2）快速性。

1）电流 I 段保护快速性最好，动作时间仅为 ms 级的继电器固有动作时间。

2）电流 II 段保护快速性次之，动作时间为 0.5s 左右。

3）电流 III 段保护快速性最差，动作时间长。

（3）灵敏性。

1）电流 I 段保护灵敏性最差，不能保护本线全长（除线变组情况）。

2）电流 II 段保护灵敏性较好，能保护本线全长。

3）电流 III 段保护灵敏性最好，能保护下线全长。

（4）可靠性。

1）电流保护构成简单，可靠性较高。

2）电流保护简单可靠，但是保护区随系统运行方式及短路类型变化。

电流保护主要用于单电源的 10～35kV 馈电线路作为相间短路的保护。

2.2 电网相间短路的方向电流保护

2.2.1 方向电流保护的工作原理

1. 电流保护用于双电源线路时存在的问题

为了提高电力系统供电可靠性，大量采用两侧供电的辐射形电网或环形电网，如图

2-22所示。在双电源线路上，为切除故障元件，应在线路两侧装设断路器和保护装置。线路发生故障时线路两侧的保护均应动作，跳开两侧的断路器，这样才能切除故障线路，保证非故障设备继续运行。在这种电网中，如果还采用一般过电流保护作为相间短路保护，主保护灵敏度可能下降，后备保护无法满足选择性要求。

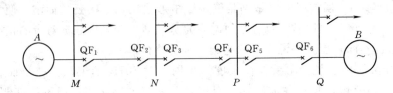

图 2-22 双侧电源供电网络示意图

（1）Ⅰ、Ⅱ段灵敏度可能下降。以保护 P_3 Ⅰ段为例，整定电流应躲过本线路末端短路时的最大短路电流，关键是除了躲过 P 母线处短路时 A 侧电源提供的短路电流，还必须躲过 N 母线短路时 B 侧电源提供的短路电流，如图 2-23 所示。当两侧电源相差较大且 B 侧电源大于 A 侧电源时，可能使整定电流增大，缩短Ⅰ段保护的保护区，严重时可以导致Ⅰ段保护丧失保护区。

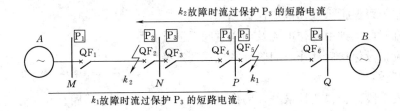

图 2-23 保护 P_3 主保护整定示意图

整定电流保护 P_2 Ⅱ段时也有类似的问题，除了与保护 P_5 的Ⅰ段配合，还必须与保护 P_2 的Ⅰ段配合，这些都可能导致灵敏度下降。

（2）无法保证Ⅲ段动作选择性。Ⅲ段动作时限采用"阶梯特性"，距电源最远处为起点，动作时限最短。现在有两个电源，无法确定动作时限起点。如图 2-24 所示中保护 P_2、P_3 的Ⅲ段动作时限分别为 t_2、t_3，当 k_1 故障时，保护 P_2、P_3 的电流Ⅲ段同时起动，按选择性要求应该保护 P_3 动作，即要求 $t_3 < t_2$；而 k_2 故障时，又希望保护 P_2 动作，即要求 $t_3 > t_2$，显然无法同时满足两种情况下后备保护的选择性。

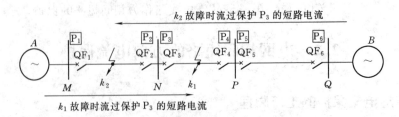

图 2-24 保护 P_3 后备保护整定示意图

2. 方向性保护的概念

综上所述再进行深入分析一下，造成电流保护在双电源线路上应用困难的原因是需要考虑"反方向故障"。以图2-25中保护P₃为例，阴影中发生故障时B侧电源提供的短路电流流过保护P₃，而如果仅存在电源A，阴影部分发生故障时则没有短路电流流过保护P₃，不需要考虑。

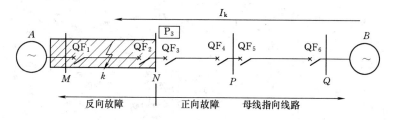

图2-25 故障方向示意图

从保护安装处P₃看出去，在母线指向线路方向上发生的故障称为正方向故障；反之则称为反方向故障。如果有一个方向元件控制电流保护，当发生反方向故障（图2-25阴影区域故障）时闭锁电流保护，就能解决在双电源线路上应用电流保护的问题。方向元件与电流元件结合就构成了方向电流保护，两者逻辑关系如图2-26所示。

正方向故障时方向电流保护才可能动作，按正方向分组，如图2-27所示中的保护可以分为两组：P₁、P₃、P₅保护为一组，整定动作电流时考虑A侧电源提供的短路电流；P₂、P₄、P₆保护为另一组，整定时考虑B侧电源提供的短路电流。

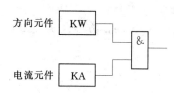

图2-26 方向电流保护
简化框图

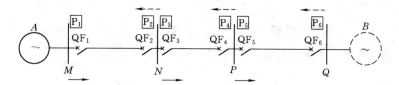

图2-27 方向电流保护分组示意图

2.2.2 功率方向元件

1. 工作原理

方向元件的作用是判别故障方向，如何由母线电压、线路电流判别故障方向？如图2-28所示中母线电压参考方向为"母线指向大地"，电流参考方向为"母线指向线路"，依据$\dot{U}$与$\dot{I}$的相位关系可以判别故障方向。

$\varphi = \arg(\dot{U}/\dot{I})$表示$\dot{U}$超前$\dot{I}$的角度，电压超前时$\varphi>0$；反之$\varphi<0$。在规定的电压、电流参考方向下，有功功率的正负可以用来判断故障的方向，依此原理构成的方向元件也称为功率方向继电器。功率方向继电器主要有感应型的GG-11、整流型的LG-11等。

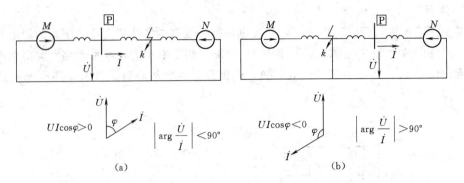

图 2-28 故障时电压、电流相位关系示意图

(a) 正方向故障；(b) 反方向故障

考虑到 10~35kV 线路绝大多数简化为单电源运行方式、无需方向元件，而且微机型保护已经广泛使用，在现场 LG-11 仅有少量使用。在这里仅讨论继电器的动作特性，LG-11结构只作简单介绍。

2. 传统功率方向继电器

（1）动作方程及实现。以 LG-11 为例，继电器比相方程动作方程为

$$-90° \leqslant \arg \frac{\dot{K}_U \dot{U}_K}{\dot{K}_I \dot{I}_K} \leqslant 90° \tag{2-17}$$

式中 $\dot{U}_K$、$\dot{I}_K$——加入继电器的电压、电流；

$\dot{K}_U$、$\dot{K}_I$——电压变换器及电抗变压器的变换系数。

实际工作时式（2-17）转为比幅方程式，即

$$| \dot{K}_U \dot{U}_K + \dot{K}_I \dot{I}_K | \geqslant | \dot{K}_U \dot{U}_K - \dot{K}_I \dot{I}_K | \tag{2-18}$$

如图 2-29 所示，不难看出比相方程与比幅方程是等效的。

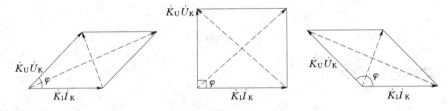

图 2-29 比相方程与比幅方程的等效性示意图

LG-11 继电器电路原理图如图 2-30 所示。$\dot{U}_K$、$\dot{I}_K$ 经变换器后形成 $\dot{K}_U \dot{U}_K$、$\dot{K}_I \dot{I}_K$，串联后分别形成工作电压 $\dot{U}_I = \dot{K}_U \dot{U}_K + \dot{K}_I \dot{I}_K$、制动电压 $\dot{U}_{II} = \dot{K}_U \dot{U}_K - \dot{K}_I \dot{I}_K$。工作电压、制动电压分别经整流桥 U_1、U_2 接入环流比幅电路。LG-11 的执行元件为极化继电器 KP，极化继电器为直流继电器，动作需要很小的功率，只要电流由标记为·的端子流入即可动作。如图 2-30 所示中的 I_0 为极化继电器的固有动作电流，其值很小，即 $I_I - I_{II} \geqslant I_0$。

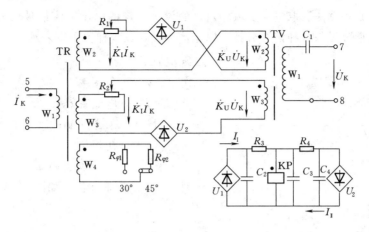

图 2-30　LG-11 继电器电路原理图

当在保护正方向出口处发生三相短路时，$\dot{U}_K=0$，功率方向继电器无法进行比相而拒动，上述情况下因 $\dot{U}_K$ 过低导致功率方向继电器拒动的区域称为功率方向继电器的"死区"。LG-11 为了克服"死区"，引入了"极化记忆回路"。注意，图 2-30 中的电压引入部分，C_1 与 W_1 串联谐振，保护出口短路时 $\dot{U}_K=0$，而 $\dot{K}_U\dot{U}_K$ 不会立即变为零，仍"记忆"约 70ms 以保证保护正确动作。LG-11 的电抗变压器阻抗角有 60°、45° 两档可以选择。

（2）动作特性。比相动作方程可以改写为

$$-90°-\alpha \leqslant \arg\frac{\dot{U}_K}{\dot{I}_K} \leqslant 90°-\alpha \tag{2-19}$$

式中　α——继电器的内角，$\alpha=\angle\dot{K}_U-\angle\dot{K}_I$，LG-11 内角有 45°、30° 两档。

如图 2-31 所示为功率方向继电器的动作特性，以 $\dot{U}_K$ 为参考相量，当 $\dot{I}_K$ 落在阴影区域里时功率方向继电器动作。$\varphi_K=-\alpha$ 时，$\dot{K}_U\dot{U}_K$、$\dot{K}_I\dot{I}_K$ 同相位，工作电压 $U_I=|\dot{K}_U\dot{U}_K+\dot{K}_I\dot{I}_K|$ 与制动电压 $U_{II}=|\dot{K}_U\dot{U}_K-\dot{K}_I\dot{I}_K|$ 差值最大，继电器工作在最灵敏状态，称此时的 φ_K 为灵敏角 φ_{sen}，显然 $\varphi_{sen}=-\alpha$。应该尽量使功率方向继电器工作在最灵敏线附近。

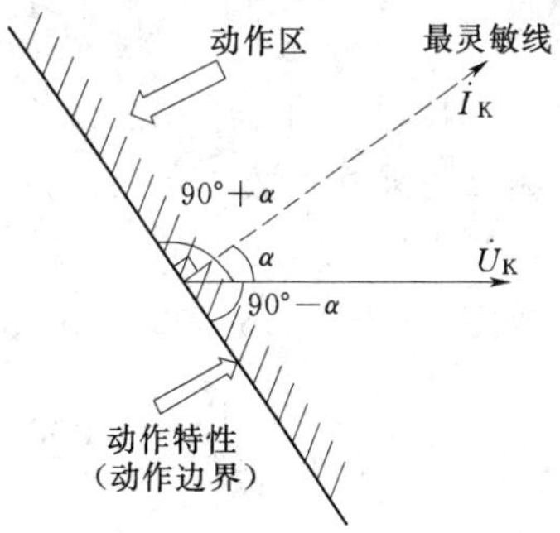

3. 微机保护方向元件算法

微机保护中有两大类方向元件：①以比相算法实现的工频量比相，动作方程与传统的功率方向继电器类似；②以工频变化量构成的工频变化量方向元件、能量积分方向元件等新型的方向元件。第二类元件性能更为优异，用于 110kV 及以上电压等级的线路纵联保护中。

图 2-31　LG-11 动作特性图

（1）两点乘积算法获取电压电流相量。假设被采样的电压电流信号均为纯正弦信号，即不含有非周期分量与各种谐波分量。以电流为例，其采样值可以表示为

$$i(nT_S) = \sqrt{2}I\sin(\omega nT_S + \alpha_0) \tag{2-20}$$

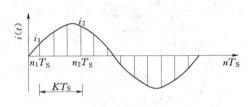

图 2-32 两点乘积算法采样点示意图

式中　ω——角频率；

　　　I——电流有效值；

　　　T_S——采样周期；

　　　α_0——初相角。

设 i_1 和 i_2 分别为两个相隔 $\pi/2$ 的采样时刻 n_1 和 n_2 的采样值（如图 2-32 所示），即

$$\omega(n_2 T_S - n_1 T_S) = \pi/2$$

根据式（2-20）有

$$i_1 = i(n_1 T_S) = \sqrt{2}I\sin(\omega n_1 T_S + \alpha_0) = \sqrt{2}I\sin\alpha_1 \tag{2-21}$$

$$i_2 = i(n_2 T_S) = \sqrt{2}I\sin(\omega n_2 T_S + \alpha_0) = \sqrt{2}I\sin\left(\alpha_1 + \frac{\pi}{2}\right) = \sqrt{2}I\cos\alpha_1 \tag{2-22}$$

式中　α——$n_1 T_S$ 时刻电流的相角，可以为任意值，$\alpha_1 = \omega n_1 T_S + \alpha_0$。

将式（2-21）和式（2-22）平方后相加，即

$$2I^2 = i_1^2 + i_2^2 \tag{2-23}$$

再将式（2-21）和式（2-22）相除后得

$$\tan\alpha_1 = \frac{i_1}{i_2} \tag{2-24}$$

式（2-23）和式（2-24）表明，若输入量为纯正弦波，只要知道任意两个相隔 $90°$ 的正弦量的瞬时值，就可以计算出该正弦波的有效值和相位。上面式子中用到了两个采样值的乘积，故称两点乘积算法。同理，对电压也有相似的关系。参照式（2-21）、式（2-22）可以用复数形式表示为

$$\dot{I} = I\cos\alpha_1 + jI\sin\alpha_1 = \frac{i_2}{\sqrt{2}} + j\frac{i_1}{\sqrt{2}} \tag{2-25}$$

【例题】 两点乘积法计算电流有效值问题：设某正弦电流的最大值为 I_m，$\alpha_1 = 100°$，工频每周采样点数 $N = 12$，求电流有效值。

解： $i_1 = I_m \sin 100° = 0.984808 I_m$

$i_2 = I_m \sin(100° + 90°) = -0.173648 I_m$

$$I = \sqrt{\frac{i_1^2 + i_2^2}{2}} = 1.000001 \frac{I_m}{\sqrt{2}}$$

计算结果与真值 $\dfrac{I_m}{\sqrt{2}}$ 的误差非常小，若能保留更多的小数位，则误差更小。这种误差不是算法本身所产生，而是有限字长效应引起的。

两点乘积算法特点如下：

1）由于采用了两个相隔 $90°$ 的采样值，算法本身所需的数据窗长度为工频的 1/4 周期，时延（响应时间）为 5ms。

48

2）算法是基于正弦波基础上，因此要与数字滤波器配合使用。

3）算法本身与采样频率无关，因此对采样频率无特殊要求，由于数据须先经过数字滤波，故采样频率的选择由所用的滤波器来确定；算法本身无误差；算法中要进行较多的乘除法，运算工作量较大。

（2）相位比较器。比较两个相量 $\dot{G}$ 和 $\dot{H}$，$\dot{G}=Ge^{j\alpha_G}$，$\dot{H}=He^{j\alpha_H}$，根据动作范围不同，通常可分为正弦型和余弦型两种。两种形式的动作条件为

余弦型 $$-90°<\arg\frac{\dot{G}}{\dot{H}}<90° \qquad (2-26)$$

正弦型 $$0°<\arg\frac{\dot{G}}{\dot{H}}<180° \qquad (2-27)$$

其中 $\arg\dfrac{\dot{G}}{\dot{H}}=\alpha_G-\alpha_H=\theta$，$\dot{G}$ 超前于 $\dot{H}$ 为正，式（2-26）和式（2-27）可等效为

$$\cos(\alpha_G-\alpha_H)=\cos\alpha_G\cos\alpha_H+\sin\alpha_G\sin\alpha_H\geqslant0$$
$$\sin(\alpha_G-\alpha_H)=\sin\alpha_G\cos\alpha_H-\cos\alpha_G\sin\alpha_H\geqslant0$$

两边同乘以 G 和 H 得

$$\begin{cases}G\cos\alpha_G H\cos\alpha_H+G\sin\alpha_G H\sin\alpha_H\geqslant0 \\ G\sin\alpha_G H\cos\alpha_H-G\cos\alpha_G H\sin\alpha_H\geqslant0\end{cases} \qquad (2-28)$$

可以利用两点乘积算法解式（2-28）有

$$\begin{cases}g_2h_2+g_1h_1\geqslant0 \\ g_1h_2-h_1g_2\geqslant0\end{cases} \qquad (2-29)$$

式中　g_1、g_2、h_1、h_2——两个相隔 1/4 周期采样时刻 t_1、t_2 时的 $\dot{G}$ 和 $\dot{H}$ 的采样数据。

将 G、H 用电压 U、电流 I 代替，就可以完成方向元件的比较。

若要获取突变量，需要采用突变量算法。

（3）增量元件算法。在模拟保护中常用突变量组件作起动及振荡闭锁组件，这些突变量组件在微机保护中实现起来特别方便。以电流为例，其算法为

$$\Delta i(n)=|i(n)-i(n-N)| \qquad (2-30)$$

式中　$i(n)$——电流在某一时刻 n 的采样值；

　　　　N——一个工频周期内的采样点数；

　　$i(n-N)$——比 $i(n)$ 早一周的采样值；

　　$\Delta i(n)$——n 时刻电流的突变量。

如图 2-33 所示，当系统正常运行时，负荷电流是稳定的，或者说负荷虽时有变化，但不会在一个工频周期这样短的时间内突然发生很大变化，因此这时 $i(n)$ 和 $i(n-N)$ 基本相等，突变量 $\Delta i(n)$ 等于或近似等于零。

如果在某一时刻发生短路，故障相电流突然增大，如图 2-33 中虚线所示，将有突变量电流产生。按式（2-30）计算得到的 $\Delta i(n)$ 实质是用叠加原理分析短路电流时的故障

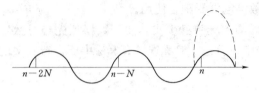

图 2-33 突变量组件原理说明图

分量电流，负荷分量在式（2-30）中被减去了。显然突变量仅在短路发生后的第一个周期内存在，即 $\Delta i(n)$ 的输出在故障后持续一个周期。

按式（2-30）计算会受到电网频率的影响，为了消除由于电网频率的波动引起不平衡电流，突变量计算为

$$\Delta i(n) = \| i(n) - i(n-N) \mid - \mid i(n-N) - i(n-2N) \| \tag{2-31}$$

正常运行时，如果频率偏离 50Hz 而造成 $i(n) - i(n-N)$ 不为 0，但其输出必然与 $i(n-N) - i(n-2N)$ 的输出相接近，因而式（2-31）等号右侧的两项几乎可以全部抵消，使 $\Delta i(n)$ 接近为零，从而有效地防止误动。

2.2.3 方向电流保护接线方式

功率方向继电器的接线方式是指它与电流互感器和电压互感器之间的连接方式，应满足如下要求：

（1）必须保证功率方向继电器具有良好的方向性，即正方向发生任何类型的故障都能动作，而反方向故障时则不动作。

（2）尽量使功率方向继电器在正方向故障时具有较高的灵敏度，φ_K 接近 φ_{sen}。

广泛采用的功率方向继电器 90°接线如表 2-1 所示，保护处于送电侧，系统正常运行，$\cos\varphi=1$ 时，3 个功率方向继电器测量的 $\varphi_K \left(\arg \dfrac{\dot{U}_K}{\dot{I}_K} \right)$ 均为 90°，因此称为 90°接线。

与电流元件不同，功率方向继电器的任务是区分正方向故障与反方向的故障，而不是区分正常运行与故障，因此功率方向继电器动作不需要很大的电流。LG-11 型继电器的额定电流为 1A，在系统正常运行负荷电流流过时也可能动作。系统正常运行时功率方向继电器动作与否取决于保护安装位

表 2-1　　　90°　接　线

功率方向继电器	电流	电压
KW$_A$	$\dot{I}_A$	$\dot{U}_{BC}$
KW$_B$	$\dot{I}_B$	$\dot{U}_{CA}$
KW$_C$	$\dot{I}_C$	$\dot{U}_{AB}$

置：功率方向继电器装于送电侧，功率方向为"母线指向线路"，功率方向继电器动作；功率方向继电器装于受电侧则不动作。功率方向继电器反应于功率方向，正常运行时反应于潮流方向，故障时反应于故障方向。

不对称故障时非故障相仍有电流，称为非故障相电流。小电流接地系统中非故障相电流为负荷电流，大电流接地系统中还应考虑接地故障时由于零序电流分布系数与正负序电流分布系数不同造成的非故障电流。保护反方向发生 BC 相短路（如图 2-34 所示）时，A 相功率方向继电器流过非故障电流，动作与否取决于故障前潮流的方向，不反应于故障方向。

考虑电流继电器触点与功率方向继电器触点之间的接线时必须考虑非故障相电流的

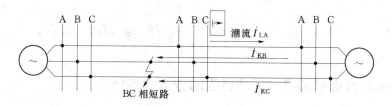

图 2 - 34　非故障相电流的影响图

影响，应该满足按相起动原则，如图 2 - 35 所示。采用按相起动后，发生如图 2 - 34 所示的故障时，由于 A 相电流继电器按躲过非故障相电流整定不动作，KW_A 的行为就无关紧要了，避免了不反应故障方向的 KW_A 与故障相电流继电器沟通回路而在反方向故障时误动跳闸。

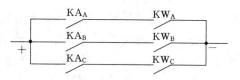

图 2 - 35　按相起动接线图

微机保护中没有具体的电流继电器和功率方向继电器，电流元件、方向元件均以程序实现，其逻辑关系常用原理框图形式表示，方向电流保护框图如图 2 - 36 所示。

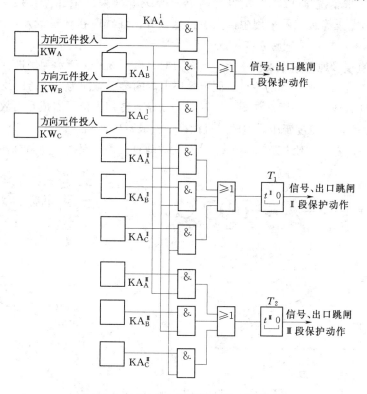

图 2 - 36　方向电流保护原理框图

如图 2 - 36 所示，方向电流保护中方向元件是否投入由整定开关决定，整定开关的接通与断开既可以由外部连接片（压板）的投退实现，也可以由装置整定定值中的控制字（0 或 1）设定。

2.3　电网的接地保护

2.3.1　中性点直接接地电网接地时零序分量的特点

1. 电网中性点运行方式

星形连接变压器或发电机的中性点运行方式，即电网中性点的运行方式有中性点不接地、中性点经消弧线圈接地和中性点直接接地三种方式。前两种接地电网系统称为小接地电流系统，后一种接地系统称为大接地电流系统。小接地电流系统和大接地电流系统根据电网中发生单相接地故障时接地电流的大小来区分。小接地电流系统和大接地电流系统的划分标准，是依据系统的零序电抗 X_0 与正序电抗 X_1 的比值，我国规定：凡是中性点 $X_0/X_1 > 4 \sim 5$ 的系统属于小接地电流系统，$X_0/X_1 \leqslant 4 \sim 5$ 的系统属于大接地电流系统。运行接地方式的选择，需要综合考虑电网的绝缘水平、电压等级、通信干扰、单相接地短路电流、继电保护配置、电网过电压水平、系统接线、供电可靠性和稳定性等因素。

在我国，一般情况下 110kV 及以上的电压等级电网采用中性点直接接地运行方式，66kV 及以下的电压等级电网采用中性点不接地或经消弧线圈接地运行方式。

2. 单相接地时零序电压的分布特点

在中性点直接接地电网中发生单相接地短路时，以图 2-37 所示为例进行说明，讨论零序电压、零序电流和零序功率的特点。假定零序电流的参考方向为母线指向线路，零序电压的参考方向指向大地，零序网络如图 2-37（b）所示，零序电流可看成是由故障点出现的零序电压 U_{k0} 产生的，它经过变压器中性点直接接地构成零序回路。如图 2-37（b）中的 Z_{T_10} 和 Z_{T_20} 为两侧变压器零序阻抗，Z'_{k0} 和 Z''_{k0} 分别为故障点两侧线路的零序阻抗。

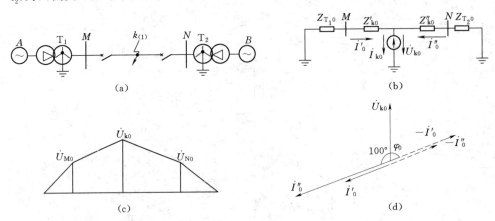

图 2-37　单相接地短路时零序分量特点图

（a）网络图；（b）零序网络图；（c）零序电压分布图；（d）零序电流、零序电压的相量图

（1）零序电压。

如图 2-37 所示，故障处得零序电压最高，母线处零序电压为保护背后的等值零序阻抗与零序电流之乘积。

（2）零序电压和零序电流的相位。

1）正方向故障分析。保护安装处的零序电流以母线流向被保护线路为正方向，零序电压的正方向以母线电压为正，中性点电压为负。正方向接地短路故障时的零序网络，如图 2-38 所示。

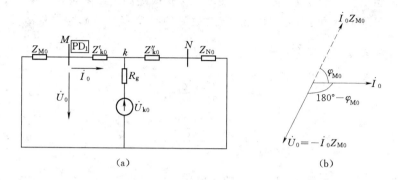

(a)   (b)

图 2-38　正方向接地短路故障时的零序网络图及相量图
（a）正方向接地短路故障时的零序网络图；（b）正方向短路时的相量图
Z_{M0}—保护安装处背后元件的零序阻抗；φ_{M0}—保护安装处
背后元件的零序阻抗 Z_{M0} 阻抗角，一般取 $70° \sim 85°$

综上所述，正方向接地短路故障时，零序电压滞后零序电流 $110° \sim 95°$，过渡电阻 R_g 参与复合序网的构成，但不影响零序电压与零序电流之间的相位关系。

2）反方向故障分析。反方向接地短路故障时的零序网络图及相量图如图 2-39 所示。

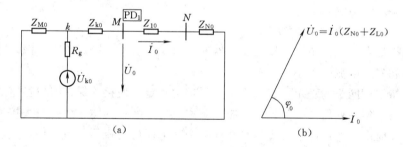

(a)   (b)

图 2-39　反方向接地短路故障时图
（a）反方向接地短路故障时的零序网络图；（b）反方向短路时的相量图

如图 2-39 所示，反方向接地短路故障时，零序电压超前零序电流 $70° \sim 85°$，同样过渡电阻 R_g 不影响零序电压与零序电流之间的相位关系。

根据以上零序网络的分析，可知接地故障时零序分量的特点：

a. 故障点处的零序电压最高，离故障点越远，零序电压越低，变压器中性点处的零序电压降为零。零序电压由故障点到接地中性点呈线性分布。

b. 零序电流由故障点处的零序电压 U_{k0} 产生，零序电流的大小和分布，主要取决于输电线路的零序阻抗和中性点接地变压器的零序阻抗及其所处位置，即取决于中性点接地变压器的数目和分布。零序电流的分布与电源的数目和位置无关。零序电流的大小，与正序阻抗和负序阻抗 $Z_{1\Sigma}$、$Z_{2\Sigma}$ 有关，因此受系统的运行方式影响。

c. 零序电流仅在中性点接地的电网中流通，所以零序电流保护与中性点不接地的电网无关，即变压器 T_2 不接地时，$\dot{I}''_0 = 0$。

d. 正方向故障时，保护安装处母线零序电压与零序电流的相位关系，取决于母线背后元件的零序阻抗（一般为 $70° \sim 85°$），而与被保护线路的零序阻抗和故障点位置无关。

e. 根据故障分析，可知零序电流与接地故障的类型有关。单相接地故障和两相接地故障时流过故障点 k 时的零序电流 $\dot{I}^{(1)}_{k0}$ 和 $\dot{I}^{(1.1)}_{k0}$ 分别为

$$\left\{ \begin{array}{ll} \dot{I}^{(1)}_{k0} = \dfrac{\dot{U}_{k(0)}}{2Z_{1\Sigma} + Z_{0\Sigma}} & (2-32) \\[4mm] \dot{I}^{(1.1)}_{k0} = \dfrac{\dot{U}_{k(0)}}{Z_{1\Sigma} + 2Z_{0\Sigma}} & (2-33) \end{array} \right.$$

式中 $\dot{U}_{k(0)}$——故障点 k 在故障前的电压；

$Z_{1\Sigma}$、$Z_{2\Sigma}$、$Z_{0\Sigma}$——系统综合正序、负序和零序阻抗，$Z_{1\Sigma} = Z_{2\Sigma}$。

当 $Z_{0\Sigma} > Z_{1\Sigma}$ 时，$\dot{I}^{(1)}_{k0} > \dot{I}^{(1.1)}_{k0}$；当 $Z_{0\Sigma} < Z_{1\Sigma}$ 时，$\dot{I}^{(1)}_{k0} < \dot{I}^{(1.1)}_{k0}$。

f. 线路正方向故障时，零序功率由故障线路流向母线（通常以母线流向线路的功率为正），所以正方向故障时，$\arg\dot{U}_0/\dot{I}_0 = -(180° - \varphi_0)$，零序功率为负。在线路反方向故障时，零序功率由母线流向故障线路，所以反方向故障时，零序功率为正，且 $\arg\dot{U}_0/\dot{I}_0 = \varphi_0$。

3. 变压器中性点接地方式的考虑

大电流接地电网中，中性点接地变压器的数目及分布，既决定了零序网络结构，又影响零序电压和零序电流的大小和分布。

为了保持零序网络的稳定，有利于继电保护的整定，使接地保护有较稳定的保护区和灵敏性，中性点接地变压器的数量及分布应基本保持不变；为防止由于失去接地中性点后发生接地故障时引起的过电压，应尽可能使各个变电所的变压器保持有一台变压器中性点接地；同时为降低零序电流，应减少中性点接地变压器的数量。

综合上述要求，变压器中性点接地方式的选择原则如下：

（1）当中间变电所母线有穿越电流情况或变压器低压侧有电源时，因此至少要有一台变压器中性点接地，以防止由于接地短路引起的过电压。

（2）电厂并列运行的变压器，应将部分变压器的中性点接地。这样，当一台中性点接地的变压器由于检修或其他原因切除时，将另一台变压器中性点接地，以保持系统零序电流的大小和分布不变。

（3）当终端变电所变压器低压侧无电源时，为提高零序保护的灵敏性，变压器应不接地运行。

（4）对于双母线按固定连接方式运行的变电所，每组母线上至少应有一台变压器中性点直接接地。这样，当母联开关断开后，每组母线上仍然保留一台中性点直接接地的变

压器。

（5）当变压器中性点绝缘水平较低时，中性点必须接地。

2.3.2 中性点直接接地电网的零序电流保护

1. 零序电流和零序电压的获取

（1）零序电流的获取方法。微机保护根据数据采集系统得到的三相电流值再用软件进行相加得到 $3I_0$ 值，目前微机保护采用外接 $3I_0$（如图 2-40 所示）与自采 $3I_0$ 两种方式，通过比较两种方式得到的 $3I_0$ 值可以检测数据采集系统是否正常。

（2）零序电压的获取方法。

1）从 TV 开口三角形处获取。可由 3 个单相电压互感器或三相五柱式电压互感器的次级绕组接成开口三角形，即首尾相连得到的电压就是 $3U_0$ 电压。发电机中性点经电压互感器或消弧线圈接地时，通过它们的二次侧也可获取零序电压。

2）自产 $3U_0$ 方式。微机保护根据数据采集系统得到的三相电压值，再用软件进行矢量相加得到 $3U_0$ 值，在线路保护中 $3U_0$ 主要用于接地故障时判别故障方向。

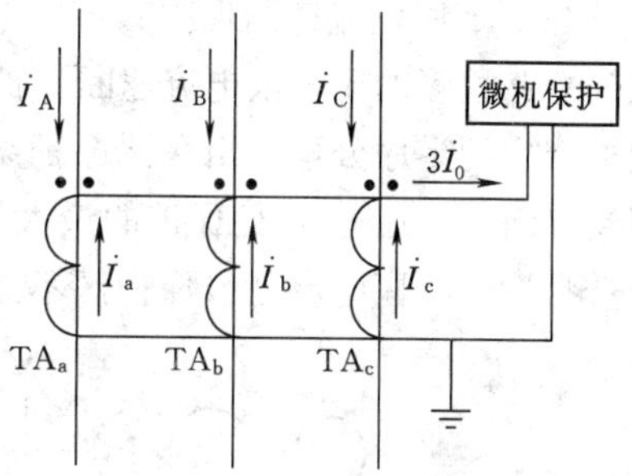

目前零序电压的获取大多数采用自产 $3U_0$ 方式，只有在 TV 断线时才改用开口三角处的 $3U_0$。

图 2-40 微机保护外接
$3I_0$ 的获取示意图

（3）离散序分量算法。序分量滤过器是基于对称分量基本公式（以电压为例，其中 $\alpha = e^{j120°}$）

$$\begin{bmatrix} 3\dot{U}_1 \\ 3\dot{U}_2 \\ 3\dot{U}_0 \end{bmatrix} = \begin{bmatrix} 1 & \alpha & \alpha^2 \\ 1 & \alpha^2 & \alpha \\ 1 & 1 & 1 \end{bmatrix} \begin{bmatrix} \dot{U}_a \\ \dot{U}_b \\ \dot{U}_c \end{bmatrix} \tag{2-34}$$

基于移相原理，利用采样值直接移相方法可得序列 $3u_1$、$3u_2$、$3u_0$ 为

$$\begin{cases} 3u_1(n) = u_a(n) + u_b\left(n - \dfrac{2N}{3}\right) + u_c\left(n - \dfrac{N}{3}\right) \\ 3u_2(n) = u_a(n) + u_b\left(n - \dfrac{N}{3}\right) + u_c\left(n - \dfrac{2N}{3}\right) \\ 3u_0(n) = u_a(n) + u_b(n) + u_c(n) \end{cases} \tag{2-35}$$

只要求得 a、b、c 三相的采样序列，经过移相 120°或 240°后按式（2-35）运算即可得到正序、负序和零序分量的序列，相当于各序分量的采样值。设每周采样 12 点，即 $N = 12$，$\omega T_s = 30°$，则

$$\begin{cases} 3u_1(n) = u_a(n) + u_b(n-8) + u_c(n-4) \\ 3u_2(n) = u_a(n) + u_b(n-4) + u_c(n-8) \\ 3u_0(n) = u_a(n) + u_b(n) + u_c(n) \end{cases} \tag{2-36}$$

2. 零序电流保护的原理和实现

零序电流保护能区分正常运行状态和短路故障，并且能区分短路点的远近，以便在近处故障时以较短的时间切除故障，满足选择性的要求。但对于两相短路故障和三相短路故障不能反应，因此只能作为接地短路保护的后备保护，一般配置三段式或四段式零序电流保护。零序电流Ⅰ段为无时限速断保护，零序电流Ⅱ段为带时限零序电流速断保护，零序电流Ⅲ段为零序过电流保护。

（1）零序电流速断保护（零序电流Ⅰ段）。无时限零序电流速断保护的工作原理，与反应相间短路故障的无时限电流速断保护工作原理相似，区别是无时限零序电流速断保护，仅反应电流中的零序分量。当在被保护线路 MN 上发生单相或两相接地短路时，故障点沿线路 MN 移动时，流过 M 处保护的最大零序电流变化曲线，如图 2-41 所示。为保证保护的动作选择性，零序电流Ⅰ段保护区不能超出本线路，其动作电流按下述原则整定。

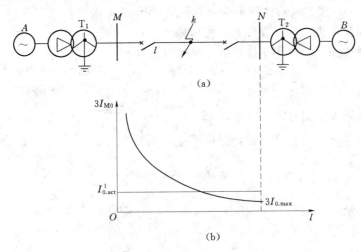

图 2-41 零序电流速断保护的动作电流整定说明图
（a）系统图；（b）动作电流与短路电流关系图

1）零序电流Ⅰ段的动作电流应躲过被保护线路末端发生单相或两相接地短路时流过本线路的最大零序电流，即

$$I_{0.act}^{I} = K_{rel}^{I} 3 I_{0.max} \tag{2-37}$$

式中　$I_{0.max}$——线路末端发生接地故障时流过的最大零序电流；

　　　K_{rel}^{I}——可靠系数，一般取 $1.2 \sim 1.3$。

求取 $3I_{0.max}$ 的故障点应选取线路末端，如图 2-41 所示中的 M 处的零序电流Ⅰ段整定时故障点应在 N 处。故障类型应选择使零序电流最大的一种接地故障，单相或两相接地短路计算参见式（2-32）、式（2-33）。整定时应按照最大运行方式考虑，即系统的零序等值阻抗最小。

2）零序电流Ⅰ段的动作电流应躲过手动合闸或自动重合闸期间断路器三相触头不同时合上所出现的最大零序电流，即

$$I_{0.act}^{I} = K_{rel}^{I} 3I_{0.ust}$$ （2-38）

式中　$I_{0.act}$——断路器三相触头不同时合闸所出现的最大零序电流；

　　　$I_{0.ust}$——在断路器三相触头不同时合上时存在，所以持续时间较短，一般小于100ms。

如果在断路器手动合闸或自动重合闸期间，零序电流Ⅰ段保护增加延时 t（一般为0.1s），用来躲过断路器三相触头不同时合上时的零序电流，则可不考虑这个整定条件。

3）零序电流Ⅰ段的动作电流应躲过非全相运行期间振荡所造成的最大零序电流，即

$$I_{0.act}^{I} = K_{rel}^{I} 3I_{0.unc}$$ （2-39）

式中　$I_{0.unc}$——非全相运行伴随振荡时的最大零序电流。

一般而言，非全相运行伴随振荡时的最大零序电流是上述三点中最大的。如按此整定，则定值比较大，灵敏性较低。为解决这个问题，可安装两套灵敏性不同的零序电流速断保护，即

a. 灵敏Ⅰ段：不考虑躲过非全相运行时的零序电流，当220kV线路实行单相重合闸时，灵敏Ⅰ段保护会误动，应当退出。

b. 不灵敏Ⅰ段：考虑躲过非全相运行时的零序电流，当220kV线路实行单相重合闸时，不灵敏Ⅰ段保护不会误动，不需要退出。

（2）带时限零序电流速段保护（零序电流Ⅱ段）。带时限零序电流速断保护动作电流的整定原则与相间短路的限时电流速断保护相同，整定时应注意将零序电流的分流因素考虑在内，动作时限应比下一条线路零序电流Ⅰ段的动作时限大一个时限级差 Δt。如图2-42所示中的保护 M 处，其动作电流按下述原则整定。

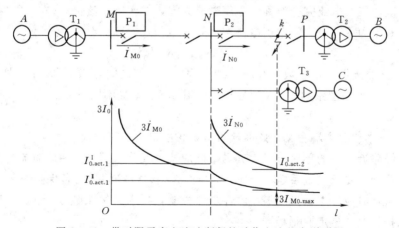

图2-42　带时限零序电流速断保护动作电流整定说明图

零序电流Ⅱ段保护区不超出相邻线路零序电流Ⅰ段保护区，即躲过相邻线路Ⅰ段末端短路时流过本线路的最大零序电流 $3I_{M0.max}$。如图2-42所示，即

$$I_{0.act.1}^{II} = K_{rel}^{II} 3I_{M0.max}$$ （2-40）

式中　$I_{M0.max}$——保护 P_2 零序 Ⅰ 段末端故障流过 MN 线路的最大零序电流；

K_{rel}^{II}——可靠系数，一般取 1.1。

零序电流 Ⅱ 段灵敏性，应按被保护线路末端（N 母线处）发生接地短路时的最小零序电流 $3I_{M0.min.N}$ 来校验，要求 $K_{sen} \geqslant 1.3 \sim 1.5$，即

$$K_{sen} = \frac{3I_{M0.min.N}}{I_{0.act.1}^{II}} \qquad (2-41)$$

应该指出，按上述原则整定的零序Ⅱ段，在本线路甚至在相邻线路单相重合闸过程中可能起动，故非全相运行时应退出保护，或者设立不灵敏Ⅱ段以躲过非全相运行或者适当提高动作时限（大于单相重合闸时间）。通常设立两个零序Ⅱ段的目的既是为了提高上一级零序电流保护的灵敏度或降低动作时间，同时也能改善本线路在非全相运行时的保护功能。

当灵敏系数不能满足要求时，可采取的措施：①与相邻线路零序Ⅱ段配合整定。其动作时限应较相邻线路零序Ⅱ段时限长一个时间级差 Δt；②改用接地距离保护。

（3）零序过电流保护（零序电流Ⅲ段）。零序过电流保护在正常时应该不起动，故障切除后应该返回，为保证选择性，动作时间应当与相邻线路Ⅲ段按照阶梯原则配合。零序电流Ⅲ段保护范围较长，对于本线路和相邻线路的接地故障，零序过电流保护都应能够反应。

零序电流Ⅲ段的动作电流应躲过下一线路始端，即本线路末端三相短路时流过本保护的最大不平衡电流 $I_{unb.max}$。即

$$I_{0.act}^{III} = K_{rel}^{III} I_{unb.max} \qquad (2-42)$$

式中　$I_{unb.max}$——本线路末端三相短路时流过本保护的最大不平衡电流；

K_{rel}^{III}——可靠系数，一般取 1.2~1.3。

不平衡电流是指在一次侧三相电流严格对称、无零序分量情况下，有一定的电流流入零序电流保护。不平衡电流是由于电流互感器励磁特性不一致形成的，电流互感器的误差主要来自于励磁电流，三相电流互感器的励磁特性不一致造成了电流互感器误差的不一致，即使一次侧三相电流完全对称，零序电流为零，二次侧电流仍有一些不对称，二次侧三相电流之和不为零，最大不平衡电流按下列经验公式计算

$$I_{unb.max} = K_{ap} K_{ss} K_{er} I_{kmax}^{(3)} \qquad (2-43)$$

式中　K_{ap}——非周期分量系数，当 $t=0s$ 时，取 1.5~2 之间，当 $t=0.5s$ 时取 1；

K_{ss}——TA 同型系数，TA 型号相同时取 0.5，型号不同时取 1；

K_{er}——TA 误差，取 0.1；

$I_{kmax}^{(3)}$——本线路末端三相短路时流过本保护的最大短路电流。

作为本线路近后备的零序Ⅲ段，其灵敏度应按本线路末端接地短路时流过本保护的最小零序电流校验，要求灵敏系数大于 1.5。当作为相邻线路的远后备保护时，应按相邻线路末端接地短路时流过本保护的最小零序电流校验，要求灵敏系数大于 1.2。动作时间与相间电流保护Ⅲ段的整定原则相同。

3. 零序方向保护的原理和实现

（1）零序电流保护采用方向闭锁的必要性。如图 2-43 所示的 k 点发生接地故障时，对于保护 P_2 而言是反方向故障，如果 P_2 动作时间 t_{02} 小于 P_3 动作时间 t_{03}，则零序电流保护 P_2 先于零序电流保护 P_3 动作，无选择性切除故障，将扩大事故范围。因此在大接地电

流系统中的零序电流保护需加安装零序方向元件构成零序方向电流保护，保证有选择地切除故障线路。

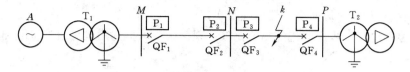

图 2-43　零序电流保护采用方向闭锁的说明图

（2）零序功率方向继电器。正、反方向接地短路故障时，保护安装处零序电压和零序电流的相位关系如图 2-38 和图 2-39 所示，即有正方向接地短路故障时，零序电压滞后零序电流 $110°\sim95°$，反方向则接地短路故障时，零序电压超前零序电流 $70°\sim85°$。

参照相间功率方向继电器，零序功率方向继电器比幅动作方程如下

$$| -3\dot{U}_0 K_U + 3\dot{I}_0 K_I | \gtrless | 3\dot{U}_0 K_U + 3\dot{I}_0 K_I | \qquad (2-44)$$

式中　K_U——电压变换器变比；

　　　　K_I——电抗变换器的转移阻抗。

写成比相动作方程即

$$-90°-\alpha \leqslant \arg \frac{-3\dot{U}_0}{3\dot{I}_0} \leqslant 90°-\alpha \qquad (2-45)$$

$$\alpha = \angle \dot{K}_U - \angle \dot{K}_I$$

式中　α——零序功率方向继电器的内角，内角一般取 $-80°$，最灵敏角 $\varphi_{sen}=-\alpha$，即 $80°$。

比相动作方程变为

$$-10° \leqslant \arg \frac{-3\dot{U}_0}{3\dot{I}_0} \leqslant 170° \qquad (2-46)$$

动作特性图如图 2-44 所示。

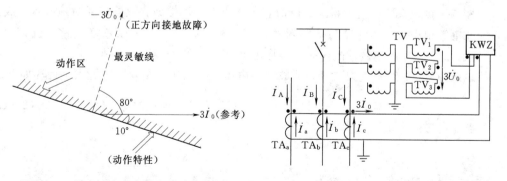

图 2-44　零序功率方向继电器动作特性图　　　图 2-45　零序功率方向继电器的实际接线图

由于机电型零序功率方向继电器电路结构限制，内角为 $-80°$ 左右，零序电压与零序电流需有一个反极性接入。图 2-45 为传统的零序功率方向继电器 KWZ 的实际接线，以

往规定是$-3\dot{U}_0$、$3\dot{I}_0$接入的方式。现代微机保护没有硬件电路限制内角的情况，零序电压可以直接接入保护，不再需要在保护装置外将零序电压反接。

（3）微机保护零序方向继电器原理及实现。

1）按零序电压、零序电流的相位比较实现。微机保护选用软件自产$3I_0$和自产$3U_0$，由软件的算法实现

$$90° \leqslant \arg \frac{\dot{U}_0}{\dot{I}_0 e^{j80°}} \leqslant 270° \tag{2-47}$$

2）按零序功率的幅值比较实现。零序正、反方向元件（F_{0+}、F_{0-}）由零序功率P_0决定，P_0为

$$P_0 = 3u_0(k) \times 3i_0(k) \tag{2-48}$$

式中　$u_0(k)$、$i_0(k)$——零序电压、电流的瞬时采样值。

$P_0 > 0$时，方向元件F_{0-}动作，判为反方向故障；$P_0 < 0$时，方向元件F_{0+}动作，判为正方向故障。

（4）零序方向保护框图。110kV线路零序电流方向保护逻辑框图如图2-46所示。

图2-46中，零序方向保护框图中设置了4个带延时段的零序方向电流保护，各段零序可由用户选择经或不经零序方向元件控制。在TV断线时，零序Ⅰ段可由用户选择是否退出；4段零序电流保护均不经方向元件控制。所有零序电流保护都受起动过流元件控制，因此各零序电流保护定值应大于零序起动电流定值。当最小相电压小于$0.8U_N$时，零序加速延时为100ms，当最小相电压大于$0.8U_N$时，加速时间延时为200ms，其过流定值用零序过流加速段定值。TV断线时，自动投入两段相过流元件，两个元件的延时可分别整定。

2.3.3　中性点非直接接地电网的零序电流保护

1. 中性点非直接接地电网接地时零序分量的特点

中性点不接地系统中发生接地故障时，由于中性点不接地，只能依靠对地电容构成回路，因此电流很小。由于线路阻抗相对对地容抗很小，分析时可以忽略线路阻抗。如图2-47所示，在k点A相接地故障时，零序电流分布如图2-47（a）所示。

接地故障时，故障相电压为0，非故障相电压为线电压，则零序电压大小计算如下：

$$3\dot{U}_0 = 0 + (\dot{E}_B - \dot{E}_A) + (\dot{E}_C - \dot{E}_A) = -3\dot{E}_A \tag{2-49}$$

线路1的零序电流为

$$3\dot{I}_{01} = 3\dot{U}_0 \times j\omega C_{01} \tag{2-50}$$

变压器低压绕组的零序电流为

$$3\dot{I}_{0T} = 3\dot{U}_0 \times j\omega C_{0T} \tag{2-51}$$

故障线路2的零序电流为

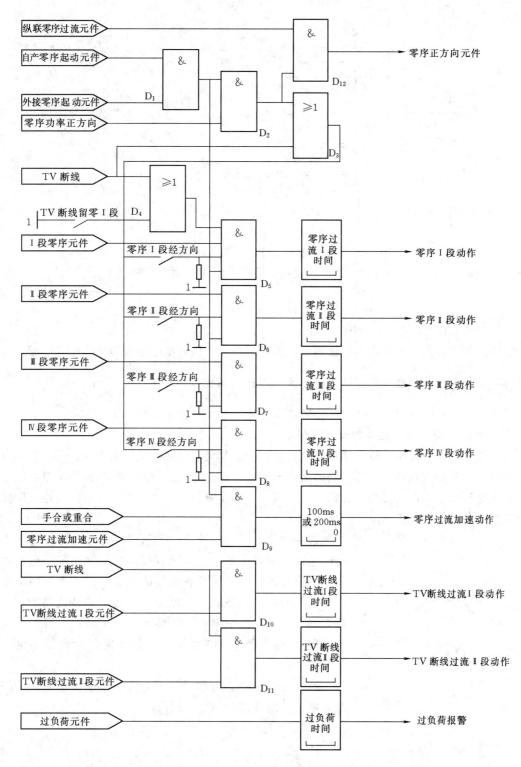

图 2-46 零序电流方向保护逻辑框图

61

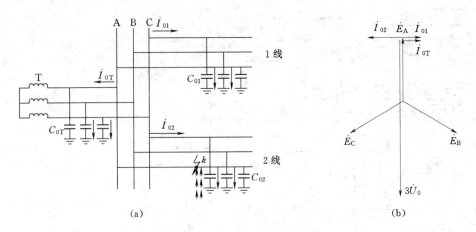

图 2-47　中性点非直接接地电网的零序量分布图

(a) A 相接地短路时零序电流分布图；(b) A 相接地短路时零序电流电压相量图

$$3\dot{I}_{02} = -(3\dot{I}_{01} + 3\dot{I}_{0T}) = -3\dot{U}_0 \times j\omega(C_{01} + C_{0T}) \qquad (2-52)$$

画出相量图如图 2-47 (b) 所示。

由此可见，系统各处零序电压相等，为 3 倍的相电压。零序电流为对地电容电流，因此零序电流很小；非故障线路的零序电流与电压夹角为 $\arg\dot{U}_0/\dot{I}_0 = -90°$；故障线路的电流为非故障线路电流之和，故障线路的零序电流与电压夹角为 $\arg\dot{U}_0/\dot{I}_0 = 90°$。

2. 中性点非直接接地电网的接地保护

由于零序电流很小，依靠零序电流构成保护，其灵敏度往往达不到要求。尤其在架空线与电缆混架的变电所，电缆线路的对地电容大，当架空线故障时，故障线路与电缆线路的故障电流接近，此时无法保证选择性。目前，还没有很完善的中性点非直接接地电网接地保护。一般采取如下措施。

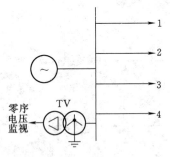

图 2-48　绝缘监视图

(1) 绝缘监视。如图 2-48 所示，通过对母线零序电压的监视，可以了解电网是否有接地故障。当零序电压较大时，值班人员轮流拉开各出线的断路器，如果零序电压消失，说明所拉线路就是故障线路；如果拉开线路后，零序电流依然存在，说明所拉线路不是故障线路，则把所拉开线路断路器合上，继续拉下一条线路，直到零序电压消失。

(2) 零序保护。通过对零序电流与零序功率方向的综合判断来确定故障线路。判据为

$$\begin{cases} 3I_0 \geqslant I_{0.\text{act}} \\ \arg(\dot{U}_0/\dot{I}_0) = 90° \end{cases} \qquad (2-53)$$

式中　$I_{0.\text{act}}$——零序电流的动作值。

由于零序电流仅是电容电流，一次值一般不超过 20A，由 TA 变换至二次侧电流值很

62

小，保护实现相对困难。

对于电缆出线形式，有时采用零序电流互感器 TA。采集零序电流，即将 3 根电缆芯一起穿过零序电流互感器 TA 的铁芯，TA。二次绕组电流为零序电流。

（3）小电流接地选线。小电流接地选线功能的实现采用的设计思路是"分散采集、集中判别"。在单相接地（出现零序电压）时起动选线功能。首先把各出线的零序电流计算出来，然后计算各出线零序电压与零序电流的夹角，通过零序电流大小与夹角大小判断故障线路。该方法需要收集各条出线的零序电流与母线的零序电压，同时各厂家还开发出分析各种谐波成分为基础的判据。小电流选线装置目前尚无强制性的统一配置原则与设备技术规范，在各生产单位使用效果也不尽相同。当变电所出线情况较复杂，例如线路长度差异大、既有架空线又有电缆线路时，小电流选线装置使用效果可能不好，还是需要传统的"拉路法"查找故障线路。限于篇幅，对于各种小电流选线装置的判据，本书不作详细介绍。

为了提高供电可靠性，以往 10kV、35kV 供电线路采取变压器中性点不直接接地运行方式，发生单相接地时，继电保护仅发出告警信号，线路还能继续运行 1～2h。目前有些地区的 20kV 线路变压器中性点采用了电阻接地的方式，线路单相接地时，继电保护跳闸。实际上，如果该地区供电网络较为完善，重要用户均由双线供电，当一回进线跳闸时，备用电源自动投入装置动作（见本书第 8 章）进行电源切换，同样能保证供电可靠性。

根据电网具体特点，10～35kV 电网具体的变压器中性点运行方式、单相接地故障时保护是否跳闸、小电流选线装置的配置与使用有多种情况。这一点大家在学习、工作中应注意电网供电的具体情况。

复 习 思 考 题

1. 什么是保护整定的最大系统运方？

2. 三段式电流整定计算中如何选择系统运方及短路类型？

3. 什么是继电保护的保护区？

4. 整定电流不变的情况下，短路电流增大，电流保护的保护区如何变化？

5. 说明灵敏度校验的意义。

6. 说明可靠系数、自起动系数、灵敏度系数的含义。

7. 单侧电源线路继电保护是否需要具有方向性？

8. LG-11 型功率方向继电器，内角 $\alpha = 30°$，以电流为参考方向画出继电器的动作特性，标明动作区、最灵敏线和灵敏角。

9. 系统正常运行时功率方向继电器动作是否属于误动？

10. 功率方向继电器的死区在线路的首端还是末端？功率方向继电器记忆时间是否需要长于 0.5s 以保证 II 段可靠动作？

11. 图 2-49 所示方向电流保护接线是否满足按相起动原则？分析此接线保护能否正确动作。

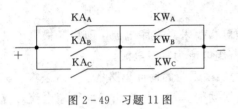

图 2-49 习题 11 图

12. 电网中变压器中性点接地原则是什么？

13. 在中性点直接接地电网中发生接地短路时，零序电压和零序电流有何特点？

14. 通过哪些方法可以获取零序电流和零序电压？为何会产生不平衡电流？

15. 零序电流保护不反应电网的正常负荷、全相振荡和相间短路，对吗？

16. 零序电流保护Ⅰ段为何分为灵敏Ⅰ段与不灵敏Ⅰ段，非全相运行时哪种零序Ⅰ段保护需要闭锁？

17. 引入零序方向电流保护的 TV 单相断线时，保护的动作行为如何？

18. 在中性点直接接地电网中为什么不用三相相间电流保护兼作接地保护，而要单独采用零序电流保护？

19. 在中性点非直接接地电网中发生接地短路时，零序电压和零序电流有何特点？

20. 在中性点非直接接地电网中，为什么单相接地短路时多数情况下保护装置只是发告警信号，而不动作于跳闸？

第3章 电网的距离保护

3.1 距离保护基本原理

3.1.1 距离保护

　　随着电力系统的发展，电压等级越来越高，网络的结构越来越复杂。较高电压等级线路更靠近电源，系统的变化方式变化也比较大；电流保护的保护区受到系统运方以及短路类型影响，波动较大，灵敏度很难满足要求。

　　如图 3-1 所示，k 点短路时，短路电流 $\dot{I}_k = \dot{E}/(Z_s + zl_k)$，随着系统运行方式的变化而变化，系统的等值阻抗 Z_s 变化范围越大，反应到短路电流与故障距离的曲线上，最大短路电流曲线 I_{kmax} 与最小短路电流曲线 I_{kmin} 间的间距越大，这可能导致电流保护在最小运行方式下没有保护区（如图 3-1 所示中的最小短路电流曲线 I_{kmin} 继续向下平移），也就是电流保护的灵敏度很低。同样的分析，可以得出电压保护或者零序电流保护同样受系统运行方式的影响。

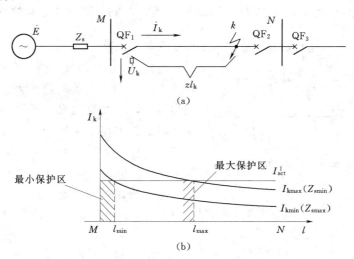

图 3-1 电流保护灵敏度受运行方式的影响图
（a）系统图；（b）短路电流与故障距离曲线关系图

　　如图 3-1 所示，M 母线的电压与电流在 k 点发生三相短路时，有

$$\dot{U}_k = \dot{I}_k zl_k \tag{3-1}$$

即
$$\frac{\dot{U}_{k}}{\dot{I}_{k}} = zl_{k}$$

式中 $\dot{I}_{k}$——保护安装处到故障点的距离；

     z——线路每公里阻抗。

由式（3-1）可知，保护安装处的电压电流的比值与故障点距离成正比，且与系统阻抗（即系统的运行方式）无关。距离保护就是利用该比值判断故障的一种保护，其不受系统运行方式的影响，可以获得较为稳定的灵敏度。通过测量阻抗，不仅能判断是否发生了故障，还能测量故障点到保护安装处之间的距离，这就是距离保护名称的由来。

3.1.2 距离保护原理

距离保护是由阻抗继电器完成电压 $\dot{U}_{K}$、电流 $\dot{I}_{K}$ 比值的测量和判断，根据比值的大小来判断故障的远近，并利用故障的远近确定动作时间的一种保护装置。通常将该比值称为阻抗继电器的测量阻抗 $Z_{K} = \dot{U}_{K}/\dot{I}_{K}$。

正常运行时，加在阻抗继电器上的电压为额定电压 $\dot{U}_{N}$，电流为负荷电流 $\dot{I}_{L}$，此时测量阻抗就是负荷阻抗 $Z_{K} = Z_{L} = \dfrac{\dot{U}_{N}}{\dot{I}_{L}}$。图 3-1 中的 k 点短路时，加在阻抗继电器上的电压为母线的残压 $\dot{U}_{mk}$，电流为短路电流 $\dot{I}_{k}$，阻抗继电器的一次测量阻抗就是短路阻抗 $Z_{k} = zl_{k} = \dfrac{\dot{U}_{mk}}{\dot{I}_{k}}$。由于 $\dot{U}_{mk} < \dot{U}_{N}$，$\dot{I}_{k} > \dot{I}_{L}$，因此 $Z_{k} < Z_{L}$。故利用阻抗继电器的测量阻抗的变化可以区分故障与正常运行，并且能够判断出故障点的远近。

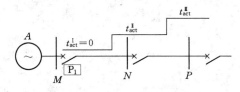

图 3-2 距离保护的"阶梯时限"特性图

由式（3-1）可知，故障距离越远，测量阻抗越大。因此，测量阻抗越大，保护动作时间应当越长，并以此构成三段式距离保护。三段式距离保护的整定原则与电流保护类似。距离保护"阶梯时限"特性如图 3-2 所示。

Ⅰ段瞬时动作，为保证选择性，保护区不能超出本线路，即测量阻抗小于本线路阻抗时动作。如图 3-2 所示，引入可靠系数 K_{rel}^{I}，一般取 $0.8 \sim 0.85$，保护 P_{1} 的Ⅰ段动作阻抗 $Z_{1.act}^{I}$ 为

$$Z_{1.act}^{I} = K_{rel}^{I} Z_{MN} \tag{3-2}$$

Ⅱ段延时动作，为保证选择性，保护区不能伸出相邻线路Ⅰ段保护区，即测量阻抗小于本线路阻抗与相邻线路Ⅰ段动作阻抗之和时动作。引入可靠系数 K_{rel}^{II}，一般取 0.8，保护 P_{1} 的Ⅱ段动作阻抗 $Z_{1.act}^{II}$ 为

$$Z_{1.act}^{II} = K_{rel}^{II}(Z_{MN} + K_{rel}^{I} Z_{NP}) \tag{3-3}$$

Ⅲ段除了作为本线路的近后备保护外，还要作为相邻线路的远后备保护。所以除了在

本线路故障有足够的灵敏度外,相邻线路故障也要有足够的灵敏度,当测量阻抗小于负荷阻抗时起动,故动作阻抗小于最小的负荷阻抗。动作时间与电流保护Ⅲ段时间有相同的配置原则,即大于相邻线路最长的动作时间。

3.1.3 距离保护组成

距离保护如图3-3所示,由起动元件、测量元件与逻辑回路三部分组成。

1. 起动元件

起动元件的主要作用是在被保护线路发生故障时起动保护装置或进入故障计算程序。起动元件在线路流过最大负荷电流时应该不动作,能够灵敏可靠地反应各种故障,在保护区内部即使经大过渡电阻短路时也应该可靠快速动作,另外在电压回路故障时阻抗继电器可能误动,因此一般采用电流量而不采用电压量作为起动元件。目前,广泛采用负序电流及电流突变量元件作为起动元件。

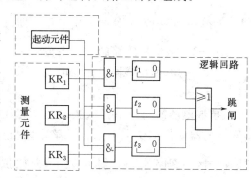

图3-3 三段式距离保护单相原理框图

2. 测量元件

测量元件完成保护安装处到故障点阻抗或距离的测量,并与事先确定好的整定值进行比较,当保护区内部故障时动作,外部故障时不动作。测量元件由Ⅰ、Ⅱ、Ⅲ段的阻抗继电器 KR_1、KR_2、KR_3 来完成。

3. 逻辑回路

逻辑回路一般由一些逻辑门与时间元件组成,用于判断保护区内部或外部故障,并在不同保护区内部故障时以相应的动作延时控制断路器的跳闸。

3.2 阻抗继电器分类与特性

阻抗继电器是距离保护的核心元件,它的作用是用来测量保护安装处到故障点的阻抗,并与整定值进行比较,以确定是保护区内部故障还是保护区外故障。

3.2.1 阻抗继电器基本原理与分类

1. 阻抗继电器分类

(1)根据比较原理不同,阻抗继电器可以分为幅值比较式和相位比较式。

(2)根据输入量不同,阻抗继电器可以分为单相式(第Ⅰ型)和多相补偿式(第Ⅱ型)两种。本节介绍的就是单相式阻抗继电器。

(3)根据动作边界(动作特性)的形状不同,阻抗继电器可以分为圆特性阻抗继电器和多边形特性阻抗继电器(包括直线特性阻抗继电器)两种。

2. 阻抗继电器的基本概念

单相式阻抗继电器,是指只输入一个电压 $\dot{U}_K$(相电压或相间电压)、一个电流 $\dot{I}_K$

（相电流或相电流差）的阻抗继电器。而多相补偿式阻抗继电器是输入不止一个电压或一个电流的阻抗继电器。

对于单相式阻抗继电器，电压 $\dot{U}_\mathrm{K}$ 和电流 $\dot{I}_\mathrm{K}$ 的比值称为二次测量阻抗 Z_K，即

$$Z_\mathrm{K} = \frac{\dot{U}_\mathrm{K}}{\dot{I}_\mathrm{K}} = \frac{\dot{U}_\mathrm{m}/n_\mathrm{TV}}{\dot{I}_\mathrm{m}/n_\mathrm{TA}} = \frac{n_\mathrm{TA}}{n_\mathrm{TV}} Z_\mathrm{m} \qquad (3-4)$$

式中　$\dot{U}_\mathrm{m}$——保护安装处的一次电压，即母线残压；

　　　$\dot{I}_\mathrm{m}$——被保护线路的一次电流；

　　n_TV、n_TA——电压互感器变比与电流互感器变比；

　　　Z_m——一次测量阻抗。

阻抗继电器的动作与否取决于其测量阻抗 Z_K 与整定阻抗 Z_set 的比较，若满足 $Z_\mathrm{K} < Z_\mathrm{set}$ 则继电器动作；反之不动作。整定阻抗 Z_set 就是保护区的线路阻抗的二次值，例如，Ⅰ段保护区为线路80％，则Ⅰ段的整定阻抗为 $Z_\mathrm{set}^\mathrm{I} = 80\% \frac{n_\mathrm{TA}}{n_\mathrm{TV}} Z_1$（$Z_1$ 为线路阻抗）。需要指出的是，Z_K 与 Z_set 都是复数，只能比较模值或相位，不能直接比较，$Z_\mathrm{K} < Z_\mathrm{set}$ 只是表示在角度相同时的模值比较。

由于 Z_K 与 Z_set 都是复数，因此分析阻抗继电器的动作特性是利用复平面来分析。为了便于两个复数 Z_K 与 Z_set 的比较，阻抗继电器中一般通过 Z_set 作出圆或者是多边形，再看测量阻抗 Z_K 是否处于圆（或多边形）内，如果位于其中，则阻抗继电器动作。

如图3-4所示画出了单相式阻抗继电器的原理接线与动作特性。如图3-4（b）所示，圆内为动作区，圆为动作边界，称为阻抗继电器的动作特性，动作特性上的阻抗称为起动阻抗 Z_act，如图3-4（b）所示，在不同角度下，动作阻抗各不相同。整定阻抗 Z_set 的阻抗角为整定阻抗角，在图3-4中整定阻抗角对应的起动阻抗最大。起动阻抗最大所对应的角度称为阻抗继电器的最灵敏角 φ_sen，在图3-4中 φ_sen 就是整定阻抗角，即 $\varphi_\mathrm{sen} = \arg Z_\mathrm{set}$。

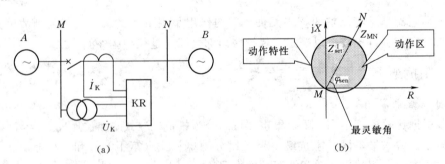

图3-4　阻抗继电器单相原理接线与动作特性图
(a) 系统图；(b) 被保护线路的测量阻抗及动作特性图

需要指出，在线路正方向故障时，测量阻抗角为线路阻抗角 φ_1，测量阻抗在第Ⅰ象限；在反方向故障时，流过反方向电流，测量阻抗角为 $\varphi_1 + 180°$，测量阻抗在第Ⅲ象限；

线路正常运行时，送电侧测量阻抗角为负荷阻抗角约 40°，受电侧测量阻抗角约 220°。

3.2.2 单相式圆特性阻抗继电器

圆特性的阻抗继电器主要分为全阻抗继电器、偏移特性阻抗继电器和方向阻抗继电器等三种，它们的动作特性如图 3-5 所示，以下分别说明其动作特性与动作方程。

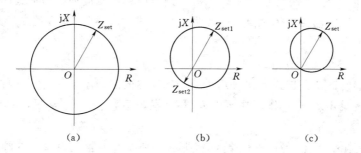

图 3-5 圆特性阻抗继电器动作特性
(a) 全阻抗继电器；(b) 偏移特性阻抗继电器；(c) 方向阻抗继电器

1. 全阻抗继电器的动作方程

全阻抗继电器如图 3-5 (a) 所示，是以坐标原点 O 为圆心，整定阻抗大小为半径的圆，其中圆内为动作区。可以得出继电器的比幅阻抗动作方程为

$$|Z_K| < |Z_{set}| \tag{3-5}$$

根据比幅与比相方程的相互转换原理，得出继电器的比相阻抗动作方程为

$$-90° < \arg \frac{Z_{set} + Z_K}{Z_{set} - Z_K} < 90°$$

或

$$90° < \arg \frac{Z_K + Z_{set}}{Z_K - Z_{set}} < 270° \tag{3-6}$$

将式 (3-5)、式 (3-6) 的分子、分母同时乘以电流，则相应的电压形式动作方程为

$$\begin{cases} |\dot{U}_K| < |\dot{I}_K Z_{set}| \\ -90° < \arg \dfrac{\dot{I}_K Z_{set} + \dot{U}_K}{\dot{I}_K Z_{set} - \dot{U}_K} < 90° \end{cases} \tag{3-7}$$

由于继电器的动作区包括所有象限，因此该继电器的动作是无方向性的，同时当 $Z_K = 0$（即 $\dot{U}_K = 0$，相当于保护安装处出口短路）时，继电器仍然能够动作，因此无电压动作"死区"。此类继电器一般用作无需判断方向的起动元件等。

2. 偏移特性阻抗继电器的动作方程

偏移特性继电器，如图 3-5 (b) 所示是以整定阻抗 $Z_{set1} + Z_{set2}$（$|Z_{set1}| > |Z_{set2}|$，阻抗角相差 180°）的中点为圆心，以 $\dfrac{1}{2}|Z_{set1} - Z_{set2}|$ 为半径的圆，其中圆内为动作区，相当于全阻抗继电器特性向第 Ⅰ 象限偏移。继电器的比幅阻抗动作方程为

$$\left| Z_K - \frac{Z_{set1} + Z_{set2}}{2} \right| < \left| \frac{Z_{set1} - Z_{set2}}{2} \right| \qquad (3-8)$$

根据比幅与比相方程的相互转换，得出继电器的比相阻抗动作方程为

$$-90° < \arg \frac{Z_K - Z_{set2}}{Z_{set1} - Z_K} < 90° \qquad (3-9)$$

将式（3-9）分子、分母同时乘以电流，则可以写出相应的电压形式动作方程。

继电器的动作区包括坐标原点，因此无电压动作"死区"。在手合或重合于故障时可以采用此类继电器。

3. 方向阻抗继电器的动作方程

方向阻抗继电器在保护正方向故障时动作，反方向故障不动作，因此称为方向阻抗继电器。方向阻抗继电器的动作区主要为第Ⅰ象限，不包括第Ⅲ象限，故反方向故障不动作。

圆特性方向阻抗继电器如图 3-5（c）所示，是以整定阻抗为直径的圆，或者是以整定阻抗的中点为圆心，整定阻抗大小的一半为半径的圆。圆内为动作区，继电器的比幅动作方程为

$$\left| Z_K - \frac{Z_{set}}{2} \right| < \left| \frac{Z_{set}}{2} \right| \qquad (3-10)$$

根据比幅与比相方程的相互转换，继电器的比相动作方程为

$$-90° < \arg \frac{Z_{set} - Z_K}{Z_K} < 90° \qquad (3-11)$$

或

$$90° < \arg \frac{Z_K - Z_{set}}{Z_K} < 270° \qquad (3-12)$$

相应的电压形式动作方程为

$$\begin{cases} \left| \dot{U}_K - \dot{I}_K \frac{Z_{set}}{2} \right| < \left| \dot{I}_K \frac{Z_{set}}{2} \right| \\ -90° < \arg \frac{\dot{I}_K Z_{set} - \dot{U}_K}{\dot{U}_K} < 90° \ \text{或} \ 90° < \arg \frac{\dot{U}_K - \dot{I}_K Z_{set}}{\dot{U}_K} < 270° \end{cases} \qquad (3-13)$$

由于继电器的动作区在第Ⅰ象限，因此该继电器有方向性，同时坐标原点位于动作边界上，因此有电压动作"死区"。由于高压电网中保护均需考虑方向的问题，因此该类继电器广泛应用于距离保护的测量元件。

4. 其他型式的阻抗继电器

苹果型与橄榄型方向阻抗继电器是圆特性方向阻抗继电器的变形，当两个相交的圆特性方向阻抗继电器动作区取并集（逻辑或）时为苹果型方向阻抗继电器，如图 3-6（a）所示；当取交集（逻辑与）时为橄榄型方向阻抗继电器，如图 3-6（b）所示；下抛圆特性阻抗继电器如图 3-6（c）所示。

苹果型方向阻抗继电器一般用在发电机失磁保护中，橄榄型方向阻抗继电器一般用在失步解列装置中。

下抛圆特性阻抗继电器用作发电机失磁保护中的测量元件，其动作方程可以自行

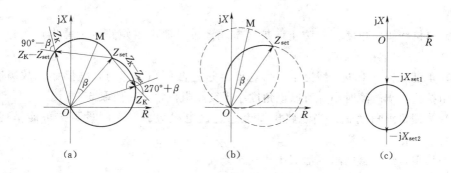

图 3-6　其他圆特性阻抗继电器图

(a) 苹果型方向阻抗继电器；(b) 椭圆型方向阻抗继电器；(c) 下抛圆特性阻抗继电器

推导。

3.2.3　直线及四边形特性阻抗继电器

在重负荷线路中，为了防止保护误动（此时阻抗角较小），可以采用直线特性阻抗继电器。由多个直线围成的共同区域构成多边形特性阻抗继电器。其中四边形阻抗继电器广泛用作距离保护中的测量元件。直线特性阻抗继电器与四边形阻抗继电器，如图 3-7 所示。

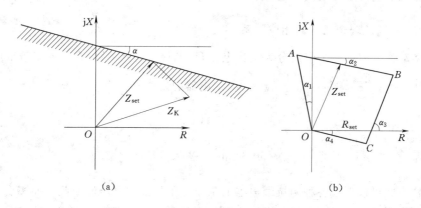

图 3-7　直线与四边形特性阻抗继电器图

(a) 直线特性阻抗继电器；(b) 四边形阻抗继电器

1. 直线特性阻抗继电器

直线特性阻抗继电器的动作特性如图 3-7 (a) 所示，图中直线阴影侧为动作区。则该继电器的阻抗形式比相动作方程为

$$180° - \alpha < \arg(Z_K - Z_{set}) < 360° - \alpha \tag{3-14}$$

2. 四边形阻抗继电器

电力系统广泛采用如图 3-7 (b) 所示的四边形阻抗继电器来提高抗过渡电阻的能力，四边形内部为动作区。其中整定阻抗 Z_{set} 按照三段式整定原则整定，整定电阻 R_{set} 按照小于最小负荷阻抗 $Z_{L.min}$ 的电阻分量整定。其中的四个角度说明如下：

(1) 第二象限角度 α_1。为保证被保护线路金属性短路故障时可靠动作，一般取

71

$15°\sim30°$。

(2) 电抗线倾斜角度 α_2。防止保护区末端经过过渡电阻短路时可能出现的超范围动作（超越），一般取 $7°\sim15°$。

(3) 角度 α_3。在双电源线路上，考虑到经过过渡电阻短路时，线路始端故障时的附加测量阻抗比末端故障时小，所以该角度小于线路阻抗角，一般取 $60°$。

(4) 第四象限角度 α_4。当线路出口经过过渡电阻短路时，测量阻抗可能呈现容性，为保证可靠动作，一般取 $30°$。

四边形阻抗继电器的阻抗形式比相动作方程为

折线 AOC：
$$-\alpha_4 < \arg Z_K < 90° + \alpha_1 \tag{3-15a}$$

线段 AB：
$$180° - \alpha_2 < \arg(Z_K - Z_{set}) < 360° - \alpha_2 \tag{3-15b}$$

线段 BC：
$$\alpha_3 < \arg(Z_K - R_{set}) < 180° + \alpha_3 \tag{3-15c}$$

将上面三个方程式进行逻辑与，就是四边形阻抗继电器的动作方程。至于其电压形式的动作方程，可以自行推导。

3.2.4 阻抗继电器的实现

阻抗继电器实际上是比较两个电压量的大小或相位的关系。如式（3-13）所示，圆特性方向阻抗继电器是比较两个电压 $\dot{U}_K - \dot{I}_K \dfrac{Z_{set}}{2}$ 与 $\dot{I}_K \dfrac{Z_{set}}{2}$ 的大小关系，或者是比较两个电压相量 $\dot{U}_K - \dot{I}_K Z_{set}$ 与 $-\dot{U}_K$ 的相位关系。

可以将动作方程的两个电压分为工作电压 $\dot{U}_{op}$ 与极化电压 $\dot{U}_p$。在方向阻抗继电器比幅方程中，$\dot{U}_{op} = \dot{I}_K \dfrac{Z_{set}}{2}$，$\dot{U}_p = \dot{U}_K - \dot{I}_K \dfrac{Z_{set}}{2}$，继电器的动作方程为

$$|\dot{U}_{op}| > |\dot{U}_p| \tag{3-16}$$

即
$$-90° < \arg \frac{\dot{U}_{op}}{\dot{U}_p} < 90° \tag{3-17}$$

以同样方式可以形成各种阻抗继电器的工作电压与极化电压。因此，要实现阻抗继电器，就必须先形成工作电压与极化电压，然后再对两个电压进行幅值或相位进行比较。

3.2.5 阻抗继电器的精确工作电流

综合以上分析，阻抗继电器的动作特性时，都是从理想的条件出发，即认为比幅元件（或比相元件）的灵敏度很高，或者只要电压电流的比值满足要求继电器就会动作。

例如，全阻抗继电器的整定阻抗为 1.1Ω，在电压为 1V、电流为 1A 时，继电器可以动作；但是在电压为 0.1V、电流为 0.1A 时，继电器就可能不会动作。造成的原因分析如下，将式（3-7）转换为如下形式

$$|\dot{I}_K Z_{set}| - |\dot{U}_K| > 0 \tag{3-18}$$

如式（3-18）所示，表明只要差值大于 0，继电器就应该动作，但实际上任何比较元件都有最小的动作电压 U_0（比较电路）或最小的分辨率（由微机保护的字长决定）。因

此上式为

$$| \dot{I}_{K} Z_{set} | - | \dot{U}_{K} | > U_{0} \tag{3-19}$$

如式（3-19）所示，当电流很小时，继电器无法动作。为了考核阻抗继电器的性能，引入了精确的工作电流的概念。

精确工作电流是指当 $\arg \dfrac{\dot{U}_{K}}{\dot{I}_{K}} = \varphi_{sen}$（阻抗继电器电压与电流夹角为最灵敏角），且起动阻抗 $Z_{act} = 0.9 Z_{set}$ 时，继电器刚好动作的电流。其中的最小值称为最小精确工作电流 $I_{ac.min}$；最大值称为最大精确工作电流 $I_{ac.max}$，最大精确工作电流取决于保护使用的变换器抗饱和能力。

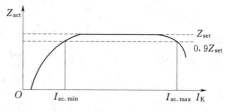

图 3-8　阻抗继电器起动阻抗与测量电流的关系图

测量阻抗继电器的精确工作电流方法是给继电器加不同的电流，测出使得继电器刚好动作的电压（电压与电流夹角为最灵敏角），电压与电流的比值就是起动阻抗 Z_{act}。作出曲线 $Z_{act} = f(I_{K})$，并取与直线 $Z_{act} = 0.9 Z_{set}$ 的交点，对应的电流值就是精确工作电流如图 3-8 所示。

3.2.6　方向阻抗继电器的"死区"及消除方法

当保护出口短路时，引入阻抗继电器的电压 $\dot{U}_{K} = 0$，如式（3-13）所示，比幅方程的两边相等，不满足动作条件。如式（3-13）所示的比相方程中的分母为零，零相量的角度是任意的，因此也就无法比相，即方向阻抗继电器无法动作，说明方向阻抗继电器在保护出口短路时有电压"死区"。

消除方向阻抗继电器"死区"的方法如下：

（1）记忆故障前电压。既然出口故障时 $\dot{U}_{K} = 0$，那么记忆故障前电压的相位就可以防止方向阻抗元件的拒动。在微机保护中，可以直接利用一个或两个周波前的电压进行比较，从而达到记忆的目的。

（2）引入第三相电压。在微机距离保护中采用的正序电压，在相位上就相当于引入了第三相的电压。

综合以上分析可知，无论采用任何形式构成方向阻抗继电器，需要解决的问题是：①正确测量保护安装处到故障点的距离；②保证没有正方向出口"死区"，并且在反方向故障时可靠地不动作。在微机保护中广泛采用工频变化量阻抗继电器、低电压相间阻抗继电器与四边形阻抗继电器，其目的就是消除方向阻抗继电器的"死区"。

3.3　阻抗继电器的接线方式

阻抗继电器的接线方式是指接入阻抗继电器的电压与电流的相别组合方式。因为，阻抗继电器用于测量保护安装处到故障点的阻抗（距离），因此应当满足如下要求：①测量阻抗与保护安装处到故障点的距离成正比，而与系统的运行方式无关；②测量阻抗应与短路类型无关，即同一故障点发生不同类型的短路故障时测量阻抗应相同。

3.3.1 故障时的测量阻抗

如图 3-1 所示，k 点短路时，母线 M 电压可以表示为

$$\dot{U}_{MA} = \dot{U}_{kA} + \dot{I}_{A1}z_1 l_k + \dot{I}_{A2}z_2 l_k + \dot{I}_{A0}z_0 l_k \tag{3-20a}$$

$$\dot{U}_{MB} = \dot{U}_{kB} + \dot{I}_{B1}z_1 l_k + \dot{I}_{B2}z_2 l_k + \dot{I}_{B0}z_0 l_k \tag{3-20b}$$

$$\dot{U}_{MC} = \dot{U}_{kC} + \dot{I}_{C1}z_1 l_k + \dot{I}_{C2}z_2 l_k + \dot{I}_{C0}z_0 l_k \tag{3-20c}$$

考虑到 $z_1 = z_2$，在 A 相接地故障时，有 $\dot{U}_{kA} = 0$，$\dot{I}_{A1} = \dot{I}_{A2} = \dot{I}_{A0}$，则

$$
\begin{aligned}
\dot{U}_{MA} &= \dot{I}_{A1}z_1 l_k + \dot{I}_{A2}z_1 l_k + \dot{I}_{A0}z_0 l_k \\
&= (\dot{I}_{A1} + \dot{I}_{A2} + \dot{I}_{A0})z_1 l_k + \dot{I}_{A0}(z_0 - z_1)l_k \\
&= \left(\dot{I}_A + 3\dot{I}_0 \frac{z_0 - z_1}{3z_1}\right)z_1 l_k \\
&= (\dot{I}_A + K3\dot{I}_0)z_1 l_k
\end{aligned}
$$

式中　K——零序补偿系数，$K = \dfrac{z_0 - z_1}{3z_1}$。

要使电压与电流的比值为保护安装处到故障点的短路阻抗 $z_1 l_k$，则输入到继电器的电压、电流应该为 $\dot{U}_{MA}$、$\dot{I}_A + K3\dot{I}_0$。同理可以得出，在两相接地故障时，故障相阻抗继电器的测量阻抗为短路阻抗 $z_1 l_k$。

在 BC 两相相间短路时，有 $\dot{U}_{kB} = \dot{U}_{kC}$，$\dot{I}_B = -\dot{I}_C$。则

$$
\begin{aligned}
\dot{U}_{MBC} &= \dot{U}_{MB} - \dot{U}_{MC} \\
&= (\dot{I}_{B1}z_1 l_k + \dot{I}_{B2}z_1 l_k) - (\dot{I}_{C1}z_1 l_k + \dot{I}_{C2}z_1 l_k) \\
&= (\dot{I}_{B1} + \dot{I}_{B2})z_1 l_k - (\dot{I}_{C1} + \dot{I}_{C2})z_1 l_k \\
&= (\dot{I}_B - \dot{I}_C)z_1 l_k
\end{aligned}
$$

要使电压与电流的比值为保护安装处到故障点的短路阻抗 $z_1 l_k$，则输入到继电器的电压、电流应当为 $\dot{U}_{BC}$、$\dot{I}_B - \dot{I}_C$。同理可以得出，在三相短路故障时，AB、BC、CA 三个相间阻抗继电器的测量阻抗为短路阻抗 $z_1 l_k$。

需要指出的是，只有故障相（相间）的测量阻抗为 $z_1 l_k$，非故障相的阻抗元件不能正确测量，一般会更大，灵敏度低些。

3.3.2 距离保护的接线方式

1. 相间距离保护 $0°$ 接线

根据上面的分析，反应相间故障的阻抗继电器接线应该以相间电压作为继电器电压，

以相间电流差为继电器电流。由于在负荷电流下（$\cos\varphi=1$）继电器电压、电流的夹角为$0°$，所以这种接线称为相间距离保护$0°$接线。接线如表$3-1$所示。

2. 接地距离保护零序补偿接线

在中性点直接接地电网中，当零序电流保护不能满足要求时，一般考虑采用接地距离保护，它的主要任务是反应电网的接地故障。根据上面的分析，反应接地故障的阻抗继电器接线应该以相电压作为继电器电压，以$\dot{I}_A+K3\dot{I}_0$为继电器电流，此接线方式称为零序补偿接线。如表$3-2$所示。

表$3-1$ $0°$接线方式接入的电压和电流

阻抗继电器相别	$\dot{U}_K$	$\dot{I}_K$
AB	$\dot{U}_{AB}$	$\dot{I}_A-\dot{I}_B$
BC	$\dot{U}_{BC}$	$\dot{I}_B-\dot{I}_C$
CA	$\dot{U}_{CA}$	$\dot{I}_C-\dot{I}_A$

表$3-2$ 零序补偿接线方式接入的电压和电流

阻抗继电器相别	$\dot{U}_K$	$\dot{I}_K$
A	$\dot{U}_A$	$\dot{I}_A+K3\dot{I}_0$
B	$\dot{U}_B$	$\dot{I}_B+K3\dot{I}_0$
C	$\dot{U}_C$	$\dot{I}_C+K3\dot{I}_0$

3.3.3 阻抗继电器在各种故障时的动作情况

阻抗继电器用于构成相间距离保护时采用$0°$接线方式，用于构成接地距离保护时采用零序补偿接线。在线路发生各种故障时，阻抗继电器正确测量的分析如表$3-3$所示。

表$3-3$ 各种故障时阻抗继电器正确测量的分析

故障类型	AN	BN	CN	ABN	BCN	CAN	AB	BC	CA	ABC
KR_A	√	×	×	√	×	√	×	×	×	√
KR_B	×	√	×	√	√	×	×	×	×	√
KR_C	×	×	√	×	√	√	×	×	×	√
KR_{AB}	×	×	×	√	×	×	√	×	×	√
KR_{BC}	×	×	×	×	√	×	×	√	×	√
KR_{CA}	×	×	×	×	×	√	×	×	√	√

注 AN表示A相接地，其他依此类推。正确测量为√；反之为×。

如表$3-3$所示，发生故障时只有故障相相关的阻抗继电器可以正确测量，因此有必要先选出故障相，再对其对应的可以正确测量的故障相阻抗继电器进行计算，这样就可以减少计算时间，加快微机保护的动作速度。例如，判断出是A相接地故障时，可以只对KR_A是否动作进行计算。

3.4 实用阻抗元件

在高压电网中，由于电网接线复杂，系统运行方式变化较大，距离保护均要考虑方向性，因此阻抗继电器（也称为阻抗元件）必须具有方向性，也就是要采用方向阻抗元件。

传统方向阻抗元件均为圆特性，必须采取措施解决保护出口短路死区问题。本节介绍几种目前使用的较新的阻抗元件工作原理，新原理的阻抗元件的优点主要体现在克服死区、减小过渡电阻影响等方面。

3.4.1 工频变化量阻抗继电器

由故障分析的知识可知，故障点电压最低，但是故障点电压的变化量最高。工频变化量阻抗继电器就是利用这一特点来消除正方向出口短路"死区"的。下面对其作简单的分析。

1. 变化量分析基础

在线路 MN 的 k 点短路如图 3-9 （a）所示时，根据叠加原理，可以将其分为正常运行部分如图 3-9 （b）所示与故障分量部分如图 3-9 （c）所示。对于保护安装处故障分量部分有

$$\Delta \dot{U}_{M} = \dot{U}_{Mk} - \dot{U}_{M0} \tag{3-21}$$

式中　$\dot{U}_{Mk}$——故障时的母线电压；

　　　$\dot{U}_{M0}$——故障前的母线电压。

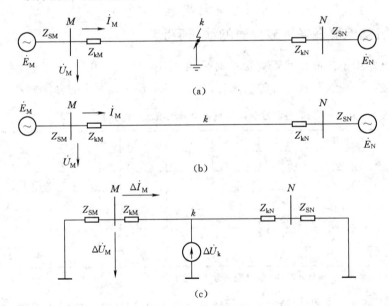

图 3-9　短路故障时故障分量图
(a) 系统图；(b) 正常运行图；(c) 故障分量图

同样对于电流有同样的公式［下标含义与式（3-21）相同］

$$\Delta \dot{I}_{M} = \dot{I}_{Mk} - \dot{I}_{M0} \tag{3-22}$$

正方向故障时

$$\Delta \dot{U}_{M} = - \Delta \dot{I}_{M} Z_{SM} \tag{3-23}$$

反方向故障时

$$\Delta \dot{U}_{M} = \Delta \dot{I}_{M} Z'_{N} \qquad (3-24)$$

式中 Z'_{N}——保护安装处到 N 侧电源的阻抗。

相量 $\Delta \dot{U}_{M}$ 与 $\Delta \dot{I}_{M}$ 的关系如图 3-10 所示。

利用以上关系可以构成工频变化量阻抗继电器，也可以构成变化量方向元件。

2. 工频变化量阻抗继电器原理及特点

工作电压，即

$$\dot{U}_{op} = \Delta \dot{U} - \Delta \dot{I} Z_{set} \qquad (3-25)$$

极化电压为故障前母线电压 $\dot{U}_{M|0|}$，即

$$\dot{U}_{p} = \dot{U}_{M|0|} \qquad (3-26)$$

阻抗继电器的动作方程为

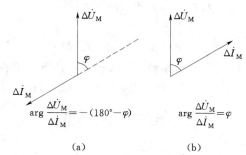

(a)   (b)

图 3-10　故障时故障分量相量图
(a) 正方向故障；(b) 反方向故障

$$|\dot{U}_{op}| > |\dot{U}_{p}| \qquad (3-27)$$

利用变化量分析原理，可见正方向故障时，短路阻抗 Z_{kM} 的动作区是以 $-Z_{SM}$ 为圆心，以 $|Z_{SM} + Z_{set}|$ 为半径的圆内，特性如图 3-11（a）所示。短路阻抗 Z_{kM} 小于整定阻抗 Z_{set} 时，继电器动作，满足了测量的要求，并且由于动作区包括原点，无正方向出口"死区"。

在反方向故障时，短路阻抗 Z_{k} 的动作区是以 Z'_{N} 为圆心，以 $|Z'_{N} - Z_{set}|$ 为半径的圆内，特性如图 3-11（b）所示。测量阻抗 Z_{K} 在第Ⅲ象限，而动作区在第Ⅰ象限，因此阻抗继电器不可能误动。

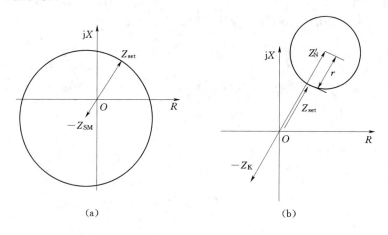

(a)   (b)

图 3-11　工频变化量阻抗继电器的动作特性
(a) 正方向；(b) 反方向

需要指出的是，当用于反映接地故障时，$\Delta \dot{U} = \Delta \dot{U}_{\varphi}$，$\Delta \dot{I} = \Delta \dot{I}_{\varphi} + K 3 \dot{I}_{0}$，其中 φ 取 A、B、C，K 为零序补偿系数；当用于反应相间故障时，$\Delta \dot{U} = \Delta \dot{U}_{\varphi\varphi}$，$\Delta \dot{I} = \Delta \dot{I}_{\varphi\varphi}$，其中 $\varphi\varphi$ 取 AB、BC、CA。

该继电器除具有正方向故障无"死区"，反方向故障一定不会误动的特点外，还具有以下特点：

（1）理论分析和构成原理简单。

（2）动作速度快。

（3）不需要振荡闭锁，振荡时又发生区内故障一般仍能正确动作。

（4）可以用做纵联方向保护的方向元件。

（5）故障时，非故障相的继电器保护不动作，有较好的选相能力。

3.4.2 正序电压极化阻抗继电器

令工作电压 $\dot{U}_{op}=\dot{U}_K-\dot{I}_K Z_{set}$，极化电压 $\dot{U}_p=-\dot{U}_{1K}$。为了消除出口短路"死区"，需要保证极化电压此时不为零。

因此对极化电压的要求是在各种短路情况下：①相位始终不变；②幅值不要降到零。采用正序电压 $-\dot{U}_{1K}$ 作为极化电压，在出口对称短路时，依靠记忆措施使 $-\dot{U}_{1K}\neq0$，从而满足上述要求。

阻抗继电器的动作方程为

$$-90°<\arg\frac{\dot{U}_{op}}{\dot{U}_p}<90° \tag{3-28}$$

正方向故障时，短路阻抗 Z_{kM} 的动作区是以 $Z_{SM}+Z_{set}$ 为直径的圆内，特性如图 3-12（a）所示。继电器动作区包括原点，因此无正方向出口"死区"。

反方向故障时，动作区以 $D(D=Z'_N-Z_{set})$ 为直径的圆内如图 3-12（b）所示，短路测量阻抗在第Ⅲ象限而动作区在第Ⅰ象限，保护不会产生误动。

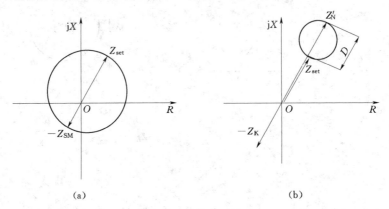

图 3-12 正序电压极化阻抗继电器的动作特性图
（a）正方向；（b）反方向

该继电器的特点是正方向故障无"死区"，反方向故障不会误动。由于在出口故障时方向阻抗继电器才有可能出现拒动，因此该继电器在母线电压低于额定电压 15％时才带有记忆，如果母线电压下降不多，则不需要记忆。

当正序电压极化的方向阻抗继电器在没有记忆时，动作特性与一般的方向阻抗继电器

（Ⅰ类阻抗继电器）相同，但在本质上是有区别的。当系统发生不对称故障时，正序电压包括了非故障相的电压，因此即使出口发生不对称故障，该继电器也没有"死区"。只有在出口发生对称故障时继电器的稳态特性才有"死区"。因此反应接地故障的阻抗继电器的极化电压不需要带有记忆。

3.4.3 电抗继电器

双电源系统中，当在保护区末端附近发生经过渡电阻的故障时，由于过渡电阻上所流过的电流与阻抗继电器所引用的电流相位不一致，致使测量产生相位误差，并可能会导致对侧母线故障时阻抗继电器误动（超越）。为了防止超越，方向阻抗继电器在上述特性的基础上要增加一个防止超越的阻抗元件——电抗继电器。

继电器工作电压为

$$\dot{U}_{\text{op}} = \dot{U}_{\text{M}\varphi} - (\dot{I}_{\text{M}\varphi} + K3\dot{I}_0)Z_{\text{set}} \tag{3-29}$$

继电器极化电压为

$$\dot{U}_{\text{p}} = -\dot{I}_0 Z_{\text{D}} \tag{3-30}$$

式中 Z_{D}——模拟阻抗（幅值为1，角度为线路阻抗角）。

动作方程为

$$-90° < \arg \frac{\dot{U}_{\text{M}\varphi} - (\dot{I}_{\text{M}\varphi} + K3\dot{I}_0)Z_{\text{set}}}{-\dot{I}_0 Z_{\text{D}}} < 90° \tag{3-31}$$

动作特性如图3-13所示中的直线AB。对零序电抗继电器，当$\dot{I}_0$与$\dot{I}_{\text{M}\varphi}$同相位时，直线$AB$平行于$R$轴，当$\dot{I}_0$与$\dot{I}_{\text{M}\varphi}$不同相时，直线的倾角$\alpha$恰好等于$\dot{I}_0$相对于$\dot{I}_{\text{M}\varphi}+K3\dot{I}_0$的相角差。如果$\dot{I}_0$与过渡电阻上压降同相位，则直线$AB$与过渡电阻上的压降所呈现的阻抗相平行，因此，零序电抗特性对过渡电阻有自适应的特征。

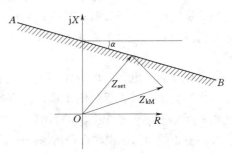

图3-13 零序电抗继电器的动作特性图

实际的零序电抗特性采用78°克服系统两侧由于零序阻抗角不等可能出现的超越而要下倾12°，所以当实际系统中由于两侧零序阻抗角不一致而使$\dot{I}_0$与过渡电阻上压降有相位差时，继电器仍不会超越。这样使送电端的保护受对侧助增而过渡电阻呈容性时而不致超越，增强了保护在短线上使用时抗过渡电阻的能力。

3.4.4 四边形阻抗继电器

图3-7（b）中的四边形阻抗继电器在距离保护中得到广泛应用，但该继电器的动作特性通过坐标原点，在保护出口短路时存在"死区"。为了消除"死区"的影响，对于动作特性中的方向折线AOC需采取消除"死区"的措施。

将方向折线 AOC 线方程改写为

$$-\alpha_4 < \arg \frac{\dot{U}_K}{\dot{I}_K} < 90° + \alpha_1 \qquad (3-32)$$

为了消除"死区",一般采用正序电压进行比相,相当于引入了第三相电压;当电压较低时,采用记忆电压进行比相,保证没有方向"死区",相当于动作特性包含坐标原点。

需要指出的是,工频变化量阻抗继电器、正序电压极化阻抗继电器、电抗继电器都是通过电压方程进行判断,没有单独对短路阻抗进行测量,因此将这类继电器称为方程判别式阻抗继电器。而四边形阻抗继电器与它们不同,它是先确定好一个动作区域,然后再判断测量阻抗是否位于动作区域内部,从而确定继电器是否动作,因此称为测量式阻抗继电器。

3.5 距离保护的振荡闭锁

并列运行的系统或发电厂失去同步的现象称为系统振荡,电力系统振荡时两侧电源的夹角 δ 在 $0°\sim360°$ 呈周期性变化。引起振荡的原因较多,大多数是由于故障切除时间过长而引起的系统暂态稳定破坏,在联系较弱的系统中,也可能由于误操作、发电机失磁或故障跳闸、断开某一线路或设备、过负荷等引起振荡。

振荡是电力系统重大事故之一,因为此时电压、电流会作大幅度的变化,对用户产生严重影响,严重时可能造成大面积停电。系统发生振荡后,可能在励磁调节器或自动装置作用下恢复同步,必要时在功率过剩侧切机,在功率缺额侧起动备用机组或切负荷以尽快恢复同步运行,严重时在预定的解列点解列。因此,在系统振荡时不允许继电保护装置动作。

在振荡时,电压、电流作周期性变化,导致距离保护的测量阻抗也发生周期性的变化,当测量阻抗进入保护的动作区时将导致阻抗继电器动作,从而引起保护误动。因此,在距离保护中必须考虑振荡的影响。

为防止距离保护误动,距离保护应该加装振荡闭锁。对距离保护振荡闭锁的要求如下:

(1) 系统发生短路故障时,应该快速开放保护。

(2) 系统静稳定破坏引起的振荡时,应该可靠闭锁保护。

(3) 外部故障切除后随即发生振荡,保护不应误动。

(4) 振荡过程中发生故障,保护要可靠动作。

(5) 振荡闭锁在振荡平息后应该自行复归,即振荡不平息则振荡闭锁不复归。

3.5.1 振荡对距离保护的影响

为了分析振荡时电气量的变化,建立系统的模型如图 3-14(a)所示。为了分析方便,假设所有阻抗角相等,振荡中心在电气中心 O 点,两侧电源电势相等,M 侧为送电侧（M 侧频率 $f_M > N$ 侧频率 f_N,$\dot{E}_M = \dot{E}_N e^{j\delta}$）。

1. 系统振荡时电压电流的变化

如图 3-14(b)所示,振荡时的电流为

$$\dot{I}_M = \frac{\dot{E}_M - \dot{E}_N}{Z_{SM} + Z_{MN} + Z_{SN}} = \frac{\dot{E}_M(1 - e^{j\delta})}{Z_\Sigma} \tag{3-33}$$

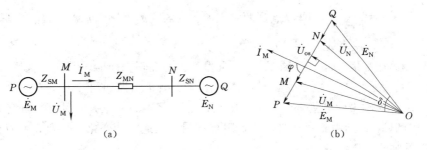

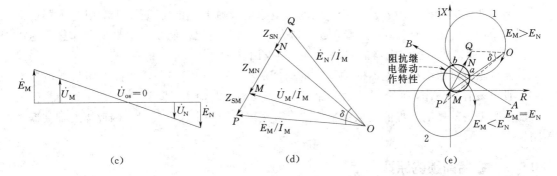

图 3-14 振荡的系统模型

(a) 系统图；(b) 电压电流相量图；(c) $\delta = 180°$ 电压相量图；

(d) 阻抗图；(e) 测量阻抗轨迹

由于 $\delta = 2\pi(f_M - f_N)t$，$\delta$ 在 $0° \sim 360°$ 间周期性变化，因此电流在 $0 \sim \left|\frac{2E_M}{Z_\Sigma}\right|$ 之间周期性变化，周期为振荡周期 $T_{os} = 1/|f_M - f_N|$（一般 $1 \sim 3s$ 之间）。在 $\delta = 0°$ 时，振荡电流最小为 0，在 $\delta = 180°$ 时振荡电流最大为 $\left|\frac{2E_M}{Z_\Sigma}\right|$。

在振荡中心三相短路时，短路阻抗为 $Z_k = \frac{Z_\Sigma}{2}$，短路电流 $\dot{I}_{kM}$ 为

$$\dot{I}_{kM} = \frac{\dot{E}_M}{Z_\Sigma/2} = \frac{2\dot{E}_M}{Z_\Sigma} \tag{3-34}$$

如式（3-33）与式（3-34）所示，振荡电流的最大值相当于在振荡中心发生三相短路，其电流很大。

母线 M 侧的电压为

$$\dot{U}_M = \dot{E}_M - \dot{I}_M Z_{SM} \tag{3-35}$$

可见，电压也作周期性变化，其最小幅值在 $\delta = 180°$，如图 3-14（c）所示。

2. 系统振荡时测量阻抗的变化

由于振荡时，电压电流均呈周期性变化，测量阻抗也呈周期性变化。

如图 3-14（b）所示为振荡时的电压、电流图，将其中的所有电压除以电流，就得

到阻抗如图 3-14（d）所示。在阻抗图中 MO 即为 M 侧测量阻抗的大小，O 点轨迹就是测量阻抗。

由于 $E_M/I_M \over E_N/I_N$ $= \frac{E_M}{E_N} = C$，即 O 点到两定点 P、Q 的距离之比为常数，根据数学知识，其轨迹为圆（$C \neq 1$）或直线（$C=1$）。

当 M 侧为送电侧（$E_M > E_N, C > 1$）且振荡中心在正方向时，其轨迹如图 3-14（e）所示中的圆 1 所示，如功角 δ 变化时，测量阻抗在圆 1 上顺时针变化，如圆 1 上箭头所示；反之，当 M 侧为受电侧（$E_M < E_N, C < 1$）且振荡中心在正方向时，其轨迹如图 3-14（e）所示中的圆 2，功角 δ 变化时，测量阻抗在圆 2 上逆时针变化，如圆 2 上箭头所示。

3. 振荡对距离保护的影响

通过上面的分析，图 3-14（c）中的测量阻抗（圆 1）在 δ 接近于 180°时进入阻抗继电器的动作区，进入点为 a，随着 δ 逐渐增大，测量阻抗退出阻抗继电器的动作区，退出点为 b。这就造成阻抗继电器的周期性动作与返回。

测量阻抗进入阻抗继电器的动作区的时间为 $t_a - t_b$（小于 1s），因此对阻抗继电器来讲，Ⅲ段最容易动作，但是动作时间很长（大于 1s）。若动作时间为 1.5s 以上则距离保护Ⅲ段不受振荡的影响，可能受振荡影响的只有距离保护的Ⅰ段和Ⅱ段，因此需要加装振荡闭锁。

3.5.2 振荡闭锁的原理

综上所述对振荡闭锁的要求，振荡闭锁判据需要区分振荡与短路，振荡时闭锁可能误动的距离保护Ⅰ、Ⅱ段，短路时则开放保护出口。

振荡与短路的主要区别如下：

（1）振荡时，电压、电流及测量阻抗幅值均发生周期性变化，变化缓慢；短路时电流突然增大，电压突然减小，变化速度快。

（2）振荡时，三相完全对称，无负序或零序分量；短路时，总要长期（不对称短路）或瞬间（对称短路）出现负序电流（接地故障时还有零序电流）。

距离保护起动元件的作用是在振荡时闭锁保护，在故障时开放保护。根据振荡与短路的区别，起动元件一般采用负序电流 I_2 加上零序电流 I_0（即 $I_2 + I_0$）起动；也可以采用突变量元件起动，如负序零序增量 $\Delta(I_2 + I_0)$，或相电流差突变量 $\Delta I_{\varphi\varphi}$。

利用振荡时各电气量变化速度慢的特点，在振荡时闭锁保护，在短路伴随振荡时短时开放距离保护 160ms。振荡闭锁逻辑如图 3-15 所示（其中的时间元件无单位标注时单位为 ms）。

静态稳定的破坏引起系统振荡时，振荡中开放保护元件不动作，或门 D_1 无输出。过流元件动作，起动元件不动作，经过 T_1 的 10ms 延时后关闭禁止门 D_3，保护不开放。

故障伴随短路时，过流元件与起动元件排斥，但过流元件需经过 T_1 延时才关闭 D_3，而起动元件不经延时，因此 D_3 开放。T_2 是一个固定宽度的时间元件，只要 D_3 开放就固定输出 160ms 宽度的脉冲。经 D_2 后开放保护 160ms。

1. 振荡中发生不对称故障

发生振荡时，距离保护Ⅰ、Ⅱ段被闭锁；如果此时又发生故障，应该开放保护。振荡

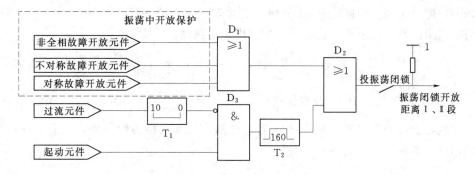

图 3-15 振荡闭锁原理图

中发生不对称故障，开放保护的方法如下：

（1）由于振荡时无负序、零序分量，利用负序与零序分量来开放保护的判据为

$$|\dot{I}_2|+|\dot{I}_0|>m|\dot{I}_1| \qquad (3-36)$$

一般 m 为 0.66，当式（3-36）条件满足时，判为发生故障，开放距离保护。如果故障点就在振荡中心且在 $\delta=180°$ 时短路，判据可能无法立刻满足，当 $\delta>180°$ 后，式（3-36）逐渐满足，因此开放保护带延时性。

（2）振荡中发生不对称短路，三相电流应不相等且可能出现零序电流（接地故障）。利用此特点开放保护的判据可为

$$|\dot{I}_{\varphi max}|>K_\varphi|\dot{I}_{\varphi min}| \qquad (3-37a)$$

或

$$|3\dot{I}_0|>K_0|\dot{I}_{\varphi max}| \qquad (3-37b)$$

式中　$\dot{I}_{\varphi max}$、$\dot{I}_{\varphi min}$——流过保护的最大、最小相电流，φ 为 A、B 或 C；

K_φ、K_0——系数，可取 $K_\varphi=1.8$、$K_0=0.8$。

2. 振荡中发生对称短路故障

振荡过程中又发生对称短路时，没有负序及零序分量，这时开放保护方法有两种：利用振荡中心电压的变化以及利用阻抗的变化率。

（1）由振荡中心电压 U_{os} 开放保护。如图 3-14（b）所示电力系统振荡时，振荡中心电压 U_{os} 是周期性变化的。当发生三相短路时，U_{os} 为故障点的弧光电压（当弧光电流大于 100A 时，弧光电压与流过的电流无关，小于额定电压的 6%）。

振荡时振荡中心的电压 U_{os} 大小

$$U_{os}=U_M\sin(\varphi-\varphi_M) \qquad (3-38)$$

式中　φ_M——电压与电流的夹角，即 $\varphi_M=\arg\dfrac{\dot{U}_M}{\dot{I}_M}$；

φ——线路阻抗角。

保护开放的动作判据为

$$-0.03U_N<U_{os}<0.08U_N \qquad (3-39a)$$
$$-0.1U_N<U_{os}<0.25U_N \qquad (3-39b)$$

满足式（3-39a），即 δ 在（-183.4°～170.8°）时，延时 150ms 开放保护；满足式

83

（3-39b），即 δ 在（$-191.5°\sim151°$）时，延时 500ms 开放保护。

需要指出的是，以上延时按照最长振荡周期不误动来考虑。

（2）利用测量阻抗变化率大小开放保护。测量阻抗变化率 $\left|\dfrac{\mathrm{d}Z_{\mathrm{K}}}{\mathrm{d}t}\right|$ 较小时为振荡，$\left|\dfrac{\mathrm{d}Z_{\mathrm{K}}}{\mathrm{d}t}\right|$ 较大时不是振荡，可以开放保护。

在非全相振荡中保护被闭锁后继续进行选相，若选出相为健全相，则开放对应相保护；若选出相为跳闸相，则不开放保护。

3.6 距离保护的电压回路断线闭锁

距离保护是通过电压电流的比值判断线路是否故障，而电压取自 TV 二次侧，因此在 TV 二次电压回路断线时会造成保护无法完成阻抗的测量。

3.6.1 电压回路断线的影响

阻抗继电器的测量阻抗为 $Z_{\mathrm{K}}=\dot{U}_{\mathrm{K}}/\dot{I}_{\mathrm{K}}$，当电压回路断线时，$\dot{U}_{\mathrm{K}}=0$，从而导致测量阻抗为零，阻抗继电器在 $Z_{\mathrm{K}}=0$ 时会动作，从而导致距离保护误动。因此，必须采取措施，即通过电压回路断线闭锁来防止距离保护误动。

3.6.2 电压回路断线闭锁的措施

1. 母线电压回路断线闭锁

在起动元件未动作的情况下，满足下列条件之一起动断线闭锁如下：

（1）三相电压相量和大于 8V，即

$$|\dot{U}_{\mathrm{a}}+\dot{U}_{\mathrm{b}}+\dot{U}_{\mathrm{c}}|>8\mathrm{V} \tag{3-40}$$

则延时 1.25s 发 TV 断线异常信号，反应电压回路不对称断线。

（2）三相电压相量和小于 24V，即

$$|\dot{U}_{\mathrm{a}}+\dot{U}_{\mathrm{b}}+\dot{U}_{\mathrm{c}}|<24\mathrm{V} \tag{3-41}$$

或每相电压均小于 8V 时，延时 1.25s 发出 TV 断线异常信号，反应电压回路对称断线。

在发出电压断线信号的同时，闭锁在电压回路断线时会误动的保护，并起动断线过流保护。在三相电压正常后，经 10s 延时 TV 断线信号复归。

此方案有如下特点：

1）方案中用起动元件反闭锁，而不用开口三角形的 $3U_0$ 反闭锁。因为正常时 $3U_0=0$，很难监视，一旦 $3U_0$ 回路断线且系统又发生不对称故障时，将不能反闭锁，断线闭锁将闭锁保护而不能跳闸，后果严重。

2）因保护起动元件由电流分量构成，断线只引起阻抗继电器动作，而不会引起整个保护误动作，不需要立即闭锁保护，因此带 1.25s 报 TV 断线，并闭锁距离保护，以增加切除线路故障的可靠性。

2. 线路电压回路断线

在起动元件未动作的情况下，如果任何一相线路电压小于 8V，且线路有电流则延时 1.25s 发出 TV 断线异常信号。

当判定线路电压回路断线后，重合闸逻辑中不进行检同期和检无压的逻辑判别。

3.7 过渡电阻对距离保护的影响及消除措施

当发生相间短路或接地短路时，短路电流从一相流到另一相或从一相流入地的途径中所通过的物质的电阻即为短路点的过渡电阻 R_g，包括电弧电阻与接地电阻等。本节以前分析的故障都是金属性故障，而实际的短路故障中都不同程度地存在过渡电阻，过渡电阻会导致距离保护的阻抗继电器无法正确测量保护安装处到故障点的短路阻抗，因此可能造成保护的拒动或误动。

3.7.1 过渡电阻的特点

实验证明，当故障电流足够大时，电弧上的电压峰值 $U_{arc.m}$（kV）几乎与电弧电流 I_{arc}（A）无关，而与电弧的长度 l_{arc}（m）的关系为：$U_{arc.m} = 1.5 l_{arc}$（kV/m）。当电弧电流接近正弦时，过渡电阻 R_g（Ω）为

$$R_g = \frac{U_{arc.m}}{\sqrt{2} I_{arc}} = 1050 \frac{l_{arc}}{I_{arc}} \tag{3-42}$$

在短路初瞬，电弧电流很大，电弧较短，电弧电阻较小。几个周期后，随着电弧的逐渐拉长，电弧电阻也逐渐增大。

相间短路的过渡电阻主要由电弧电阻组成，接地短路除了电弧电阻外，还有接地电阻。接地电阻随着接地介质、气候、土壤性质的不同，变化范围较大。例如，500kV 线路接地短路的最大过渡电阻按 300Ω 考虑，220kV 线路按照 100Ω 考虑。

综上所述，过渡电阻基本呈纯电阻性质，在故障初瞬时较小，随着时间变长而逐渐变大。

3.7.2 过渡电阻对距离保护的影响

过渡电阻对距离保护的影响是由于阻抗继电器的不正确测量，因此需要分析过渡电阻对阻抗继电器的影响。

（1）单侧电源过渡电阻的影响。如图 3-16 所示，阻抗继电器的测量阻抗 Z_K 为短路阻抗 Z_k 与过渡电阻 R_g 直接相加即

$$Z_K = Z_k + R_g = Z_k + \Delta Z \tag{3-43}$$

测量阻抗的附加阻抗 ΔZ 为纯电阻 R_g。如图 3-16 所示，过渡电阻 R_g 的存在造成圆特性方向阻抗继电器（圆 1）拒动。

（2）双侧电源中过渡电阻的影响。如图 3-17 所示，双侧电源 k 点经 R_g 短路时，故障点的电压 $\dot{U}_k = (\dot{I}_M + \dot{I}_N) R_g$，$M$ 侧阻抗继电器的测量阻抗 Z_M 为

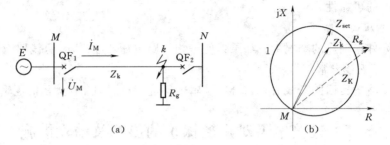

图 3-16 单侧电源过渡电阻的影响图
(a) 系统示意图；(b) 阻抗继电器动作区示意图

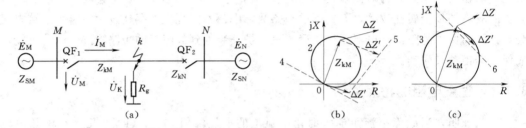

图 3-17 双侧电源过渡电阻的影响图
(a) 系统图；(b) 拒动示意图；(c) 误动（超越）示意图

$$Z_M = \frac{\dot{U}_M}{\dot{I}_M} = Z_{kM} + \frac{\dot{I}_M + \dot{I}_N}{\dot{I}_M} R_g = Z_{kM} + \Delta Z \qquad (3-44)$$

如式（3-44）所示，当 M 侧为送电侧（$\dot{I}_M$ 超前 $\dot{I}_N$）时，测量阻抗的附加阻抗 ΔZ 为容性阻抗（图 3-17 中的 $\Delta Z'$），可能在出口故障时造成阻抗继电器［如图 3-17（b）所示中圆 2］拒动，还可能在保护区末端外部故障时造成阻抗继电器［如图 3-17（c）所示中圆 3］误动（超越）。

当 M 侧为受电侧（$\dot{I}_M$ 滞后 $\dot{I}_N$）时，测量阻抗的附加阻抗 ΔZ 为感性阻抗（如图 3-17 所示中的 ΔZ），可能在保护区末端故障时造成阻抗继电器［如图 3-17（b）所示中圆 2］拒动。

需要指出的是，在过渡电阻相同时，故障越靠近保护安装处，I_M 越大，I_N 越小，则测量阻抗的附加阻抗 ΔZ 模值越小，测量阻抗轨迹如图 3-17（b）的虚线 5 所示。虚线 5 与 R 轴夹角小于短路阻抗角。

从图 3-17 中还可以看出，送电侧保护为了防止阻抗继电器拒动，继电器应该以直线 4 为动作边界；为了防止阻抗继电器超越，继电器应该以直线 6 为动作边界。

综合以上分析可知，阻抗继电器在有过渡电阻时，既可能在保护区内拒动，也可能在保护区外误动。

结合过渡电阻的特点、过渡电阻对阻抗继电器的影响、距离保护各段的配合关系判定，距离保护 Ⅰ 段无动作延时，此时过渡电阻较小，因此过渡电阻对距离保护 Ⅰ 段影响小；距离保护 Ⅱ 段有动作延时，此时过渡电阻较大，因此过渡电阻对距离保护 Ⅱ 段影响大；距离保护Ⅲ段有动作延时，但是整定阻抗很大，阻抗继电器抗过渡电阻能力强，因此过渡电阻对距离保护Ⅲ段影响较小。

3.7.3 消除过渡电阻的措施

过渡电阻会造成距离保护不正确动作，对于短线路情况更加严重（动作特性小），消除影响的措施如下。

（1）动作特性的偏移。过渡电阻使测量阻抗向 R 轴偏移，因此为消除过渡电阻的影响，可以将阻抗继电器的动作特性向 R 轴偏移，对于圆特性方向阻抗继电器，相当于将整定阻抗角减小，则抗拒动的能力增强。此时，为了防止阻抗继电器的超越，可以采用电抗继电器［特性如图 3-17（c）所示中的直线 6 所示，直线 6 与测量阻抗 $\Delta Z'$ 平行］。

（2）采用四边形阻抗继电器。按照四边形阻抗线电器中设置的角度可以很好地消除过渡电阻的影响。

3.8 距离保护的整定计算

距离保护的整定计算包括整定阻抗的大小与角度整定、各段动作时间的确定和保护灵敏度校验等。

3.8.1 分支电流对保护的影响与消除措施

距离保护Ⅱ段、Ⅲ段都要与相邻线路配合，在相邻线路存在故障时，如果相邻线路与本线路之间存在分支元件，就会影响阻抗继电器的测量阻抗，如图 3-18 所示。

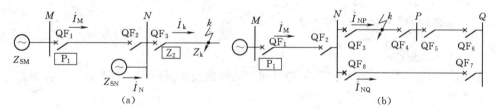

图 3-18　助增电流与外汲电流
（a）助增电流；（b）外汲电流

1. 助增电流与外汲电流的影响

如图 3-18（a）所示，在 k 点故障后的 M 母线电压为

$$\dot{U}_M = \dot{U}_N + \dot{I}_M Z_{MN} = (\dot{I}_M + \dot{I}_N)Z_k + \dot{I}_M Z_{MN}$$

则保护 P_1 的测量阻抗 Z 为

$$Z = Z_{MN} + \frac{\dot{I}_k}{\dot{I}_M} Z_k = Z_{MN} + K_{bra} Z_k \tag{3-45}$$

如图 3-18（b）所示中距离保护 P_1 在 k 点故障后的测量阻抗 Z 为

$$Z = Z_{MN} + \frac{\dot{I}_{NP}}{\dot{I}_M} Z_{kN} = Z_{MN} + K_{bra} Z_{kN} \qquad (3-46)$$

式（3-45）与式（3-46）中的 K_{bra} 称为分支系数。

$$K_{bra} = \frac{相邻线路电流}{本线路电流} \qquad (3-47)$$

如图 3-18（a）中 $K_{bra} > 1$，电流 I_N 使故障线路电流大于本线路电流，称为助增电流。在图 3-18（b）中 $K_{bra} < 1$，电流 I_{NQ} 使故障线路电流小于本线路电流，称为外汲电流。

经过分析可知，助增电流使得 $K_{bra} > 1$，距离保护测量阻抗增大，保护区缩短，保护灵敏度降低；外汲电流使得 $K_{bra} < 1$，距离保护测量阻抗减小，保护区伸长，可能造成保护的超范围动作。

2. 消除分支电流影响的措施

消除分支电流的影响主要是防止超范围动作，因此在整定距离保护Ⅱ段时按照最小分支系数 $K_{bra.\,min}$ 整定；为了确保保护的灵敏度，校验Ⅲ段远后备的灵敏系数时按照最大分支系数 $K_{bra.\,max}$ 校验。

3.8.2　三段式距离保护的整定计算

距离保护的整定阻抗角为线路阻抗角，动作时间按照阶梯配合，各段原则如下。

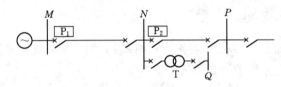

图 3-19　整定计算用系统图

1. Ⅰ段保护整定

Ⅰ段保护区不能伸出本线路，即整定阻抗小于被保护线路阻抗。如图 3-19 所示，保护 P_1 的Ⅰ段整定阻抗 $Z^{\mathrm{I}}_{1.\,set}$ 为

$$Z^{\mathrm{I}}_{1.\,set} = K^{\mathrm{I}}_{rel} Z_{MN} \qquad (3-48)$$

式中　K^{I}_{rel}——可靠系数，$0.8 \sim 0.85$。

2. Ⅱ段保护整定

Ⅱ段保护延时动作，保护区不能伸出相邻元件或线路瞬时段的保护区，并按照最小分支系数考虑。

（1）与相邻线路Ⅰ段配合，图 3-19 中保护 P_1 的Ⅱ段整定阻抗为

$$Z^{\mathrm{II}}_{1.\,set} = K^{\mathrm{II}}_{rel}(Z_{MN} + K_{bra.\,min} Z^{\mathrm{I}}_{2.\,set}) \qquad (3-49)$$

（2）与相邻变压器配合，图 3-19 中保护 P_1 的Ⅱ段应躲开 Q 母线的短路为

$$Z^{\mathrm{II}}_{1.\,set} = K^{\mathrm{II}}_{rel}(Z_{MN} + K_{bra.\,min} Z_T) \qquad (3-50)$$

取以上两者较小者作为Ⅱ段整定阻抗，动作时间比相邻线路Ⅰ段长，一般取 0.5s。

按照线路末端发生金属性短路来校验灵敏系数。保护 P_1 的灵敏系数为

$$K_{sen} = \frac{Z^{\mathrm{II}}_{1.\,set}}{Z_{MN}} \geqslant 1.25 \qquad (3-51)$$

若灵敏系数不满足要求，则可以与相邻Ⅱ段配合，时间则比相邻Ⅱ段动作时间长 Δt（一般 0.5s）。

3.Ⅲ段保护整定

作为后备保护的Ⅲ段，正常时不起动。因此整定阻抗按躲开最小的负荷阻抗 $Z_{L.\,min}$。$Z_{L.\,min}$ 为

$$Z_{L.\,min} = \frac{0.9U_N}{\sqrt{3}I_{L.\,max}} \tag{3-52}$$

式中　U_N——母线额定线电压；

　　　$I_{L.\,max}$——最大负荷电流。

由于正常运行时负荷阻抗的阻抗角较小，短路时测量阻抗为线路阻抗，阻抗角较大。如果采用全阻抗特性的阻抗元件作为Ⅲ段保护的阻抗元件，则保护 P_1 的Ⅲ段整定阻抗 $Z_{1.\,set}^{Ⅲ}$ 为

$$Z_{1.\,set}^{Ⅲ} = \frac{Z_{L.\,min}}{K_{rel}^{Ⅲ}K_{re}K_{Ms}} \tag{3-53}$$

式中　$K_{rel}^{Ⅲ}$——Ⅲ段可靠系数，一般取 1.2～1.3；

　　　K_{re}——阻抗继电器的返回系数，一般取 1.1；

　　　K_{Ms}——电动机自起动系数，由负荷性质决定，一般取 1.5～3。

但是，工作实际中一般采用方向阻抗作为Ⅲ段阻抗元件，为了在短路故障时获得较高的灵敏度，整定阻抗角应当与线路阻抗角 φ_1 一致，与负荷阻抗角 φ_L 不相等，考虑两种阻抗角情况下动作阻抗的差异，则保护 P_1 的Ⅲ段整定阻抗 $Z_{1.\,set}^{Ⅲ}$ 为

$$Z_{1.\,set}^{Ⅲ} = \frac{Z_{L.\,min}}{K_{rel}^{Ⅲ}K_{re}K_{Ms}\cos(\varphi_1-\varphi_L)} \tag{3-54}$$

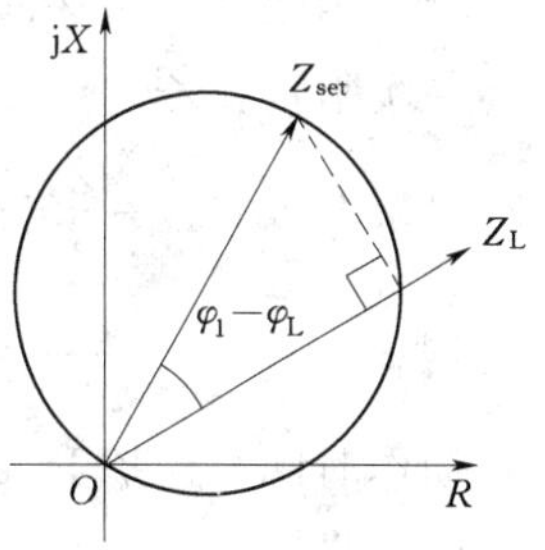

按照线路末端发生金属性短路来校验灵敏度，保护 P1 的灵敏度系数要求为

作为 MN 线路近后备

$$K_{sen} = \frac{Z_{1.\,set}^{Ⅲ}}{Z_{MN}} > 1.5 \tag{3-55}$$

作为 NP 线路远后备

$$K_{sen} = \frac{Z_{1.\,set}^{Ⅲ}}{(Z_{MN}+K_{bra.\,max}Z_{NP})} > 1.25 \tag{3-56}$$

图 3-20　负荷阻抗角对
灵敏系数的影响图

动作时间与电流保护Ⅲ段时间有相同的配置原则，即大于相邻线路最长的动作时间。

3.8.3　整定计算举例

如图 3-21 所示，断路器 QF$_1$、QF$_2$ 处均装设三段式相间距离保护（采用圆特性方向阻抗继电器）P$_1$、P$_2$，已知 P$_1$ 的一次整定阻抗为：$Z_{1.\,set}^{Ⅰ}=3.6\Omega$，0s；$Z_{1.\,set}^{Ⅱ}=11\Omega$，0.5s；保护 1 的距离Ⅲ段动作时间为 1.5s。MN 线路输送的最大负荷电流为 500A，最大负荷功率因数角为 $\varphi_{L.\,max}=26°$。试整定距离保护 P$_2$ 的Ⅰ、Ⅱ、Ⅲ段的二次整定阻抗、最灵敏角、动作时间。

解：距离保护 P$_2$ 的整定，线路阻抗 $Z_{MN}=4.4+j11.9=12.68\angle69.7°$。

最灵敏角（整定阻抗角）应当等于线路阻抗角，可以取 $\varphi_{sen}=70°$。

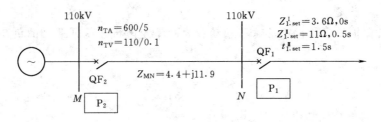

图 3-21 整定算例系统图

（1）Ⅰ段整定阻抗小于线路阻抗，可靠系数取 0.8，则

$$Z_{MN} = \sqrt{4.44^2 + 11.9^2} = 12.68(\Omega)$$

一次整定阻抗：$Z_{2.set}^{I} = 0.8 \times 12.68 = 10.144$（$\Omega$）

二次整定阻抗：$Z_{2.K.set}^{I} = Z_{2.set}^{I} \cdot \dfrac{n_{TA}}{n_{TV}} = 10.144 \times \dfrac{120}{1100} = 1.1$（$\Omega$）

（2）Ⅱ段与保护 P_1 的Ⅰ段配合，整定阻抗一次值为

$Z_{2.set}^{II} = K_{rel}^{II}(Z_{MN} + K_{b.min}Z_{1.set}^{I}) = 0.8 \times (12.68 + 1 \times 3.6) = 13.024$（$\Omega$）

灵敏系数 $K_{sen} = \dfrac{Z_{2.set}^{II}}{Z_{MN}} = \dfrac{13.024}{12.38} < 1.25$，不满足，则与保护 P_1 的Ⅱ段配合：

一次阻抗：$Z_{2.set}^{II} = K_{rel}^{II}(Z_{MN} + K_{b.min}Z_{1.set}^{II}) = 0.8 \times (12.68 + 1 \times 11) = 18.944$（$\Omega$）

灵敏系数 $K_{sen} = \dfrac{Z_{2.set}^{II}}{Z_{MN}} = \dfrac{18.944}{12.68} > 1.25$，符合要求，则二次整定值为

$$Z_{2.K.set}^{II} = Z_{2.set}^{II} \cdot \dfrac{n_{TA}}{n_{TV}} = 18.944 \times \dfrac{120}{1100} = 2.066$$（Ω）

动作时间与保护 P_1 的Ⅱ段配合，有 $t_{2.set}^{II} = t_{1.set}^{II} + \Delta t = 0.5 + 0.5 = 1.0$（s）。

（3）Ⅲ段

$$Z_{L.min} = \dfrac{0.9 U_N}{\sqrt{3} I_{L.max}} = \dfrac{0.9 \times 110000}{\sqrt{3} \times 500} = 114.3$$

$$Z_{2.set}^{III} = \dfrac{Z_{L.min}}{K_{rel}^{III} K_{re} K_{Ms} \cos(\varphi_l - \varphi_L)} = \dfrac{114.3}{1.2 \times 0.9 \times 1.5 \cos(70° - 26°)} = 98.1(\Omega)$$

二次整定值为：$Z_{2.K.set}^{III} = Z_{2.set}^{III} \times \dfrac{n_{TA}}{n_{TV}} = 98.1 \times \dfrac{120}{1100} = 10.7$（$\Omega$）

动作时间为 $1.5 + 0.5 = 2$（s）

校验近后备灵敏度：$K_{sen} = \dfrac{Z_{2.set}^{III}}{Z_{MN}} = \dfrac{98.1}{12.68} = 7.7 > 1.5$，满足要求。

校验远后备灵敏度：$K_{sen} = \dfrac{98.1}{12.68 + 3.6/0.8} = 5.7 > 1.25$，满足要求。

需要指出的是，本例题分支系数为 1，如有助增或外汲电流，则需要先计算分支系数，包括最大分支系数与最小分支系数。

复 习 思 考 题

1. 距离保护与电流保护相比有哪些优点？

2. 试说明距离保护的测量阻抗、整定阻抗和输电线路故障时的短路阻抗的含义和区别；阻抗继电器的二次阻抗值如何计算？

3. 在复数阻抗平面上画出全阻抗、方向阻抗、偏移特性、电抗型、四边形阻抗继电器的动作特性，并写出比相形式的阻抗与电压动作方程。

4. 圆特性方向阻抗继电器 $Z_{set}=4\angle 60°\Omega$，若测量阻抗为 $Z_K=3.6\angle 30°\Omega$，试问该继电器能否动作？为什么？

5. 距离保护各段中为何要用 6 个阻抗继电器，在 BC 两相接地故障时，哪些阻抗继电器能够正确测量？

6. 在反应接地短路的阻抗继电器接线方式中，为什么要引入零序补偿系数 K？K 如何计算？

7. 什么是阻抗继电器的最小精确工作电流？它有什么意义？

8. 方向阻抗继电器为什么有"死区"？又是如何克服的？

9. 简述工频变化量阻抗继电器的原理，并说明其有何特点。

10. 正序电压极化阻抗继电器如何消除"死区"？

11. 四边形阻抗继电器如何消除"死区"的？

12. 过渡电阻有何特点？试比较三种圆特性阻抗继电器受过渡电阻的影响的情况。

13. 阻抗继电器如何提高抗过渡电阻的能力？如何防止由于过渡电阻引起的保护超越？

14. 振荡对距离保护有何影响？振荡中又发生短路如何识别？

15. 简述振荡闭锁的原理。

16. 如图 3-22 所示，断路器 QF_1、QF_2 均装设三段式相间距离保护（采用圆特性方向阻抗继电器）P_1、P_2，已知 P_1 的一次整定阻抗为：$Z_{1.set}^{I}=2\Omega$，0s；$Z_{1.set}^{II}=8\Omega$，0.5s；$Z_{1.set}^{III}=80\Omega$，2s。M 侧电源系统阻抗 $Z_{SM.min}=1.2\Omega$，$Z_{SM.max}=3\Omega$；N 侧电源系统阻抗，$Z_{SN.min}=0.8\Omega$，$Z_{SN.max}=2\Omega$。MN 线路输送的最大负荷电流为 550A，最大负荷功率因数角为 $\varphi_{L.max}=25°$。试整定距离保护 P_2 的 I、II、III 段的二次整定阻抗、最灵敏角、动作时间。

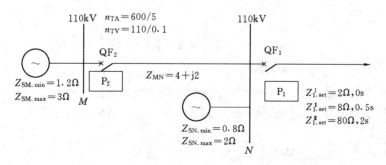

图 3-22 习题 16 图

17. 助增电流与外汲电流对距离保护的测量阻抗及保护范围有何影响？

18. 电压回路断线时，哪些保护需要闭锁？

第 4 章 电网的纵联保护

4.1 纵联保护的原理与分类

4.1.1 全线速动保护与双侧测量的原理

1. 全线速动保护与双侧测量的必要性

在高压输电线路上，为了保证电力系统运行的稳定性，需要配置全线速动保护，即要求继电保护无时限地切除线路上任一点发生的故障。

电流保护、电流方向保护、零序电流（方向）保护、距离保护等有一个共同的特点，均属于单侧测量保护，保护整定时采用三段式配合原理。单侧测量保护是指保护仅测量线路某一侧的母线电压、线路电流等电气量。单侧测量保护无法快速切除本线路上的所有故障，最长切除时间为 $0.5s$ 左右。如图 $4-1$ 所示，本线路末端故障 k_1 与下线路始端故障 k_2 两种情况下，保护测量到的电流、电压几乎是相同的。如果为了保证选择性，k_2 故障时保护不能无时限切除，则本线路末端 k_1 故障时也就不能无时限切除。可见单侧测量保护不能实现全线速动的根本原因是考虑到互感器、保护均存在误差，不能有效地区分本线路末端故障与下线路始端故障。

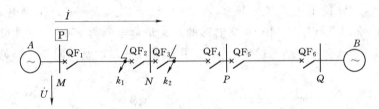

图 $4-1$ 单侧测量保护工作情况图

2. 双侧测量保护原理实现全线速动

为了实现全线速动保护，保护判据由线路两侧的电气量或保护动作行为构成，进行双侧测量。双侧测量时需要相应的保护通道进行信息交换。双侧测量线路保护的基本原理主要有以下方面：

（1）以基尔霍夫电流定律为基础的电流差动测量。

（2）比较线路两侧电流相位关系的相位差动测量。

（3）比较两侧线路保护故障方向判别结果，确定故障点的位置。

如图 $4-2$ 所示为电流差动保护原理示意图，保护测量电流为线路两侧电流相量和，也称差动电流 $\dot{I}_d$。将线路看成一个广义节点，流入这个节点的总电流为零，正常运行时

或外部故障时 $\dot{I}_d=0$，线路内部故障时 $\dot{I}_M+\dot{I}_N-\dot{I}_k=0$，即 $\dot{I}_d=\dot{I}_k$。

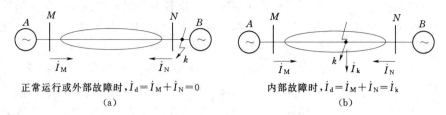

图 4-2　电流差动保护原理图
(a) 正常运行或外部故障情况；(b) 内部故障情况

忽略了线路电容、电流后，在下线路始端发生故障时，差动电流为零；在本线末端发生故障时，差动电流为故障点短路电流，有明显的区别，可以实现全线速动保护。电流差动原理用于线路纵联差动保护、线路光纤分相差动保护以及变压器、发电机、母线等元件保护。

如图 4-3 所示为相位差动保护（简称"相差保护"）原理示意图，保护测量的电气量为线路两侧电流的相位差。

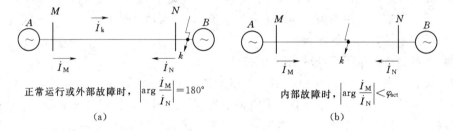

图 4-3　相位差动保护原理图
(a) 正常运行或外部故障情况；(b) 内部故障情况

正常运行及外部故障时，流过线路的电流为穿越性的，相位差为 $180°$；内部故障时，线路两侧电流的相位差较小。相位差动保护以线路两侧电流相位差小于整定值作为内部故障的判据，主要用于相差高频保护，由于该保护对通道、收发信机等设备要求较高，技术相对复杂，微机型线路保护已不采用相差高频保护原理。

如图 4-4 所示为比较线路两侧保护对故障方向判别结果的纵联方向保护原理示意图。外部故障时远故障侧保护判别为正方向故障，近故障侧保护判别为反方向故障；如果两侧

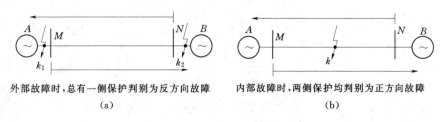

图 4-4　纵联方向保护原理图
(a) 外部故障情况；(b) 内部故障情况

保护均判别为正方向故障，则故障在本线路上。由于纵联方向保护仅需由通道传输对侧保护的故障方向判别结果，属于逻辑量，对通道的要求较低，目前广泛应用于高压线路微机保护上。故障方向的判别既可以采用独立的方向元件（各种方向纵联保护），也可以利用零序电流保护、距离保护中的零序电流方向元件、方向阻抗元件完成（纵联零序保护、纵联距离保护）。

纵联保护从原理上即可以区分为内外故障，而不需要保护整定值的配合，因此又称纵联保护具有"绝对选择性"。同时，应该注意纵联保护不反应于本线路以外的故障，不能用于相邻元件后备保护；由于采用双侧测量原理，纵联保护必须两侧同时投入，不能单侧工作。

4.1.2 纵联保护的分类

纵联保护按照通道类型、保护原理、信息含义等有多种分类方法如下。

1. 按通道类型分类

保护通道类型主要有：

（1）导引线，两侧保护电流回路由二次电缆连接起来，用于线路纵差保护。

（2）载波通道，使用电力线路构成载波通道，用于高频保护。

（3）微波通道，用于微波保护。

（4）光纤通道，用于光纤分相差动保护。

导引线通道由于敷设、维护困难，仅用于特殊的 10km 以下短线路上，实际使用较少。微波通道技术复杂，成本昂贵，只在载波通道应用困难的特殊情况下采用。目前，大量的线路纵联保护采用光纤通道，同时还有少量保护仍采用载波高频通道。

2. 按保护原理分类

目前采用的保护原理主要有电流差动原理和纵联方向原理。其中，纵联方向保护由于采用的方向元件不同，又可具体分为几种类型，在 4.4 节有详细介绍。

3. 按通道传送信息含义分类

纵联方向保护中通道传送的信息反应于某一侧保护对故障方向的判断，可以有不同的约定。如图 4-5（a）所示约定保护判明为反方向故障时，发出闭锁信号闭锁两侧保护，称为闭锁式纵联保护；如图 4-5（b）所示约定保护判明为正方向故障时向对侧发出允许信号，保护起动后本侧判别为正方向故障且收到对侧保护的允许信号时说明两侧保护均判

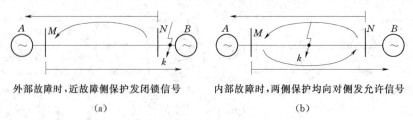

外部故障时,近故障侧保护发闭锁信号　　　　内部故障时,两侧保护均向对侧发允许信号

（a）　　　　　　　　　　　　　　（b）

图 4-5　闭锁式、允许式纵联保护图

（a）闭锁式；（b）允许式

别故障为正方向，动作于跳闸出口，这种方案为允许式纵联保护。目前，微机保护中常设有整定控制字（软压板）让用户选择采用闭锁式纵联保护或者允许式纵联保护。

除了闭锁信号和允许信号，纵联保护还可以在"跳闸信号"的基础上构成。线路两侧的Ⅰ段保护动作后跳开本侧断路器，同时向对侧保护发出跳闸信号，对侧保护收到跳闸信号后立即跳闸。只要线路两侧的Ⅰ段保护的保护区有重叠，就可以构成全线速动保护。采用"跳闸信号"方式的主要问题是通道干扰问题，因为收到对侧信号后不加判断立即跳闸，一旦此信号为干扰信号，保护将误动，必须采取措施校验跳闸信号的有效性。实际工作中跳闸信号的方式一般不用于纵联保护而在一些远方跳闸装置中采用。

4.2 纵 联 保 护 通 道

4.2.1 导引线通道

导引线通道就是用二次电缆将线路两侧保护的电流回路联系起来，主要缺点是：①导引线通道长度与输电线路相当，敷设困难；②通道发生断线、短路时会导致保护误动，运行中检测、维护通道困难；③导引线较长时电流互感器二次阻抗过大导致误差增大。导引线通道构成的纵联保护仅用于少数特殊的短线路上。

4.2.2 载波通道

载波通道是利用电力线路，结合加工设备、收发信机构成的一种有线通信通道，以载波通道构成的线路纵联保护也称为高频保护。载波信号（又称高频信号）频率为 $50 \sim 400 \mathrm{kHz}$，"相地制"电力线载波高频通道结构，如图 4-6 所示。

载波信号经调制后输入输电线路，线路除传输 $50 \mathrm{Hz}$ 工频电流外还传输高频电流。传输高频信号用电力线路的一相与大地形成回路，称为"相地制"；也可用两相电力线路形成回路，称为"相相制"。"相地制"高频衰耗大，但简单、经济，目前国内多数高频保护采用"相地制"载波通道。

1. 载波通道组成

如图 4-6 所示，说明"相地制"载波通道组成，图中只画出一侧的设备，

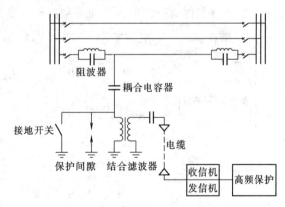

图 4-6 "相地制"电力载波通道示意图

另一侧设备完全相同。阻波器、耦合电容器、结合滤波器、电缆、保护间隙、接地开关设备也统称加工结合设备，通道以 A 相导线构成时，也称加工 A 相。

（1）阻波器。阻波器为一个 LC 并联电路，载波频率下发生并联谐振，呈现高阻抗，阻止高频电流流出母线以减小衰耗并防止与相邻线路的纵联保护相互干扰。工频下阻波器则呈现低阻抗（ 0.04Ω 左右），不影响工频电流的传输。

（2）耦合电容器。耦合电容器为高压小容量电容，与结合滤波器串联，在载波频率发生谐振，允许高频电流流过，但对工频电流呈现高阻抗，阻止其流过。由于电容容量小、容抗大，工频电压大部分施加在耦合电容上，耦合电容后的设备承受的工频电压较低。

（3）结合滤波器。结合滤波器作用是电气隔离与阻抗匹配。结合滤波器将高压部分与低压的二次设备隔离，同时与两侧的通道阻抗匹配以减小反射衰耗。结合滤波器线路一侧等效阻抗应与输电线路的波阻抗匹配，220kV 线路波阻抗一般为 400Ω、330kV 及 500kV 线路波阻抗为 300Ω；电缆一侧等效阻抗则与电缆波阻抗匹配，早期电缆波阻抗为 100Ω，目前电缆波阻抗为 75Ω。

（4）电缆。高频电缆一般为同轴电缆，电缆芯外有屏蔽层，为减小干扰，屏蔽层应采取可靠接地。

（5）保护间隙。当高压侵入时，保护间隙击穿并限制了结合滤波器上的电压，起到过压保护的作用。

（6）接地开关。检修时合上接地刀闸，保证人身安全，检修完毕通道投入运行前必须打开接地开关。

2. 收发信机

（1）收发信机原理。发信机由信号源、前置放大、功率放大、线路滤波、衰耗器等组成。如图 4-7 所示为发信机原理框图。信号源产生标准频率的载波信号，多采用石英晶体振荡电路产生基准信号分频后经锁相环（PLL）频率合成输出的方式，锁相环的分频倍率可以根据需要调整。信号源输出的方波信号经滤波送入前置放大电路进行电压放大，前置放大输出后送入功率放大。线路滤波抑制发信谐波电平。衰耗器可以根据线路长度等实际情况进行调整，长线路上应保证有足够的发信功率，短线路时适当投入衰耗防止发信功率过大而干扰其他高频保护、远动等载波通信设备。

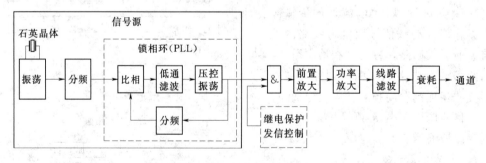

图 4-7　发信机原理框图

收信机由混频电路、中频滤波、放大检波、触发电路等组成，采用超外差方式，如图 4-8 所示。载波信号在混频电路中与本振频率信号混合，本振频率 $f_1 = f_0 + f_M$，f_0 为收信机标频，f_M 为固定的移频。混频电路经带通滤波（中心频率为 f_M）后输出。放大检波电路将解调后的信号送往高频保护。

（2）短时发信与长期发信方式。短时发信方式下收发信机在电力系统正常情况下不发信，在系统有扰动时继电保护起动，发信机投入工作。短时发信方式由于功放电路为短时

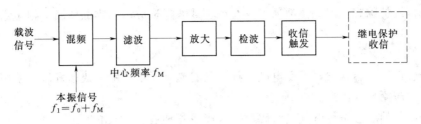

图 4-8 收信机原理框图

工作，相对降低对功放电路的要求，有利于延长发信机寿命、减少对其他载波设备的干扰，但必须定期手动发信以检查通道及收发信机是否完好。

长期发信方式即发信机始终投入工作，对功率放大、电源等电路要求较高，优点是通道监视方便、能迅速发现通道缺陷。为了减小长期发信造成的干扰，系统正常时发信机以较小的功率发信，系统扰动、继电保护起动后发信机自动加大发信功率以克服高频信号穿越故障线路带来的衰耗。

（3）单频制与双频制。单频制是指两侧发信机和收信机均使用同一个频率，收信机收到的信号为两侧发信机信号的叠加，如图4-9（a）所示。

双频制则是一侧的发信机与收信机使用不同的频率，收信机只能收到对侧发信机的信号而收不到本侧发信机的信号，如图4-9（b）所示。单频制用于"闭锁式"保护，双频制用于"允许式"保护。

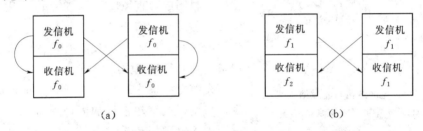

图 4-9　单频制与双频制图
（a）单频制；（b）双频制

（4）调制方式。收发信机调制方式有调幅（AM）与移频键控（FSK）两种方式。AM方式以高频电流的"有"、"无"传送信息；FSK方式则以不同的频率传送信息，即正常运行方式发出功率较小的监频f_G信号，系统故障时改发功率较大的跳频f_T信号。

（5）专用方式与复用方式。高频保护单独使用一台收发信机为专用方式，国产设备多为专用方式。高频保护也可以采用音频接口接至通信载波机，与远动通信复用收发信机，称复用方式，进口设备采用复用方式较多。

4.2.3　微波通道

微波通道为无线通信方式，采用频率为2000MHz、6000～8000MHz，主要用于电力系统通信，由定向天线、连接电缆、收发信机组成。微波通道容量大，不存在通道拥挤问题，没有载波通道当线路故障时衰耗加大的问题，但设备昂贵，每隔40～60km需加设微波中继站，维护困难，因此微波通道仅在个别载波通道应用困难的线路上用于纵联保护。

4.2.4 光纤通道

光纤通道通信容量大，不受电磁干扰，随着光纤通信技术的快速发展，使用光纤通道的纵联保护应用日益广泛。

光纤通信的原理是将电气量编码后输入光发送机控制发光的强弱，光在光纤中传输，光接收机则将收到的光信号的强弱变化转为电气量信号，如图 4-10 所示。

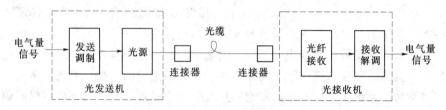

图 4-10　光纤通信原理图

光纤通信一般采用脉冲编码调制（PCM）以提高通信容量，信号以编码形式传输，传输率目前一般为 64kbit/s，也有采用 2Mbit/s 的。

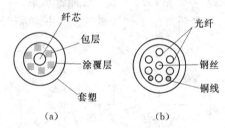

图 4-11　光纤结构与光缆结构图
（a）光纤结构；（b）光缆结构

光缆由多股光纤制成，光纤与光缆结构如图 4-11（a）所示。纤芯由高折射率的高纯度二氧化硅材料制成，直径仅 $100\sim200\mu m$，用于传送光信号。包层为掺有杂质的二氧化硅，作用是使光信号能在纤芯中产生全反射传输。涂覆层及套塑用来加强光纤机械强度。

光缆由多根光纤绞制而成，为了提高机械强度，采用多股钢丝进行加固，光缆中还可以绞制铜线用于电源线或传输电信号。光缆可以埋入地下，也可以固定在杆塔上，或置于空心的架空地线中（复合地线式光缆 OPGW）。

如图 4-12 及图 4-13 所示，为两种光纤通道连接方式，采用专用光纤方式时两台纵联保护通过光纤直接相连；采用数字复接方式时在通信机房增加一台数字复接接口设备。

目前在不加中继设备情况下，继电保护光纤通道传输距离已经达到 100km（64kbit/s 速率），使用 2Mbit/s 速率时衰耗大些，传输距离为 70km。光纤通道除了逐渐取代载波通道用于纵联保护，更广泛应用于电力系统通信领域。

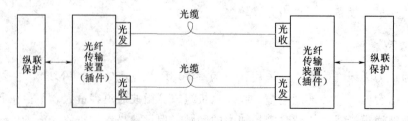

图 4-12　专用光纤方式连接示意图

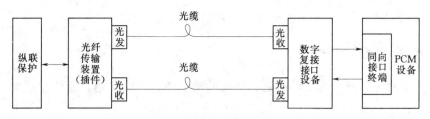

图 4-13 数字复接方式连接示意图

4.3 纵联差动保护

4.3.1 导引线保护

1. 保护原理

导引线保护又称纵联电流差动保护（简称纵差保护），当电流参考方向如图 4-14 所示中定义时，忽略线路电容电流后流入封闭面的总电流为 $\dot{I}_d = \dot{I}_M - \dot{I}_N$，故习惯称差动电流。为统一保护测量电流的参考方向，在后面规定保护测量电流参考方向一律由母线指向线路，$\dot{I}_d = \dot{I}_M + \dot{I}_N$，仍使用差动电流的名称。

线路正常运行及外部故障时 $\dot{I}_d = 0$；当线路内部故障时 $\dot{I}_d = \dot{I}_k$，I_k 为短路点的总短路电流。纵差保护判据可以理解为 $|\dot{I}_d| > I_{set}$。

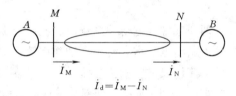

$$\dot{I}_d = \dot{I}_M - \dot{I}_N$$

2. 不平衡电流

（1）不平衡电流形成原因。不平衡电流是指 图 4-14 差动电流参考方向规定示意图 一次侧差动电流严格为零时，二次侧流入保护的差动电流。线路正常运行及外部故障时，差动电流不为零，是一个较小的数值，原因是存在不平衡电流以及线路电容电流。由于存在励磁电流，电流互感器有误差，当线路两侧 TA 励磁特性不完全一致时，两侧 TA 的误差也就存在差异，二次侧就会有不平衡电流流入保护，外部故障导致 TA 饱和时情况尤为严重。

（2）不平衡电流计算。不平衡电流的经验公式为

$$I_{unb} = K_{ss} K_{er} I_1 / n_{TA} \tag{4-1}$$

式中　I_{unb}——不平衡电流；

　　　K_{ss}——TA 同型系数，TA 型号相同时取 0.5，否则取 1；

　　　K_{er}——TA 误差系数，取 10%；

　　　I_1——一次侧穿越电流；

　　　n_{TA}——TA 变比。

线路外部故障时穿过的电流大，形成的不平衡电流也大，差动保护整定时应能躲过外部故障情况下最大的短路电流所形成的最大不平衡电流为

$$I_{unb.max} = K_{ss} K_{er} I_{k.max} / n_{TA} \tag{4-2}$$

$$I_{\text{set}} = K_{\text{rel}} I_{\text{unb. max}} \quad\quad\quad (4-3)$$

4.3.2 光纤分相差动保护

光纤分相差动保护采用光纤通道、电流差动原理、性能优越，目前广泛应用于高压线路。

输电线路两侧电流采样信号通过编码变成码流形式后转换成光信号经光纤送至对侧保护，保护装置收到对侧传来的光信号先解调为电信号再与本侧保护的电流信号构成差动保护，采用分相差动方式，即三相电流各自构成差动保护。

1. 光纤分相差动保护原理

（1）电流差动元件。电流差动元件动作特性如图 4-15 所示，图中差动电流为 $I_d = |\dot{I}_M + \dot{I}_N|$，即两侧电流相量和的幅值；制动电流 $I_{\text{brk}} = |\dot{I}_M - \dot{I}_N|$，即两侧电流相量差的幅值。图中 I_{set} 为整定电流，阴影部分为动作区，折线的斜率为制动系数 K_{brk}（0.5～0.75 之间）。动作方程为

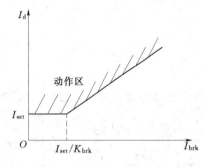

图 4-15 差动电流元件动作特性图

$$\begin{cases} I_d > K_{\text{brk}} I_{\text{brk}} \\ I_d > I_{\text{set}} \end{cases} \quad\quad (4-4)$$

两项条件与逻辑关系输出。判据不是简单的过电流判据 $I_d > I_{\text{set}}$，而是引入了制动特性，即制动电流增大时抬高动作电流。制动特性广泛用于各种差动保护，防止外部故障穿越性电流形成的不平衡电流导致保护误动。

如图 4-16 所示，外部故障时，$I_d = I_{\text{unb}} = 0.05 I_k$，$I_{\text{brk}} = 2I_k$，$I_d/I_{\text{brk}} = 0.025 I_k$，$I_k$ 为穿越性的外部故障电流。差动电流不会进入动作区，保护不动作。

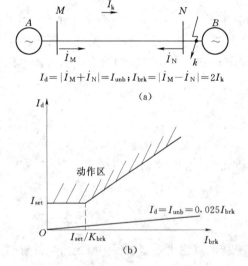

图 4-16 外部故障图

（a）系统示意图；（b）差动保护动作区示意图

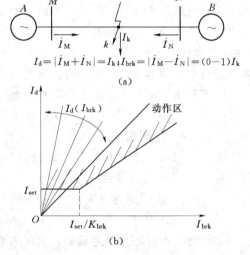

图 4-17 内部故障图

（a）系统示意图；（b）差动保护动作区示意图

内部故障情况如图 4-17 所示，$I_d = I_k$，$I_{brk} = (0 \sim 1)I_k$，$I_d / I_{brk} = (1 \sim \infty)I_k$，$I_d(I_{brk})$，在图中标注的区间内，保护可靠动作。$I_k$ 为故障点总的短路电流，制动电流大小与短路电流的分布有关，注意制动系数 K_{brk} 应小于 1。

电流差动元件取相电流进行差动计算称为稳态分相差动元件；取零序电流计算称零序电流差动元件；取相电流的工频变化量进行计算称为变化量分相差动元件。

（2）电容电流问题。线路电容电流对于差动保护属于不平衡电流，整定时应躲过实测线路电容电流值。电容电流较大时可以进行电容电流补偿。

（3）保护总起动元件。起动元件可以由反应相间工频变化量的过流继电器、反应全电流的零序过流继电器组成，两者构成或逻辑关系，互相补充。

1）电流变化量起动元件，动作方程为

$$\Delta I_{\varphi\varphi max} > 1.25\Delta I_T + \Delta I_{set} \tag{4-5}$$

式中　$\Delta I_{\varphi\varphi max}$——相间电流的半波积分的最大值；

　　　ΔI_{set}——可整定的固定门槛电流；

　　　ΔI_T——浮动门槛电流，随变化量的变化自动调整，取 1.25 倍可保证门槛电压
　　　　　　始终略高于不平衡输出。

该元件动作并展宽 7s 开放出口继电器正电源。

2）零序过流元件起动。当零序电流大于整定值时，零序起动元件动作并展宽 7s，去开放出口继电器正电源。

2. 分相电流差动保护原理框图分析

如图 4-18 所示，为分相电流差动保护原理框图，主要由起动元件、TA 断线闭锁元件、分相电流差动元件、通道监视、收信回路组成。分相电流差动元件可由相电流差动、相电流变化量差动、零序电流差动组成。

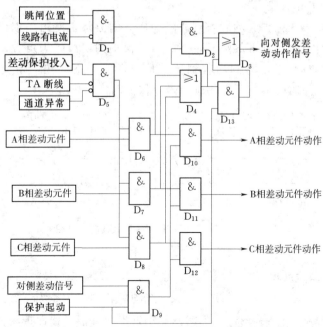

图 4-18　分相电流差动保护原理框图

（1）内部故障情况。起动元件开放出口继电器正电源，故障相电流差动元件动作，同时向对侧保护发出差动保护动作信号。本侧保护起动且收到对侧差动保护动作信号情况下，故障相电流差动元件向跳闸逻辑部分发出分相电流差动元件动作信号。

（2）外部故障情况。保护起动元件起动，但两侧分相电流差动元件均不会动作，也收不到对侧保护的差动保护动作信号，保护不出口跳闸。

（3）TA断线情况。系统正常运行时若TA断线，差动电流则为负荷电流。TA断线瞬间，断线侧的起动元件和差动继电器可能动作，但对侧的起动元件不动作，不会向本侧发差动保护动作信号，从而保证纵联差动不会误动。TA断线元件判据为有自产零序电流（三相电流求和得到的零序电流）而无零序电压，延时10s动作。TA断线元件动作后可以闭锁差动保护防止再发生外部故障时保护误动，同时发出TA断线告警信号。

（4）通道异常。通道异常时闭锁各分相电流差动元件出口，防止保护误动，如图4-18所示。

4.4 纵联方向保护

4.4.1 纵联方向保护工作原理

纵联方向保护的原理是通过所选择的通道判明两侧保护均起动且判为正方向故障，判定故障为线路内部故障，立即动作于跳闸。纵联方向保护通道传输的信号反映两侧保护方向元件的动作情况，为逻辑量，信号的有、无对应于正方向故障、反方向故障。纵联方向保护有独立的方向元件；既可以使用载波通道也可以使用光纤通道；既能构成"闭锁式"保护也能构成"允许式"保护。

1. "闭锁式"工作原理

"闭锁式"纵联方向保护起动后若判故障为反方向故障，发出闭锁信号；反之则停止发信号（称为保护停信）。外部故障时，近故障侧保护判明故障为反方向故障，发出闭锁信号，由于采用"单频制"，两侧均收到闭锁信号，保护不动作。闭锁式保护原理如图4-19所示。内部故障时两侧均不发闭锁信号，保护动作。

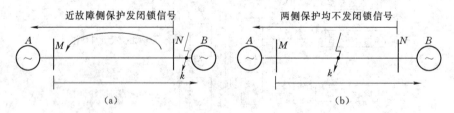

图4-19　闭锁式纵联方向保护原理示意图
(a) 外部故障；(b) 内部故障

2. "允许式"工作原理

与"闭锁式"相反，允许式纵联方向保护起动后若判明故障为正方向故障，发出允许信号；反之则发出停止发信。内部故障时两侧均发出允许信号，保护动作条件为本侧判为正方向故障且收到对侧允许信号，两侧保护动作条件均满足，动作跳闸。外部故障时，近故障侧保护判明故障为反方向故障，不发允许信号，两侧保护动作条件均不满足，保护不动作。允许式保护原理如图 4-20 所示。采用"允许式"时，所选择的通道应为双频制，保证只能收到对侧的允许信号而不会收到本侧发出的允许信号。

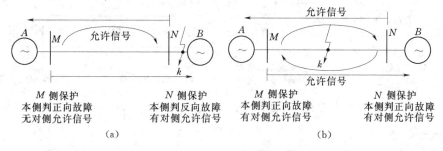

图 4-20　允许式纵联方向保护原理示意图
(a) 外部故障；(b) 内部故障

　　由于载波通道特别是"相—地式"的载波通道存在线路内部故障时高频信号可能在故障点大量衰耗的问题，采用载波通道时一般选择"闭锁式"。因为线路内部故障时"闭锁式"纵联保护不传输闭锁信号，而"允许式"纵联保护则需要考虑允许信号在故障点衰耗影响保护动作的情况；另外"允许式"纵联保护需要收发信机以"双频制"方式工作，收发信机较为复杂。如果采用光纤通道，因为线路内部故障不会导致通道信号衰减，同时构成"双频制"通信方式也较容易，纵联保护可以采用"允许式"方式。

4.4.2　纵联方向保护基本原则

　　纵联方向保护的基本原则对于各种纵联保护基本上通用，以闭锁式纵联方向（短时发信，"单频制"）保护为例进行分析，主要有以下五个方面。

　　1. 起动元件设置

　　为防止外部故障时仅一侧纵联保护起动导致误动，纵联保护设两套起动元件分别起动发信以及开放跳闸回路，低定值元件起动发信回路；高定值元件开放跳闸回路。

　　假设只设一个起动元件起动发信及开放跳闸回路，两侧起动定值一致，由于 TA 误差、保护误差等因素，两侧保护实际起动值略有差异，外部故障时电流正好介于两侧保护实际起动值之间，如图 4-21 所示，M 侧保护起动而 N 侧保护未起动。N 侧保护由于未起动发信，未发出闭锁信号，M 侧保护起动后因收不到对侧闭锁信号而误跳。

　　纵联保护采用双侧测量原理，不能单侧工作。采用两套定值起动发信、跳闸回路，当高定值条件满足准备跳闸时，由于高低定值间考虑足够的配合系数（高定值一般为低定值的 $1.5 \sim 2$ 倍），如果低定值元件未损坏，可以认为两侧低定值元件均已起动发信。这样就保证纵联保护准备跳闸时是在两侧保护均已起动的状态下。高低定值元件可整定为

高定值元件 $\qquad$ $\Delta I_{\varphi\varphi\max} > 1.25\Delta I_{\mathrm{T}} + \Delta I_{\mathrm{set}}$

低定值元件 $\qquad$ $\Delta I_{\varphi\varphi\max} > 1.125\Delta I_{\mathrm{T}} + 0.5\Delta I_{\mathrm{set}}$ $\qquad$ (4-6)

　　低定值元件起动发信，当外部故障切除后低定值元件返回，此时发信元件不能立即停

止发信，应该延时返回，继续发信一段时间。如图4-22所示，假设N侧保护先返回并立即停止发信，后返回的M侧保护失去闭锁信号而误动，所以N侧保护应继续发信至M侧保护返回后才能停止发信。

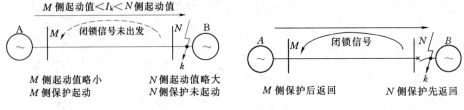

图4-21　单套起动元件存在的问题示意图　　图4-22　外部故障切除情况示意图

2. 远方起动

远方起动是指接收到对侧信号而本侧起动发信元件未起动时，由收信起动本侧发信回路。由于发信是因为收到了对侧信号而起动的，因此称为远方起动。远方起动有以下作用：

（1）更加可靠地防止纵联保护单侧工作。当一侧纵联保护低定值元件损坏时仍能依靠远方起动回路起动发信。

（2）方便手动检查通道。由于发信机短时发信，平时不起动发信，必须定期手动起动发信以检查通道及两侧收发信机。如果没有远方起动回路，检查通道时，线路两侧变电所运行人员必须同时在保护柜前，相互配合工作。采用远方起动后，可以由线路任一侧变电所运行人员单独进行通道检查。

3. 延时保护停信

保护正方向元件动作时停止发出闭锁信号，称为保护停信。纵联方向保护要求收到信号8ms后才开放保护停信回路，即保护起动后无论方向元件判别为正方向故障还是反方向故障，首先是连续发信，收信8ms后是否继续发信取决于方向元件行为（正方向元件动作停信，反方向元件动作继续发闭锁信号）。内、外部故障时收信情况如图4-23所示。

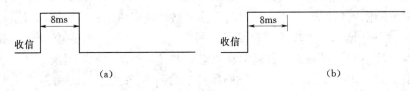

图4-23　闭锁式纵联保护收信示意图
(a) 内部故障；(b) 外部故障

保护起动后8ms的信号不用来传输方向元件的动作情况，用于可靠地远方起动，所以保护将延时8ms出口。

4. 其他保护停信

纵联保护无后备保护作用，线路上除纵联保护外还配有零序电流方向保护和距离保护，同时母线保护动作时也出口于线路断路器。当其他保护动作发出跳闸命令时，纵联保护应停止发信，保证对侧纵联保护跳闸。

5. 断路器位置停信

本侧断路器跳开时，应该由断路器位置停止发信，称为断路器位置停信。如图 4-24 所示，为一侧线路断路器先合闸于故障线路情况。M 侧断路器断开，保护正方向元件不动作，如果没有断路器位置停信，M 侧无法停止发信，将闭锁 N 侧保护。

图 4-24　一侧先合于故障线路情况示意图

线路内部故障时，一侧保护跳开断路器后其正方向元件返回，若无断路器位置停信回路，也会发闭锁信号闭锁对侧纵联保护，情况类似图 4-24。

4.5　纵联距离、零序方向保护

纵联距离、零序方向保护是以距离保护中的带有方向性的阻抗元件（如距离保护Ⅲ段）和零序电流方向保护元件控制停信，相当于纵联方向保护中正方向元件由方向阻抗元件、零序电流方向元件替代。以闭锁式为例，保护起动后方向阻抗元件或零序电流方向元件动作则停信；反之继续发闭锁信号。

纵联保护由整定控制字选择采用"允许式"或者"闭锁式"，两者的逻辑虽有所不同，但都分为起动元件动作、保护进入故障测量程序和起动元件不动作、保护在正常运行程序两种情况。一般与专用收发信机配合构成"闭锁式"纵联保护，断路器位置停信、其他保护动作停信、通道检查逻辑等原则、回路与"闭锁式"纵联方向保护装置类似，只是保护停信部分有所不同。

纵联距离、零序方向保护构成原理简单，对保护通道要求相对较低，既可以采用光纤通道也可以采用载波通道，但在非全相运行过程中可能由于方向阻抗元件、零序方向元件不正确动作而误动。例如 220kV 及以上电压等级线路采用单相重合闸方式时（重合闸方式详见本书第 5 章），若线路发生单相接地故障，继电保护实施单相跳闸、跳开故障相，等待一定时间进行单相重合。在等待重合的短时间非全相运行期间，需要退出可能误动的纵联距离、零序方向保护。为了保证非全相运行期间健全相又发生转换性故障时能有快速保护动作，一般要求 220kV 及以上电压等级线路配置两套原理不同的纵联保护。由于线路纵联差动保护不受非全相运行影响，也可以选择配置两套原理不同的纵联差动保护。

1. 基于变化量原理的方向元件

目前高压线路微机保护广泛采用基于变化量原理的方向元件，以电压、电流的变化量（突变量）构成方向元件判据，动作速度快，不受负荷电流、故障类型的影响。

（1）正序突变量功率方向。如图 4-25 所示，当系统发生故障后，其状态可分解为故障附加状态和正常状态，并利用叠加原理进行计算。故障分量的变化量由状态图 4-25（a）减去状态图 4-25（b）计算，因此故障附加状态反映了电气量（电压、电流、阻抗等）的变化量（突变量）。为了便于区别，故障附加状态下的各电气量前加符号 Δ。

再使用对称分量法，故障附加状态又可分解出正序故障附加状态，如图 4-26 所示，相量图中变量下标中的"1"表示为正序量。

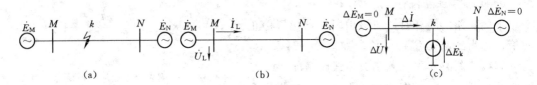

图 4-25 故障状态的分解图

（a）故障后状态；（b）正常运行状态；（c）故障附加状态

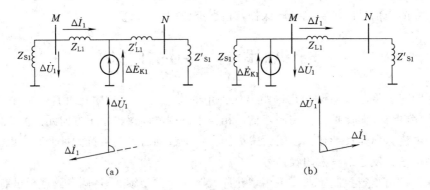

图 4-26 正序故障附加状态图

（a）正方向故障附加状态；（b）反方向故障附加状态

如图 4-26 所示，系统正序阻抗角及线路正序阻抗角若取为 80°，则有

正方向故障时

$$\arg \frac{\Delta \dot{U}_1}{\Delta \dot{I}_1} = -100° \tag{4-7}$$

反方向故障时

$$\arg \frac{\Delta \dot{U}_1}{\Delta \dot{I}_1} = -80° \tag{4-8}$$

由此得到正序突变量功率方向元件动作方程为

$$-190° \leqslant \arg \frac{\Delta \dot{U}_1}{\Delta \dot{I}_1} \leqslant -10° \tag{4-9}$$

（2）工频变化量方向元件（$\Delta F+$，$\Delta F-$）。如图 4-26（a）所示，正方向故障时若 Z_{S1} 较小，式 4-6 中 $\Delta \dot{U}_1$ 也较小，影响方向元件动作灵敏度，应该加以补偿；另外系统、线路负序阻抗与正序阻抗近似相等，负序变化量也可利用。考虑以上因素，实际的工频变化量方向元件构成如下：

正方向元件 $\Delta F+$ 的测量相角为

$$\Phi_+ = \arg \left[\frac{\Delta \dot{U}_{12} - \dot{I}_{12} Z_{COM}}{\Delta \dot{I}_{12} Z_D} \right] \tag{4-10}$$

正方向故障时 Φ_+ 接近 180°，反方向故障时 Φ_+ 接近 0°。

106

反方向元件 $\Delta F-$ 的测量相角为

$$\Phi_- = \arg\left(\frac{-\Delta \dot{U}_{12}}{\Delta \dot{I}_{12}Z_D}\right) \qquad (4-11)$$

式中　$\Delta \dot{U}_{12}$、$\Delta \dot{I}_{12}$——电压、电流变化量的正、负序综合分量，无零序分量；

　　　　Z_D——模拟阻抗，模值为 1，角度为系统阻抗角；

　　　　Z_{COM}——补偿阻抗，在最大运行方式下系统线路阻抗比 $Z_S/Z_L > 0.5$ 时，$Z_{COM}=0$；否则 Z_{COM} 取为"工频变化量阻抗"整定值的一半。

正方向故障时 Φ_- 接近 $0°$，反方向故障时 Φ_- 接近 $180°$。

正方向故障时，若系统阻抗角与 Z_D 的阻抗角一致，则正方向元件的测量相角为

$$\Phi_+ = \arg\left(\frac{-\Delta \dot{I}_{12}\times Z_S - \Delta \dot{I}_{12}\times Z_{COM}}{\Delta \dot{I}_{12}\times Z_D}\right) = \arg\left(\frac{-Z_S - Z_{COM}}{Z_D}\right) = 180° \qquad (4-12)$$

反方向元件的测量相角为

$$\Phi_- = \arg\left(\frac{Z_S}{Z_D}\right) = 0° \qquad (4-13)$$

反方向故障时，若系统阻抗角与 Z_D 的阻抗角一致，则正方向元件的测量相角为

$$\Phi_+ = \arg\left(\frac{Z'_S - Z_{COM}}{Z_D}\right) = 0° \qquad (4-14)$$

反方向元件的测量相角为

$$\Phi_- = \arg\left(\frac{-Z'_S}{Z_D}\right) = 180° \qquad (4-15)$$

由上可见，发生正方向故障时，Φ_+ 接近于 $180°$，正方向元件可靠动作，而 Φ_- 接近于 $0°$，反方向元件不可能动作；发生反方向故障时，Φ_+ 接近于 $0°$，正方向元件不可能动作，而 Φ_- 接近于 $180°$，反方向元件可靠动作。

以上分析中未规定故障类型，因此对各种故障，方向继电器都有同样优越的方向性，且过渡电阻不影响方向元件的测量相角。另外，由于方向元件不受负荷电流影响，因此有很高的灵敏度。同时，方向元件不受串补电容的影响。

2. 基于暂态分量能量积分的方向元件

能量积分方向元件是根据故障附加网络的能量来判别故障方向，将电压、电流的暂态分量（变化量）$\Delta \dot{U}$、$\Delta \dot{I}$ 乘积进行积分后得到暂态能量，由暂态能量的增加、减少判断故障方向。能量函数 $S_m(t)$ 为

$$S_m(t) = \int_{-\infty}^{t} \Delta u \Delta i \, dt \qquad (4-16)$$

如图 4-27 所示为故障附加状态，图中 P_M、P_N 为两侧系统的无源等效网络。

不难看出，对于 M 侧保护，正方向故障时，$S_m(t)$ 为无源网络 P_M 发出的功率，$S_m(t) < 0$；反方向故障时，$S_m(t)$ 为线路及无源网络 P_N 吸收的功率，$S_m(t) > 0$。

综上所述能量函数有如下性质

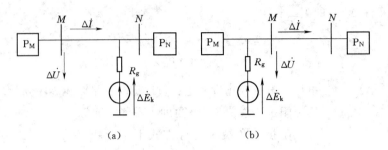

图 4 - 27 故障状态能量分析图

(a) 正方向故障；(b) 反方向故障

$$S_m(t) \begin{cases} = 0 & \text{无故障} \\ < 0 & \text{正方向故障} \\ > 0 & \text{反方向故障} \end{cases}$$

在上面的理论推导中，只是要求系统满足叠加原理，而对于系统电源和其他各元件的特性没有作任何限制。因此，采用故障能量函数实现方向继电器时具有以下优越特性：①能量函数不受故障暂态过程的影响，因此不需要滤波；②从故障一开始能量函数就有明确的方向性，并且在故障持续期间，其方向性不会任何改变；③能量函数在故障后一直保持明确的方向性，但其大小一般是按两倍额定频率周期性波动的，在电流过零时数值比较小，保护的灵敏度和信噪比都下降，为此可以将能量函数进一步积分构成能量积分函数，即

$$SS(t) = \iint_0^t \Delta u \Delta i \, dt \, dt \tag{4-17}$$

反方向故障时由于能量函数 $S(t)$ 始终大于零，因此将 $S(t)$ 积分后会越积越大，即能量积分函数在反方向故障时单调上升。同理，在正方向故障时单调下降（绝对值则单调上升），不存在能量函数灵敏度下降的问题。显然，能量积分函数仍然具备能量函数的其他优点。

将 $SS(t)$ 数字化可得能量积分函数的算法为

$$SS(j) = \frac{T^2}{N^2} \sum_0^j \sum_0^j \left[\Delta u_{bc}(k) \Delta i_{bc}(k) + \Delta u_{ca}(k) \Delta i_{ca}(k) + \Delta u_{ab}(k) \Delta i_{ab}(k) \right] \tag{4-18}$$

式中　N——每周采样点数；

　　　T——额定周期。

复 习 思 考 题

1. 什么是全线速动保护？

2. 纵联电流差动的不平衡电流形成原因是什么？

3. 以纵联方向为例，"闭锁式"保护、允许式保护的停信条件、跳闸条件有什么区别？

4. "允许式"保护采用单频制通道会有什么问题？

5. 纵联方向保护采用两套定值分别起动发信、跳闸，哪个起动元件灵敏度高？

6. 什么是远方起动，远方起动回路有什么作用？

7. 什么是断路器位置停信，设置该回路有什么作用？

8. 为什么短时发信制式的收发信机需要定期检查通道？

第5章 线路自动重合闸

5.1 概　述

5.1.1 采用自动重合闸的意义

1. 瞬时性故障

在高压输电线路上，特别是架空线路上，故障概率较高的区域为杆塔附近。某些情况下（例如，绝缘子污闪、雷击、鸟害等），短路初瞬是绝缘子污损或是鸟类接触导电部分等原因引起的，但很快引起短路的原因就会消失，因为短路处的高温可能使引起短路的物质气化断开。这时如果不切除故障，还是会维持短路状态，因为电弧可以作为导电通道。继电保护通过断路器将故障切除后，经一定时间由自动重合闸装置自动地进行一次合闸，线路有可能恢复正常运行，这种故障就称为瞬时性故障。

2. 永久性故障

如果第一次故障后继电保护动作、切除故障，进行重合闸时又遇到故障，继电保护应再次动作跳闸并不再重合，必须检修线路后才能恢复供电，此类故障称为永久性故障。例如，在第一次故障时线路绝缘子损坏严重，表面形成大量的碳化物，重合闸时再次发生绝缘子表面闪络。

永久性故障下继电保护的行为经常被形象地称为"跳—合—跳"。

3. 自动重合闸的主要作用

电力系统发生故障，继电保护动作跳闸后自动地进行一次断路器合闸，称为自动重合闸，简称 ARC。ARC 的主要作用如下：

（1）提高供电可靠性，如果是瞬时性故障，重合闸成功可以恢复供电，统计表明线路上重合闸成功率约为 60% 以上。

（2）提高电力系统并联运行的稳定性。

（3）可以纠正断路器机构不良、继电保护误动等引起的误跳闸。

5.1.2 重合闸配置原则

使用重合闸可以提高供电可靠性，但如果遇到永久性故障，重合闸失败，电力系统面临第2次故障的冲击，可能加重故障设备的损坏；断路器也必须在短时间内完成"跳—合—跳"，即两次跳闸、一次合闸，如果断路器损坏将导致故障范围扩大。

因此使用重合闸必须考虑瞬时性故障的概率和第二次故障对电力系统、设备的影响。变压器承受故障的能力较弱，严重故障甚至会引起变压器起火、爆炸，变压器通常不配置重合闸。母线为电力系统的汇结点，一旦重合于永久性故障会对电力系统运行造成较大冲击，一般情况母线（包括母联）上也不配置重合闸。

线路能否采用重合闸也应考虑线路类型。电缆线路与架空线路不同，其绝缘依赖与导线的包裹层，一旦绝缘损坏很难自行恢复，永久性故障的概率较高（90%左右），也不宜采用重合闸。

综上所述，一般在架空线路上配置自动重合闸。

110kV及以下电压等级线路断路器采用三相操作方式，配置三相一次重合闸。即无论发生单相还是多相故障，继电保护动作后采用三相跳闸，跳闸后进行三相重合，如果是瞬时性故障则重合成功，如果是永久性故障，继电保护再次动作并跳闸。

220kV及以上电压等级的输电线路断路器采用分相操作方式，即断路器每一相可以独立进行分合操作，为了提高单相接地故障电力系统运行的稳定性，配置综合重合闸。在单相接地故障时仅跳开故障相，经一定时间自动重合该相，如果是瞬时性故障则重合成功；如果是永久性故障，继电保护再次动作并三相跳闸，即单相重合闸。发生两相或三相短路时，继电保护动作跳三相断路器，然后进行三相重合，即三相重合闸。

双电源线路配置重合闸时还应考虑重合时由于两侧电源不同步引起的冲击问题。在线路发生故障后，线路两侧的继电保护动作后会跳开线路两侧的断路器，经过一段延时，故障点的电弧熄灭后（也称故障点的去游离），线路两侧的电压可能存在一定的电压差、相位差、频率差，即线路两侧电压不同步，此时如果两侧的自动重合闸都发出合闸命令，就可能导致非同步合闸，对电网造成冲击。因此，为防止冲击电流过大影响系统的稳定，双侧电源的输电线路一般采用"检无压，检同步"重合闸来防止非同步合闸。

另外，需要指出，重合闸按断路器进行配置，也就是说一个断路器配置一套重合闸装置。对于单母线、双母线等主接线，一条线路对应一台断路器，因此保护与重合闸可以组合在一套装置中。但对于3/2主接线，线路保护就与重合闸不能配置在一套装置中，每台断路器需要配置一套重合闸装置，线路保护单独组成一套装置；此时应当优先重合边断路器，重合成功后再重合本串的中断路器。

5.2　输电线路三相重合闸

输电线路三相重合闸配置于110kV及以下电压等级线路断路器，分为单侧电源线路三相重合闸和双侧电源三相重合闸两类。

5.2.1　单侧电源线路三相重合闸

1. 基本原则

（1）重合闸起动方式。重合闸可以采用"不对应起动"和"保护起动"方式。

自动重合闸可由继电保护跳闸命令起动，即继电保护发出跳闸命令同时起动重合闸，经一定时间（t_{ARC}，1s左右）进行自动重合。这种方式称为"保护起动"方式。

继电保护未发出跳闸命令，而因为二次回路上出现问题等情况导致断路器跳闸，这种情况称为断路器偷跳。断路器偷跳时依靠自动重合闸纠正可保证供电的持续性。

断路器偷跳情况下继电保护并未发出跳闸命令，采用"保护起动"方式不能起动重合闸，可以采用"不对应起动"方式弥补这一缺陷。"不对应"是指断路器操作控制开关位置与断路器实际位置的不对应，即断路器操作控制开关位置在"合后"状态，而断路器在"分闸"状态。采用"不对应起动"后，任何非控制开关操作引起的跳闸都将起动重合闸，从而保证线路的供电可靠性。

（2）手合、手分时禁止重合。由值班人员手动操作（或通过遥控装置）断开断路器及手动合闸于故障而被保护断开时，自动重合闸不应动作。根据运行经验，手动合闸于故障情况往往是永久性故障，也可能是恶性的人为事故，例如，检修接地线未拆除、带地线合闸，因此手合时禁止重合。

手动分闸是运行人员根据调度命令实施的断路器操作，因此手动分闸不应进行重合闸。

（3）重合次数符合规定。在任何情况下（包括装置本身的元件损坏，以及继电器触点粘住或拒动），自动重合闸装置的动作次数应符合预先的规定（如一次重合闸只应动作一次）。重合次数规定为一次的三相重合闸称为三相一次重合闸。

在 110～220kV 电网中，重合闸一般用三相一次重合闸方式。当一次重合闸失败后立即跳闸，不得再次重合。此项规定保证了重合于永久性故障情况下设备及系统的安全。

110kV 及以下电压等级单侧电源馈电线路若断路器允许，供电负荷较重要时可以考虑设置三相二次重合闸，即允许进行两次重合闸。

（4）三相重合闸动作后，在预定时间内准备好下一次再动作，即整组复归。以三相一次重合闸为例，重合次数限制可以理解为在规定的重合闸周期内（约 15～25s）只能进行一次重合。早期的重合闸装置是由一个电容充电回路实现重合闸次数限制的，电容充电时间需要约 15～25s，重合闸起动一定时间后，由继电器控制电容向重合闸出口继电器放电，发出重合命令。由于依赖电容放电驱动重合闸出口继电器，重合命令是一个脉冲形式的命令，只能维持较短的时间。同时，因为电容充电到能使重合闸继电器动作的电压时间需要约 15～25s，当断路器重合于永久性故障、继电保护再次跳闸又起动重合闸时，电容再次向重合闸继电器放电将无法使重合闸继电器动作，从而确保重合闸的次数符合规定。重合成功后，重合闸装置并未整组复归，即装置没有回到故障前的状态。因为，此时电容充电并未完成，如果又遇到故障，再次起动重合闸时，不能发出重合命令。重合闸装置或动作后必须经过一定时间约 15～25s 才能具备重合闸的能力。

目前微机保护装置中已经不采用电容充电回路控制重合闸次数，但有时沿用习惯，仍在装置面板上设置充电指示灯或在液晶显示屏上显示"充电"状态，指示灯亮表示装置具有重合闸能力。在保护程序框图里也会把相应的回路称为充电回路。

（5）当断路器处于不正常状态时，应采用简单可靠的办法自动将重合闸闭锁。重合闸过程中必须重视断路器的安全，重合于永久性故障情况下断路器在很短的时间内要完成"跳—合—跳"三次操作，如果断路器操作能力不足（例如，弹簧操作机构弹簧未储能、液压机构液压下降）以及绝缘能力下降（例如，SF_6 断路器气压降低），应闭锁重合闸，防止断路器在重合闸过程中损坏。

断路器异常闭锁重合闸既可以由断路器操作机构本身完成；也可以将断路器异常信息

以空接点形式送至继电保护装置，在继电保护操作回路完成闭锁重合闸功能。

（6）不论断路器本身是否具有防止跳跃的自卫手段，重合闸装置任一元件损坏、继电器接点粘住或拒动，均不会使断路器发生跳跃而损坏断路器。

重合闸命令应该是一个脉冲形式的命令，如果重合闸继电器损坏等原因造成重合闸出口继电器不能返回、其接点一直闭合的情况，又重合于永久性故障，将形成重合闸于故障→跳闸→再合于故障→又跳闸→再一次合闸……的恶性循环，最终导致断路器的损毁，这称为断路器跳跃。

必须采取措施避免断路器跳跃情况出现，这样的回路称为防跳回路。防跳的实现有两种方式：①在继电保护操作箱内实现防跳，称为操作箱防跳或保护防跳，由于防跳继电器与跳闸线圈串联，也称串联防跳，如图 5-1（a）所示；②在断路器操作机构内实现防跳，称为机构防跳，其防跳继电器与合闸线圈并联，也称并联防跳，如图 5-1（b）所示。

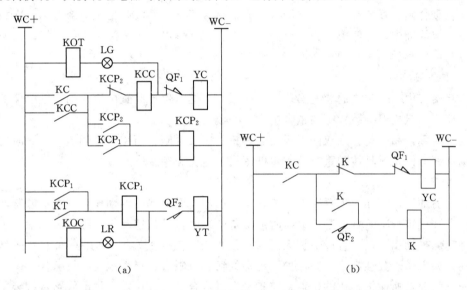

图 5-1　防跳回路简化示意图
（a）操作箱防跳回路；（b）断路器本体防跳回路

图中 KC、KT 分别为合闸、跳闸出口继电器，QF 为断路器辅助接点，YC、YT 分别为断路器合闸、跳闸线圈，KOC、KOT 分别为合闸、跳闸位置继电器，LG、LR 为绿灯和红灯，KCP_1、KCP_2 与 K 为防跳继电器，KCC 为合闸保持继电器。

在图 5-1（a）中，如果合闸接点 KC 粘连，在线路故障时保护发出跳闸命令，KT 接点接通，跳闸线圈 YT 得电，断路器跳闸。同时防跳继电器 KCP_1 动作，一方面进行跳闸自保持，另一方面使得 KCP_2 线圈带电。KCP_2 动作后一方面自保持，另一方面断开合闸回路。这样就可保证断路器不跳跃。

在图 5-1（b）中，如果线路正常运行，则断路器为合闸状态，断路器常闭辅助接点 QF_1 打开，断开合闸回路；同时常开辅助接点 QF_2 闭合，如果合闸接点 KC 粘连，则防跳继电器 K 动作，同时自保持，并断开合闸回路。只有合闸接点 KC 断开才能切断防跳继电器的自保持回路，重新开放合闸回路。可见每次合闸命令无论有多长时间，断路器机构只进行一次合闸操作。

（7）母线保护动作、低周减载装置动作时禁止重合。母线故障时，母线保护动作跳开连接在故障母线上的所有出线。此时若允许线路进行重合闸，将可能对母线形成多次冲击，因此母线保护动作于线路断路器跳闸时禁止重合。

系统出现较大有功缺额时，频率下降，严重时会导致系统频率崩溃，为防止这一情况出现，设置了低周减载装置（自动按频率减负荷装置）。如果因系统有功缺额过大、频率降低越限而由低周减载装置发出跳闸命令，显然不应该进行重合闸。

（8）重合闸时间。继电保护跳闸后不能立即进行重合闸，应该等待一定时间，称为重合闸时间（t_{ARC}）。t_{ARC}整定时应考虑故障点灭弧时间（计及负荷侧电动机反馈对灭弧时间的影响）、周围介质去游离时间以及断路器及操作机构复归原状、准备好再次动作的时间，重合闸时间一般约1s。

（9）重合闸装置要与继电保护配合。为在重合于永久性故障情况下降低第二次故障对设备、系统的冲击，应考虑实施重合闸时加速保护动作以减少故障引起的损坏。加速保护方式有前加速和后加速两种，后面将详细介绍。

2. 重合闸的实现

重合闸曾由一个独立的装置实现，但在微机型继电保护装置中重合闸与继电保护已经合为一体，由微机保护装置中的重合闸程序完成重合闸功能。

由于实际产品中均考虑双侧电源线路三相一次重合闸，当用于单侧电源线路时通过控制字退出部分回路，具体的重合闸逻辑框图将在后文介绍。

3. 加速方式

（1）前加速。前加速重合闸方式是在重合前加速继电保护的动作，仅在电源首端线路断路器上装设重合闸装置。系统故障时电源首端继电保护加速动作切除故障，即在重合闸之前加速保护动作（例如Ⅲ段保护无延时跳闸），快速切除故障。如果是瞬时性故障，重合成功；如果是永久性故障，则保护按正常的切除时限有选择性地切除故障。

重合闸前加速保护动作的优点是节省投资（重合闸装置仅需在供电线路首端装1个）、接线简单、切除故障快、重合闸成功的可能性大；其缺点是第一次切除故障时继电保护的动作无选择性，如果重合时重合闸拒动或者断路器由于某种原因拒动，就会造成大面积的停电，因此前加速方式只能用于配电线路（35kV及以下电压等级）。

（2）后加速。与前加速重合闸方式相反，后加速方式下保护加速命令与重合闸命令同时发出。即第一次故障继电保护按正常动作时限跳闸，保证继电保护动作的选择性。重合闸时为保证快速切除永久性故障，对保护进行加速，例如"瞬时加速Ⅱ段"（将Ⅱ段保护动作时间改为0s）、"瞬时加速Ⅲ段"（将Ⅲ段保护动作时间改为0s或0.5s）。理论上讲，如果本线路瞬时性故障而重合闸加速保护时正好相邻线路发生故障，继电保护将越级跳闸，考虑到后加速命令仅在重合闸时开放0.4s左右，发生以上情况的几率很小。

由于保证了继电保护动作的选择性，克服了前加速重合闸的缺点，保护和重合闸合二为一不会增加额外的硬件成本，因此电网广泛采用后加速方式。110kV及以上电压等级线路上均采用后加速方式，具体加速Ⅱ段保护还是Ⅲ段保护由继电保护整定人员决定。35kV及以下电压等级线路可以采用前加速方式，也可以采用后加速方式，由调度部门决定。

（3）手合后加速。前面提到，手合于故障线路时往往是较严重的事故，也就是该故障基本可以肯定是永久性故障，因此手合时均加速保护跳闸以减小故障造成的损坏。

5.2.2　双电源线路三相一次重合闸

1. 双电源线路重合闸特殊问题

（1）同步问题。重合闸时若线路两侧电源不同步，则两侧母线电压不一致，合闸时电压差消失，会产生冲击电流。严重情况会危及电力系统运行稳定性。

（2）故障切除时间。双电源线路很可能发生这样的情况：故障靠近某一侧变电所，继电保护Ⅰ段快速跳闸，当此时故障并切除，因为对侧继电保护可能依靠Ⅱ段以 0.5s 延时跳闸，先跳闸一侧重合闸计时必须考虑这个问题。重合闸时间是为了让故障点有一定时间去游离、恢复绝缘，而双端电源线路重合闸开始计时的时候故障可能尚未切除，因此双电源线路重合闸装置的重合闸等待时间应适当延长。

2. 检无压、检同步重合闸

检无压是指检线路无电压，测量电压为线路 TV 二次电压（大部分 220kV 及以下电压等级继电保护使用母线 TV 提供的母线电压）。当线路两侧断路器都跳开后，线路电压为零，可以进行重合闸。

检同步则是检查线路电压与母线电压的同步。所谓同步是指合闸是断路器断口两边电压瞬时值尽量接近以减小重合闸时的冲击电流，具体判据为两侧电压幅值差小于允许值、两侧电压相位差小于允许值、两侧电压频差小于允许值。检同步元件常以 SYN（旧符号为 TJJ，即同步检定继电器）表示。

检无压、检同步又称无压鉴定、同步鉴定，这是一种顺序投入的重合闸，即不论任何一侧继电保护先跳闸起动重合闸，均是检无压侧先合闸，检无压侧重合成功后，如果同步条件满足则检同步侧重合。

如图 5-2 所示为检无压、检同步重合闸原理示意图，检无压、检同步条件满足才能起动重合闸。

线路故障被继电保护切除后，线路无电压、母线电压恢复为正常电压，检同步条件要求线路电压、母线电压瞬时值接近，显然检同步条件不满足。此时，检无压侧条件满足，所以总是由检无压侧先起动重合闸。若检无压侧重合于永久性故障，则再次跳闸且不再重合，检同步侧由于条件不满足不会起动。如果检无

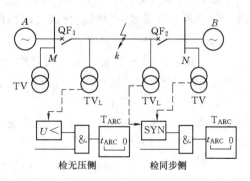

图 5-2　检无压、检同步重合闸原理图

压侧重合成功，检同步侧断路器两侧均有电压，进行同步条件检查，如果线路电压与母线电压接近、满足同步条件则实施重合闸；如果同步条件不满足则不进行重合闸。

综上所述，无论哪一侧保护先跳闸，总是检无压侧先进行重合，这称为顺序投入重合闸，即重合闸投入顺序是事先规定好的。检同步侧后重合或不重合，只有当检无压侧重合

成功且满足同步条件时，检同步侧才重合。

由于检同步侧必须在检无压侧重合成功后才投入，检同步侧断路器不会因为重合于永久性故障而第二次跳闸，检无压侧断路器负担比检同步侧断路器重，因此需要定期切换线路两侧重合闸检定方式（实际装置通过控制字和压板进行切换）。

如图 5-3 所示为检无压侧断路器偷跳情况，此时线路有压，检无压条件不满足，无法重合闸。为此，在检无压侧也设置检同步回路，与检无压条件构成或门逻辑输出，当检无压侧断路器偷跳时，检无压侧依靠检同步回路重合。

如图 5-4 所示，为检无压、检同步部分逻辑框图。

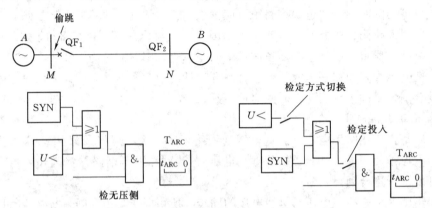

图 5-3　检无压侧断路器偷跳情况示意图　　图 5-4　检无压、检同步逻辑图

如图 5-4 所示中检定投入开关选择是否投入检无压、检同步，如果用于单侧电源线路则不需投入。用检定方式切换开关确定检定方式为检无压还是检同步，检定方式切换开关打开为检同步方式，合上则为检无压方式。

3. 重合闸逻辑框图举例

图 5-5 为某 110kV 线路保护中的重合闸部分逻辑框图。图中重合闸为三相一次重合闸，在三相电流全部消失时重合闸可以动作，控制字置"1"表示该功能投入，控制字置"0"表示该功能退出。

（1）重合闸的充放电。重合闸充电在正常运行时进行，如果重合闸投入、TWJ＝0（即断路器处于合闸位置）、TV 二次回路正常（即无 TV 断线信号）或虽有 TV 断线信号但控制字"TV 断线闭锁重合闸"置"0"，经 t_{CD}（15～25s）后充电完成，因此重合闸在一次故障发生的时间内仅能重合一次。满足条件后，与门 D_1 输出为 1，起动 t_{CD}，t_{CD} 为充电时间，即整组复归时间。

当有闭锁重合闸的情况出现时，图中的断路器压力降低、断路器控制回路断线、手动跳闸等，或门 D_3 有输出，将 t_{CD} 清零，相当于传统重合闸装置中的电容放电。

（2）重合闸的起动。重合闸由独立的重合闸起动元件（与门 D_7）起动。当保护跳闸后、开关偷跳或三相电流消失时均可起动重合闸。

（3）检无压与检同步。重合方式可选用检线路无压母线有压重合闸、检母线无压线路有压重合闸、检线路无压母线无压重合闸、检同步重合闸，也可选用不检而直接重合闸方式。检定回路由检定方式开关及与门 D_{12}、D_{14}、D_{15}、D_{16} 及或门 D_{13} 构成。

116

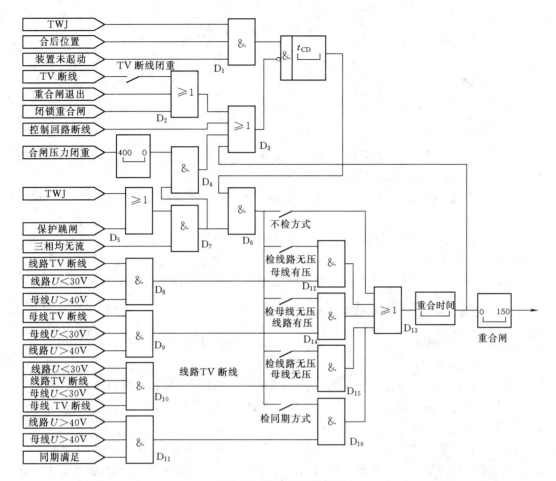

图 5-5 重合闸逻辑框图

1）检线路无压母线有压时，检查线路电压小于 30V 且无线路电压断线，同时三相母线电压均大于 40V 时，检线路无压母线有压条件满足，D_8 有输出，重合闸动作。

2）检母线无压线路有压时，检查三相母线电压均小于 30V 且无母线 TV 断线，同时线路电压大于 40V 时，检母线无压线路有压条件满足。

3）检线路无压母线无压时，检查三相母线电压均小于 30V 且无母线 TV 断线，同时线路电压小于 30V 且无线路电压断线时，检线路无压母线无压条件满足，D_{10} 有输出，重合闸动作，这种情况也适用于无电源侧的重合闸。

4）检同步时，检查线路电压和三相母线电压均大于 40V 且线路电压和母线电压间的相位在整定范围内时，检同步条件满足，D_{11} 有输出，重合闸动作。

正常运行时测量母线电压与线路对应相电压之间的相位差，若两者的角度差较大，则经 500ms 延时发告警信号。

（4）重合闸动作。重合闸条件满足后，经整定的重合闸延时，发重合闸脉冲，该脉冲可以是长脉冲也可以是短脉冲，因为绝大多数操作回路都有合闸自保持回路；合闸命令发出的同时将重合闸复归（图中经 D_3 放电），需要再次充电才能动作。

117

5.3 综 合 重 合 闸

5.3.1 概述

220kV 及以上电压等级线路采用综合重合闸，装置经过运行值班人员选择应能实现下列重合闸方式：

（1）单相重合闸方式：当线路发生单相故障时，切除故障相，实现一次单相重合闸；当发生各种相间故障时，则切除三相，不进行重合闸。

（2）三相重合闸方式：当线路发生各种类型故障时，均切除三相，实现三相一次重合闸。

（3）综合重合闸方式：当线路发生单相故障时，切除故障相，实现一次单相重合闸；当线路发生各种相间故障时，则切除三相，实现三相一次重合闸。

（4）停用重合闸方式：当线路发生各种故障时，切除三相，不进行重合闸。

5.3.2 采用单相重合闸需要考虑的问题

采用单相重合闸首先需要断路器配置分相操作机构，同时必须考虑以下问题。

1. 保护跳闸逻辑

首先继电保护跳闸时要判断是跳三相（相间故障）还是跳单相（单相接地故障），如果是跳单相还必须判断故障相别，选出故障相别的元件称为选相元件。选相元件工作原理将在以下详细介绍。

跳闸逻辑还需要区别对待故障，例如，发生 B 相单相接地故障，应该跳开 B 相断路器，经过重合闸时间，重合 B 相，如果重合于永久性故障，尽管仍是单相接地故障，这时应该跳开三相。因为，重合闸受次数限制，重合于永久性故障时应该跳开三相，不再重合；如果此时仍跳开 B 相，由于不再进行重合闸，将会造成线路长期非全相运行。

2. 非全相运行对继电保护的影响

在单相跳闸等待单相重合的 1s 左右时间内，线路是缺相运行的，存在零序电流，同时有些方向元件也可能误动，此时可能误动的继电保护应该退出。

保护经重合闸装置跳闸，可分别由下列回路接入：

（1）在重合闸过程中可以继续运行的保护跳闸回路，即本线路非全相运行不会误动的保护又称 N 端子保护。例如零序电流不灵敏 I 段保护、线路光纤纵差保护，在线路非全相运行时不会误动，跳闸命令可接于 N 端子。

（2）在重合闸过程中被闭锁，只有在判定线路已重合于故障或线路两侧均转入全相运行后再投入工作的保护跳闸回路，即本线路非全相运行会误动，相邻线路非全相运行不会误动的保护，又称 M 端子保护。例如，零序电流灵敏 I 段保护、纵联距离、纵联零序保护在线路非全相运行时会误动，跳闸命令应接于 M 端子。

（3）相邻线路单相重合闸过程中被闭锁的保护跳闸回路，即相邻线路非全相运行会误动的保护，又称 P 端子保护。

118

（4）保护动作后直接切除三相进行一次重合闸的回路，又称 Q 端子保护。

（5）保护动作后直接切除三相不重合的跳闸回路，又称 R 端子保护。例如，母线保护跳开线路断路器时禁止重合闸，母线保护的跳闸命令就应该接于 R 端子。

由于传统的综合重合闸由一个单独的装置实现，综合重合闸装置与继电保护装置之间由二次电缆连接，所以定义了以上端子。目前，综合重合闸由微机保护中相应的程序完成，只是继电保护之间配合时会使用此类端子定义，例如，配置了双套微机线路保护时两套线路保护之间的联系，母线保护与线路保护之间的联系。

3. 转换性故障

在单相跳闸、等待单相重合的 1s 左右时间内，如果又有一相发生故障，此时单相接地故障已经转换为两相接地故障了，称健全相发生转换性故障或简称转换性故障。发生转换性故障时继电保护应再次动作，切除三相断路器，并且不再重合（单相重合闸方式）或三相重合（综合重合闸方式）。

如果采用综合重合闸方式，发生转换性故障时，应该在第二次切除故障时重新开始重合闸计时，保证断路器及故障点有足够的时间恢复绝缘强度。

4. 闭锁重合闸

闭锁重合闸的情况与三相重合闸一致，当闭锁重合闸时，继电保护应直接跳三相，否则单相跳闸后不再重合将造成线路长期非全相运行。

5. 潜供电流

超高压线路发生单相接地故障时，继电保护只是切除故障相，线路进入非全相运行状态。对于瞬时性故障，如果故障点的电弧尽快熄灭，则有助于重合闸的成功。但是对于超高压线路，线路每一相存在对地电容，相间存在耦合电容，而且线路相间存在互感，因此非故障相就可以通过相间电容和互感继续向故障点提供短路电流，该电流称为潜供电流。潜供电流导致故障点的电弧熄灭时间变长，从而影响重合闸的是否成功。

潜供电流示意图如图 5-6 所示。在图 5-6 中，线路 AB 发生单相接地故障，故障相的断路器断开后，非故障相通过 C_M（单位长度的相间电容）和 L_M（单位长度的相间互感）向故障点继续提供短路电流 I_U。为了简要说明潜供电流，图中的电容与互感分别画在故障点两侧，实际上故障点两侧都有电容与互感，且随着故障点的位置变化而变化。例如，在线路中点发生故障时，故障点两侧的电容与互感应该相等。

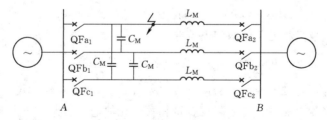

图 5-6　潜供电流示意图

如果线路发生瞬时性故障，电容形成的潜供电流大小不会发生改变，互感形成的潜供电流会随着非故障相的负荷电流大小而改变。在故障相两侧断路器跳开后，潜供电流在过零点时电弧熄灭，如果故障点的耦合电压足够高，可导致电弧复燃，但由于故障相已经断开，故障点的去游离加强，电弧会逐渐完全熄灭。相对于三相跳闸，电弧熄灭的时间变长。

同样的道理，在平行双回线路上，其中一回线发生单相接地且故障相跳闸后，另一回线路也会通过电容、互感的耦合在故障点形成潜供电流，导致电弧熄灭时间变长。

单相重合闸要想成功，就必须等电弧完全熄灭，即故障点完全去游离后才能进行重合闸，也就是说单相重合闸的等待时间要大于三相重合闸的时间。

6. 分相跳闸与三相跳闸互为备用

分相跳闸是指跳闸经过选相元件控制，在单相故障时，选相元件选出故障相后只对故障相发跳闸命令；三相跳闸指不经过选相元件控制，直接发三相跳闸命令。在选相元件拒动时通过沟通三相跳闸回路发三相跳闸命令，在发生两相或三相故障时，在起动三相跳闸的同时起动分相跳闸可以提高装置的可靠性。

5.3.3　选相元件工作原理

1. 对选相元件的要求

选相元件担负选相任务，选相元件的要求如下：

（1）在保护区内部发生任何形式的短路故障时，均能判断出故障相别，或判断出是单相故障还是多相故障。

（2）单相故障时，非故障相选相元件可靠不动作。

（3）在正常运行时，不应该进行选相，即选相元件不动作。

（4）动作速度要快于测量元件。

2. 相电流差突变量选相元件

选相元件测量两相电流之差的工频变化量 $\Delta \dot{I}_{AB}$、$\Delta \dot{I}_{BC}$、$\Delta \dot{I}_{CA}$ 的幅值，即

$$\Delta \dot{I}_{AB} = \Delta(\dot{I}_A - \dot{I}_B) = (1-a^2)\Delta \dot{I}_{A1} + (1-a)\Delta \dot{I}_{A2} \tag{5-1a}$$

$$\Delta \dot{I}_{BC} = \Delta(\dot{I}_B - \dot{I}_C) = (a^2-a)\Delta \dot{I}_{A1} + (a-a^2)\Delta \dot{I}_{A2} \tag{5-1b}$$

$$\Delta \dot{I}_{CA} = \Delta(\dot{I}_C - \dot{I}_A) = (a-1)\Delta \dot{I}_{A1} + (a^2-1)\Delta \dot{I}_{A2} \tag{5-1c}$$

单相接地时，如 A 相接地，$\Delta \dot{I}_{A1} = \Delta \dot{I}_{A2}$。有

$$\Delta \dot{I}_{AB} = 3\Delta \dot{I}_{A1}, \ \Delta \dot{I}_{BC} = 0, \ \Delta \dot{I}_{CA} = -3\Delta \dot{I}_{A1} \tag{5-2}$$

由此可见，与故障相无关的两相电流差为零。

两相短路时，如 BC 两相短路，$\Delta \dot{I}_{A1} = -\Delta \dot{I}_{A2}$。有

$$\Delta \dot{I}_{AB} = \sqrt{3}\Delta \dot{I}_{A1} e^{j90°}, \ \Delta \dot{I}_{BC} = 2\sqrt{3}\Delta \dot{I}_{A1} e^{-j90°}, \ \Delta \dot{I}_{CA} = \sqrt{3}\Delta \dot{I}_{A1} e^{j90°} \tag{5-3}$$

可见，有三个相电流差，与故障相直接相关的元件电流最大。两相接地故障情况与两相相间故障情况相同。三相故障时，三个元件电流相同。

各种故障时选相元件的动作情况如表5-1所示。

相电流差突变量选相方法是当且仅当两个电流元件动作时，选与两个电流元件直接相关的相为故障相，例如，ΔI_{AB}、ΔI_{CA} 动作选 A 相，当三个元件都动作时，选为多相故障。

这种选相元件的优点是简单、灵敏、准确、快速，是快速主保护较理想的选相元件。选相与保护在原理上自动适应。

3. 序电流（$\dot I_{A0}$ 与 $\dot I_{A2}$）选相元件

（1）选相原理。选相元件首先根据 $\dot I_{A0}$ 与 $\dot I_{A2}$ 之间的相位关系，确定三个选相区之一，如图 5 - 7（a）所示。

当 $-60°<\arg\dfrac{\dot I_{A0}}{\dot I_{A2}}<60°$ 时选 A 区；

当 $60°<\arg\dfrac{\dot I_{A0}}{\dot I_{A2}}<180°$ 时选 B 区；

当 $180°<\arg\dfrac{\dot I_{A0}}{\dot I_{A2}}<300°$ 时选 C 区。

表 5 - 1　　　相电流差选相元件的动作情况

故障类型	AN	BN	CN	多相故障
ΔI_{AB}	√	√	×	√
ΔI_{BC}	×	√	√	√
ΔI_{CA}	√	×	√	√

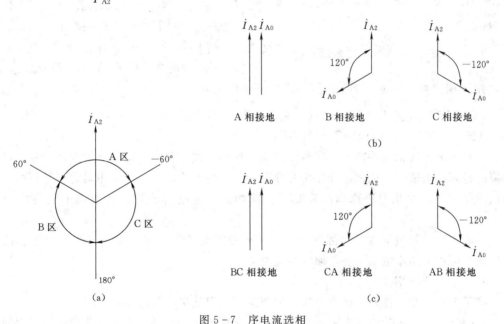

图 5 - 7　序电流选相
（a）选相分区；（b）单相接地故障相量关系；（c）两相接地故障相量关系

单相接地故障时如图 5 - 7（b）所示，故障相的 $\dot I_{A0}$ 与 $\dot I_{A2}$ 同相位，A 相接地时，$\dot I_{A0}$ 与 $\dot I_{A2}$ 同相，B 相接地时，$\dot I_{A0}$ 与 $\dot I_{A2}$ 相差在 120°，C 相接地时，$\dot I_{A0}$ 与 $\dot I_{A2}$ 相差 $-120°$。

两相接地故障如图 5 - 7（c）所示时，$\dot I_{A0}$ 与 $\dot I_{A2}$ 同相位，BC 两相接地故障时，$\dot I_{A0}$ 与 $\dot I_{A2}$ 同相，CA 相间接地故障时，$\dot I_{A0}$ 与 $\dot I_{A2}$ 相差 120°，AB 相间接地故障时，$\dot I_{A0}$ 与 $\dot I_{A2}$ 相差 $-120°$。

当两相相间短路时，相量关系就不对了，必须结合各相测量阻抗 $Z_{K\phi}$ 的动作情况，才

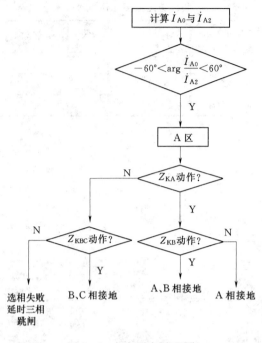

图 5-8　A 区选相流程图

能做出正确判断。

　　另外，当两相经过渡电阻接地时，以 BC 两相接地为例，此时 $\dot{I}_{A0}$ 与 $\dot{I}_{A2}$ 不再同相，有时相位差较大，不进入 A 区而进入 B 区。因此，两相经过渡电阻接地时，可能进入两故障相中超前相的选区。如 AB 接地故障可能进入 A 区。

　　因此 $\dot{I}_{A0}$ 与 $\dot{I}_{A2}$ 相位进入 A 区时，一般有三种情况：A 相接地短路；或 BC 二相接地短路；AB 两相经过渡电阻接地短路。因此，选相规则（以 A 区为例）如下：

　　1）$\dot{I}_{A0}$ 与 $\dot{I}_{A2}$ 相位进入 A 区。

　　2）若 Z_{KA} 动作，则比较 A 相和 B 相电压，若 B 相电压也较低，则为 AB 两相接地短路，否则为 A 相单相接地。

　　3）若 Z_{KA} 不动作，则检查 Z_{KBC}，Z_{KBC} 动作则选 BC 相故障，若 Z_{KBC} 不动作，则选相失败，由后备回路延时 150ms 三相跳闸。

　　$\dot{I}_{A0}$ 与 $\dot{I}_{A2}$ 相位进入 A 区时的选相规则如图 5-8 所示。

　　B 区、C 区的选相流程如图 5-9 所示。

　　（2）序电流选相元件特点。序电流选相元件具有选相明确、选相灵敏度高、允许接地故障时过渡电阻较高、选相不受振荡和非全相运行的影响。但在两相相间短路与三相短路时由于无零序，因此无法选出故障相。即使如此，序电流选相元件取得了较为广泛的应用。

　　当用于线路弱馈侧或无电源侧时，由于故障时电流很小或为零，该选相元件元法选相，此时可以采用序电压选相，原理与此类似。

　　4. 其他选相元件

　　除了上述选相元件外，还有电压、电流选相、阻抗选相等选相元件。

　　电网故障时，故障相的电流最大，因此最简单的选相元件就是电流选相元件。它的起动电流应按避开线路可能出现的最大的负荷电流整定。如果系统运行方式变化很大或者单相经过高阻接地时，电流选相元件灵敏度可能不足。最严重的情况发生在受电侧，那里故障电流可能小于负荷电流。因此，电流选相元件只能作为辅助的选相元件。

　　利用故障时故障相电压的降低可以构成电压选相元件，其动作值应按避开系统正常运行时出现的最低电压整定，例如，整定为额定电压的 75%。大电源送电侧，如果长线末端故障，电压选相元件灵敏度可能不足。如同电流选相元件一样，电压选相元件也只能作为辅助选相元件。

　　在微机保护时代之前，通常将阻抗继电器（采用零序补偿接线，偏移圆特性）作为选

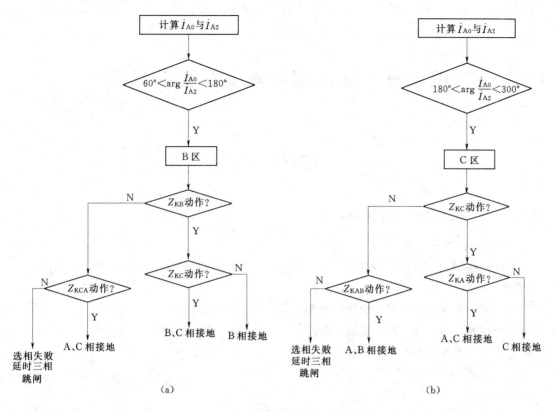

图 5-9 B 区、C 区选相流程图

(a) B 区选相流程；(b) C 区选相流程

相元件。阻抗选相元件由于受过渡电阻与振荡的影响，限制了它的应用。在微机保护中，阻抗选相元件通常也作为辅助选相元件。

复 习 思 考 题

1. 简述重合闸应用范围及作用。
2. 重合闸起动方式有哪些？
3. 什么是断路器跳跃？
4. 简述检无压、检同步重合闸工作情况。
5. 什么是转换性故障？发生转换性故障继电保护行为如何？
6. 母线保护跳线路断路器接入 R 端子回路，说明理由。
7. 综合重合闸方式有哪些？
8. 说明需要闭锁重合闸的情况。

第6章 线路保护配置原则与实例

6.1 线路保护配置原则

6.1.1 电网继电保护选择原则

1. 满足四项基本要求

继电保护和安全自动装置应符合可靠性、选择性、灵敏性和速动性的要求。当确定其配置和构成方案时，应综合考虑以下方面：

1）电力设备和电力网的结构特点和运行特点。

2）故障出现的概率和可能造成的后果。

3）电力系统的近期发展情况。

4）经济上的合理性。

5）国内和国外的经验。

（1）可靠性。为保证可靠性，继电保护和安全自动装置宜选用尽可能简单的保护方式，采用由可靠的元件和尽可能简单的回路构成的性能良好的装置，并应具有必要的检测、闭锁和双重化等措施。保护装置应便于整定、调式和运行维护。具体的措施有220kV线路断路器设两个跳闸线圈，主保护双重化，分别接于两个跳闸线圈；500kV线路更要求两套保护的交流电压、直流电源、控制电源双重化，配置完全独立等。

（2）选择性。除个别特殊情况之外，保护必须满足选择性要求。

为保证选择性，对相邻设备和线路有配合要求的保护和同一保护内有配合要求的两元件（如起动与跳闸元件或闭锁与动作元件），其灵敏系数及动作时间，在一般情况下应相互配合。对于单侧测量原理的保护，选择性由整定值中的灵敏系数及动作时间配合保证；对于双侧测量原理的保护，虽原理上具有绝对选择性，与相邻线路保护没有整定值配合，仍有同一套保护两元件的配合问题，如纵联方向保护低灵敏度元件起动发信，高灵敏度元件起动跳闸；闭锁式纵联方向保护中发出闭锁信号的反方向元件灵敏度高于正方向元件。

当重合于本线路故障，或在非全相运行期间健全相再次发生故障时，相邻元件的保护应保证选择性。在重合闸后加速的时间内以及单相重合闸过程中，发生区外故障时，允许被加速的线路保护无选择性。在某些条件下必须加速切除短路时，可使保护无选择性动作，但必须采取补救措施。例如，用自动重合闸或备用电源自动投入来补救，35kV及以下电压等级线路上采用前加速方式的三相一次重合闸。

（3）灵敏性。主保护应保证本线末故障时保护有足够的灵敏度，后备保护则应保证近后备灵敏度（本线末故障）以及远后备灵敏度（相邻线路、元件末端故障）满足要求。

当采用远后备方式，变压器或电抗器后面发生短路时，由于短路电流水平低，而且对电网不致造成影响以及在电流助增作用很大的相邻线路上发生短路等情况下。如果为了满足相邻保护区末端短路时的灵敏性要求，将使保护较复杂或在技术上难以实现时，可以缩小后备保护作用的范围。

例如，线路作为相邻元件（变压器）保护的远后备时，由于变压器阻抗远大于线路阻抗，可能灵敏度不足，此时可不考虑线路保护在相邻变压器末短路时的灵敏度，只需要校验相邻线路末端短路时的灵敏度。

（4）速动性。速动性是指保护装置应能尽快地切除短路故障，其目的是提高系统稳定性、减轻故障设备和线路的损坏程度，缩小故障波及的范围，提高自动重合闸和备用电源或备用设备自动投入的效果等。220kV及以上等级电网更多地从保证系统并联运行稳定性角度出发确定保护动作时间，要求保护全线速动，快速切除故障。

制定保护配置方案时，对特殊故障，根据对电网影响程度和后果，应采取相应措施，使保护能按要求切除故障。对两种故障同时出现的特殊情况，仅保证切除故障。

2. 与一次系统运行方式统筹考虑

继电保护和安全自动装置是电力系统的重要组成部分。确定电网结构、厂（站）主接线和运行方式时，必须与继电保护和安全自动装置的配置统筹考虑、合理安排。继电保护和安全自动装置的配置方式要满足电网结构和厂（站）主接线的要求，并考虑电网和厂（站）运行方式的灵活性。对导致继电保护和安全自动装置不能保证电力系统安全运行的电网结构形式、厂（站）主接线形式、变压器接线方式和运行方式，应限制避免使用。

为便于运行管理和有利于性能配合，同一电网或同一厂（站）内的继电保护和安全自动装置的型式，不宜品种过多。

目前有条件的110kV及以下线路尽量解环运行，变电所低压分段母线正常运行时打开分段开关，桥式接线正常运行时打开桥开关等运行方式均简化了继电保护整定计算工作、降低了对继电保护的要求，从而提高了保护性能。而T接分支线路保护实现困难，一次系统建设时应逐步减少其应用。

3. 保护装置选型基本要求

由于短路电流衰减、系统振荡和电弧电阻的影响，可能使带时限的保护拒绝动作时，应根据具体情况，设置按短路电流或阻抗初始值动作的瞬时测定回路或采取其他措施。但无论采用哪种措施，都不应引起保护误动作。

除预先规定外，电力设备或电网的保护装置，都不允许因系统振荡引起误动作。

在电力系统正常运行情况下，当电压互感器二次回路断线或其他故障能使保护误动作时，应装设断线闭锁或采取其他措施，将保护装置解除工作并发出信号。当保护不致误动作时，应设有电压回路断线信号。

为了分析和统计继电保护的工作情况，保护装置设置指示信号，并应符合下列要求：

（1）在直流电压消失时不自动复归，在直流电源恢复时，仍能重现原来的动作状态。

（2）能分别显示各保护装置的动作情况。

（3）在由若干部分组成的保护装置中，能分别显示各部分及各段的动作情况。

（4）对复杂的保护装置，宜设置反应装置内部异常的信号。

（5）用于起动顺序记录或微机监控的信号触点应为瞬时重复动作触点。

（6）宜在保护出口至断路器跳闸的回路内装设信号指示装置。

目前数字化保护应用大量网络通信技术，除传统的触点输出信号方式，保护的动作情况、故障分析测距报告、录波信息等更为详细的信息以报文形式经网络上传至监控后台，重要信息可以转发至调度中心。报文可以打印、存储，保存可靠、方便。

6.1.2 主保护与后备保护

电力系统中的电力设备和线路，应装设短路故障和异常运行保护装置。电力设备和线路短路故障的保护应有主保护和后备保护，必要时可再增设辅助保护。

1. 主保护

主保护是满足系统稳定和设备安全要求，能以最快速度有选择地切除被保护设备和线路故障的保护。

2. 后备保护

后备保护是主保护或断路器拒动时用以切除故障的保护。后备保护可分为远后备和近后备两种方式。

（1）远后备保护。远后备是当主保护或断路器拒动时，由相邻电力设备或线路的保护来实现的后备保护。

单套电流保护、零序电流保护、距离保护等三段式配合的保护均属于远后备方式，如图6-1所示为三段式保护的保护区配合。

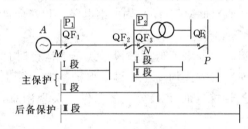

图6-1 三段式保护区配合示意图

Ⅰ段与Ⅱ段构成线路的主保护，Ⅱ段对于本线路的部分区域（Ⅰ段动作区）有近后备保护作用，对下线也有远后备作用，Ⅱ段的后备保护作用并不完备。Ⅲ段保护则具有对本线路保护的近后备作用以及对于相邻线路、元件的远后备作用。采用远后备方式时，一旦主保护或断路器故障，依靠后备保护切除故障，但动作时间延长、切除范围可能扩大。由于远后备方式保护配置相对简单、成本低，主要用于110kV及以下电压等级线路。

（2）近后备保护。近后备是当主保护拒动时，由本电力设备或线路的另一套保护实现的后备保护；当断路器拒动时，由断路器失灵保护来实现后备作用。近后备方式要求当主保护故障时，后备保护切除故障且切除的范围不变，实际工作中往往通过配置双重化保护实现近后备方式。近后备方式保护配置较复杂，成本高但有利于系统运行，主要用于220kV及以上电压等级的线路。

为了便于分别校验保护装置并提高其可靠性，主保护和后备保护应做到回路彼此独立，即保护装置中主保护与后备保护应各设一个出口继电器。

3．辅助保护

辅助保护是为补充主保护和后备保护的性能或当主保护和后备保护退出运行而增设的简单保护。例如，消除某些保护出口"死区"的电流速断保护等。

4．异常运行保护

异常运行保护是反应被保护电力设备或线路异常运行状态的保护。保护动作后发出信号，不需要跳闸。

6.1.3 小接地电流电网保护配置

由于线路上发生单相接地故障概率很高，保护配置时除了反应相间短路的保护还应配置反应接地故障的保护。

1．相间短路故障

反应相间故障的保护装置一般选择阶段式电流保护，采用两相不完全星形接线，并在同一电网的所有线路上均接于相同的两相上，通常接在 A、C 两相。

对于单侧电源供电的线路，反应相间故障的保护装置应仅装在电源侧。可装设两段过电流保护，第Ⅰ段为不带时限的电流速断保护；第Ⅱ段为带时限的过电流保护。可采用定时限或反时限特性的电流继电器。

对于由单回线组成的多电源辐射形电网，环形电网等，首先，考虑装设一段或两段式电流、电压速断保护和过电流保护。在必要时保护应具有方向性。在能保证供电的前提下，尽量解环运行以简化保护配置。

2．接地故障

反应接地故障的保护，保护装置应带时限动作于信号，必要时可动作于跳闸。在出线不多时，一般装设反应零序电压的信号装置，发生接地故障时，依次断开出线以寻找故障点。在出线较多时，则应装设有选择性的接地保护装置，动作于信号。只有根据人身和设备安全的要求，如供给煤矿深井的线路等，才应装设动作于跳闸的单相接地保护。

当保护不能满足选择性、灵敏性和速动性的要求，或保护的构成过于复杂时，则可采用距离保护。特别短的线路（1～2km 的 10kV 线路或 3～4km 的 35kV 线路）也可以考虑采用纵联电流差动保护。

6.1.4 大接地电流电网保护配置

1．110kV 线路

一般配置距离保护作为反应相间故障的保护，配置零序电流方向保护或接地距离保护作为接地故障的保护，采用远后备保护方式。

当距离保护、零序电流保护灵敏度不满足要求或 110kV 线路涉及系统稳定运行问题或对发电厂、重要负荷影响较大时，应装设全线路快速动作的纵联保护作为主保护，距离保护、零序电流（接地距离）保护作为后备保护。

是否需要装设全线速动保护的依据如下：

（1）当线路上发生故障时，如不能全线快速地切除故障，则系统的稳定运行将遭到严重破坏。

（2）当线路上发生三相短路时，发电厂的厂用电母线电压或重要负荷电压低于允许值时，一般约为60%额定电压，且其他保护不能快速而有选择性地切除故障。

2.220kV 线路

考虑220kV线路目前在我国大部分地区为骨干网架，故障切除时间对于电力系统运行稳定性影响较大，一般情况下要求保护具有全线速动能力，配置双套纵联保护实现保护双重化、近后备方式；同时配有距离、零序电流（接地距离）保护。单端馈电线路也可采用距离、零序电流（接地距离）保护。两套保护测量电流分别由不同的TA二次线圈引入，跳闸出口回路相对独立。

220kV线路断路器具有双跳圈，保护也具有两个出口跳闸回路。

3.220kV 以上电压等级线路

配置与220kV线路保护基本相同，但对保护装置可靠性要求更高，保护电流、电压回路、直流电源完全独立。即两套保护的电流、电压分别由两个互感器引入，保护电源、控制电源使用两组蓄电池供电。

6.2 线 路 保 护 实 例

以某综合自动化变电所的1条220kV线路保护为例，介绍线路保护部分主要相关设备构成与功能。

如图6-2所示，一次主接线为双母线接线，TA、TV、断路器、隔离开关、接地开关安装在变电场地；微机保护柜、测控柜、故障录波器柜等安装在保护室内。

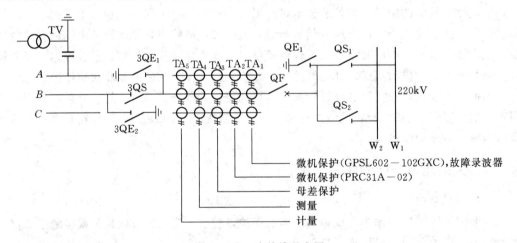

图 6-2 一次接线示意图

主要相关二次设备之间联系如图6-3所示，图中带有箭头的线表示二次电缆，虚线代表网络。变电场地上相关设备有：①TA、TV接线箱，引出二次电流、电压；②QF机构箱，QF电源、控制、信号等回路均由其机构箱接入；③QS、QE机构箱，接入QS、QE电源、控制、信号；④断路器端子箱，汇集了除二次电压外的所有变电场地到保护室的电缆，同时箱内还设有隔离开关防误操作回路。

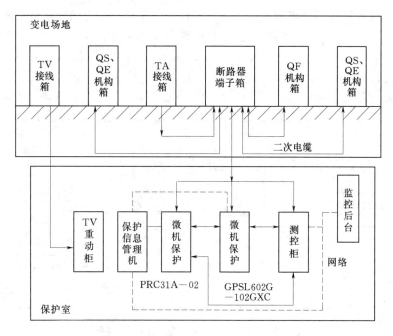

图 6-3　主要二次设备连接示意图

6.2.1　主要二次设备

1. TV 重动并列柜

TV 二次电压由电缆输送至 TV 重动并列柜后接于柜顶电压小母线,由柜顶电压小母线输送至各相关保护柜、电能表柜的柜顶。

2. 微机保护柜

线路保护采用双套光纤纵联保护配置,两个保护柜,型号分别为 PRC31A—02、GPSL602—102GXC。

(1) PRC31A—02 保护柜。PRC31A—02 保护柜由 RCS931A 微机保护装置、CZX—12R 操作箱、打印机、信号复归按钮(FA$_1$、FA$_4$)、打印试验按钮(YA$_1$)、重合闸方式选择开关(QK$_1$)、光纤终端合、交流空气开关(ZKK)、直流空气开关(DK)、连接片(压板)、端子排(1D、4D、JD、BD)组成。柜平面布置图如图 6-4 所示。

1) RCS—931A 装置。RCS—931A 装置为由微机实现的数字式超高压线路成套快速保护装置,可用作 220kV 及以上电压等级输电线路的主保护以及后备保护。RCS—931A

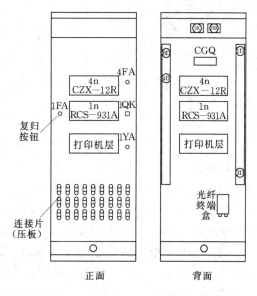

图 6-4　PRC31A—02 保护柜布置图

包括以分相电流差动和零序电流差动为主体的快速主保护，由工频变化量距离元件构成的快速Ⅰ段保护，由三段式相间和接地距离及两个延时段零序方向过流构成的全套后备保护。

RCS—931A 保护正面面板布置如图 6-5 所示，有液晶显示屏、信号灯、小键盘、调试通信口、模拟量输入口。

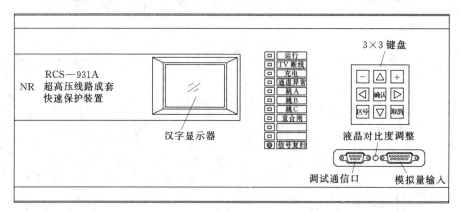

图 6-5 RCS—931 保护正面面板布置图

组成装置的插件有：电源插件（DC）、交流插件（AC）、低通滤波器（LPF）、CPU插件（CPU）、通信插件（COM）、24V 光耦插件（OPT$_1$）、高压光耦插件（OPT$_2$，可选）、信号插件（SIG）、跳闸出口插件（OUT$_1$、OUT$_2$）、扩展跳闸出口（OUT，可选）、显示面板（LCD）等。RCS—931A 保护背面布置图如图 6-6 所示。

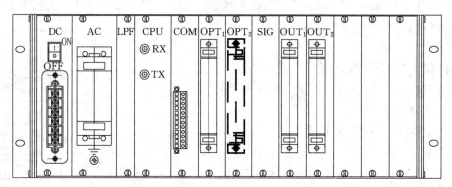

图 6-6 RCS—931A 保护背面布置图

从装置的背面（如图 6-6 所示）看，左边第一个插件为电源插件，输入 220V 或110V 直流，输出 5V、±12V、24V 电源，其中 24V 电源用于光耦回路。

图 6-6 中左边第二个插件为交流输入变换插件（AC），与系统接线图如图 6-7 所示。交流输入为母线电压、单相线路电压、线路电流，变换器输出至低通滤波（LPF）插件。

CPU 插件是装置的核心部分，由单片机（CPU）和数字信号处理器（DSP）组成，CPU 完成装置的总起动元件和人机界面及后台通信功能，DSP 完成所有的保护算法和逻辑功能。装置采样率为每周波 24 点，在每个采样点对所有保护算法和逻辑进行并行实时

130

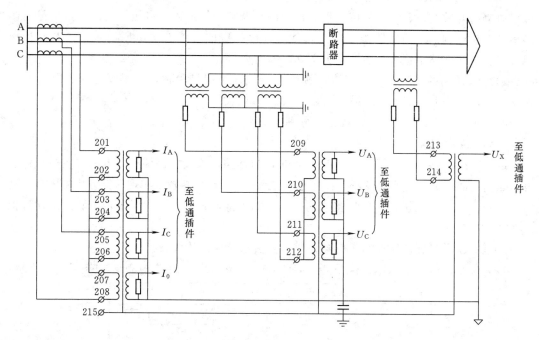

图 6 - 7　微机保护交流输入示意图

计算，使装置具有很高的固有可靠性及安全性。

起动 CPU 内设总起动元件，起动后开放出口继电器的正电源，同时完成事件记录及打印、保护部分的后台通信及与面板通信；另外还具有完整的故障录波功能，录波格式与COMTRADE 格式兼容，录波数据可单独串口输出或打印输出。CPU 插件还带有光端机，它通过 64kbit/s 高速数据通道（专用光纤或复用 PCM 设备），用同步通信方式与对侧交换电流采样值和信号。

通信插件（COM）的功能是完成与监控计算机或 RTU 的连接，实现三类通信：①插件设置了两个用于向监控计算机或 RTU 传送报告的 RS485 接口或以光纤接口通过以太网上送报告；②设置了一个用于对时的 RS485 接口，该接口只接收 GPS 发送的秒脉冲信号，不向外发送任何信号；③一个用于打印的 RS485 或 RS232 接口连接打印机。

24V 光耦插件（OPT$_1$）、高压光耦插件（OPT$_2$）用于开关量输入。保护柜上的一些压板、选择开关（如重合闸选择开关）、操作箱送来的断路器位置等触点信号经光耦转换为数字信号 "0"、"1" 供微机保护使用。GPS 对时信号也可由光耦插件接入，RS485 口与光耦 GPS 对时方案不能同时使用，只能选用一种。

信号插件（SIG）主要将 5V 的动作信号经三极管转换为 24V 信号，从而驱动继电器。

跳闸出口插件（OUT$_1$、OUT$_2$），OUT$_1$ 以空触点形式输出信号以及开关量供其他保护使用；OUT$_2$ 为出口插件，输出分、合闸命令。

2）CZX—12R 操作箱。CZX—12R 为分相操作箱，内部设有操作回路及电压切换回路。保护跳闸、重合命令以及由测控柜发来的手动分、合闸命令均接入操作回路，线路断路器的分、合控制命令由操作箱经断路器端子箱送入断路器机构箱执行。两路母线二次电压由电压小母线送至 PRC31A—02 保护柜的柜顶，由柜顶经端子排 1D 接入操作箱，同时母线侧隔离开关 QS₁、QS₂ 的位置信号也经断路器端子箱送入，电压切换回路依据母线侧隔离开关位置判别当前线路接于哪条母线，选出相应的母线二次电压送入保护及测控单元。二次电压回路中接有交流空气开关 ZKK。

3）DK 为直流空气开关，直流电源由小母线送至保护柜顶，经 DK 分成几路分别用作保护电源、控制电源 1、控制电源 2。

4）1FA、4FA 为信号复归按钮，分别复归 1n、4n 单元。

5）1QK 为重合闸方式切换开关。

6）连接片（压板）有的直接串联在保护出口回路，可投、退保护；有的接在微机保护开关量输入回路，经光耦电路采集后变为电位信号送入保护装置，实现保护方式的切换。

各单元、开关、按钮、压板接线均接于柜端子排，其他设备与保护柜的联系也通过柜端子排进行。

7）CGQ 为直流接地检测传感器，接至直流电源接地检测设备。

（2）GPSL602—102GXC 保护柜。GPSL602—102GXC 保护柜布置如图 6-8 所示，

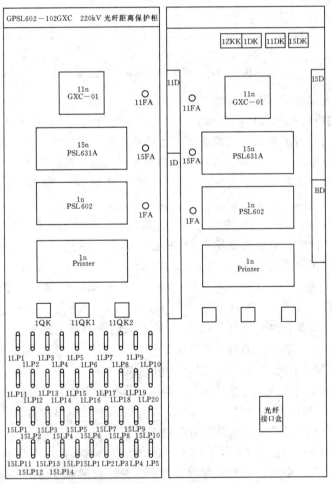

图 6-8　GPSL602—102GXC 保护柜布置图

132

保护柜由微机线路保护 PSL602、微机断路器保护 PSL631A、光纤传输装置 GXC—01 以及复归按钮、打印机、切换开关、交流、直流空气断路器、连接片（压板）等构成。

PSL602A 数字式超高压线路保护装置以纵联距离保护和纵联零序保护作为全线速动主保护，以距离保护和零序方向电流保护作为后备保护。保护有分相出口，可用作 220kV 及以上电压等级输电线路的主保护和后备保护。保护功能由数字式中央处理器 CPU 模件完成，其中一块 CPU 模件（CPU_1）完成纵联保护功能，另外一块 CPU 模件（CPU_2）完成距离保护和零序电流保护功能。

GXC—01 装置为光纤信号传输装置，通过专用光缆或 64kbit/s 同向接口复接 PCM 设备传输继电保护及安全自动装置信息。

对于单断路器接线的线路保护装置中还增加了实现重合闸功能的 CPU 模件（CPU_3），可根据需要实现单相重合闸、三相重合闸、综合重合闸或者退出。

PSL631A 数字式断路器保护装置包括断路器失灵起动、三相不一致保护、充电保护及独立的过流保护等功能，主要适用于 220kV 及以上电压等级的双母线接线方式。

保护柜交流电压由 PRC31A—02 保护柜 4n 单元（CZX—12R）电压切换回路送入，出口分、合闸也接至 PRC31A—02 保护柜 4n 单元。

信号复归按钮、交流、直流空气开关、连接片（压板）作用与 PRC31A—02 类似，微机保护装置结构基本相同，由电源、CPU、光耦、信号、输出等插件组成，不再赘述。QK_1 为重合闸方式选择开关，$11QK_1$、$11QK_2$ 为用于通道切换开关。

3. 测控柜

测控柜作用可简单地分为"遥测"、"遥控"两类，细分为"四遥"，即遥测、遥信、遥控、遥调。

（1）遥测。遥测量为交流模拟量，主要有线路三相电流、零序电流、切换后母线电压、线路电压等。测控单元将采集的信息转为数字信号由网络上传至监控后台机，在主接线界面上实时显示，遥测信息亦可通过网络上传至上级调度系统。

（2）遥信。遥信量为开关量的信息采集、上传。开关量包括开关位置、开关操作方式（远方/就地操作，解锁）、断路器位置、断路器异常信息（如弹簧未储能、SF_6 泄漏等）、断路器操作方式（远方/就地操作）、保护信息（分、合闸出口，保护动作，保护告警，TV 断线等）。测控单元将采集的信息转为数字信号由网络上传至监控后台机。

（3）遥控。后台遥控分、合断路器命令由网络送入测控单元，转为触点形式后送入操作箱 CZX—12R 执行。遥控命令可在变电所监控后台机上操作发出，也可由上级调度自动化系统经网络发出。

后台遥控分、合使用电动机构的隔离开关命令由网络送入测控单元，经防误闭锁逻辑以触点形式送出，经断路器端子箱送入开关机构执行，同时测控柜还可以输出开关操作闭锁触点供防误操作回路使用。

（4）遥调。遥调包括对运行状态的远方控制，例如有载调压变压器的分接头改变，可以经网络向相应的变压器测控装置发出"升、降、停"等遥调命令，测控装置将转为触点形式的命令发给有载调压机构执行。线路保护单元中没有遥调部分。

4．保护信息管理机柜

微机保护的报文由网络通信接口（如 RS485 口）送入信息管理机，进行规约转化后，再由网络上传至监控后台机。信息管理机还有 GPS 对时功能，保证变电所各微机保护等数字化设备统一时钟。

6.2.2 线路保护主要二次回路

1．电流、电压回路

电流回路如图 6-9 所示，TA 二次绕组分配使用情况如图 6-2 所示，注意二次电流只能有一点接地。二次电流先送至断路器端子箱，再送入保护室内的线路保护柜、母线保护柜、测控柜、电度表柜和故障录波器柜。

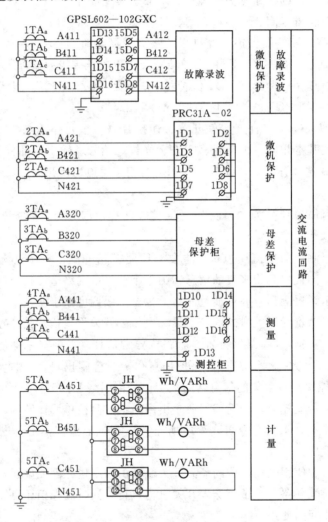

图 6-9　电流回路示意图

电压回路如图 6-10 所示，二次电压送入保护室内的 TV 重动并列柜，接至电压小母线。操作箱依据母线侧隔离开关位置进行电压切换，切换后电压送入保护、测

134

控装置。

2. 控制回路

（1）断路器控制回路。如图 6-11 所示，为断路器控制信号回路示意图。断路器机构箱上设有远方/就地切换开关及分、合闸按钮，可进行就地操作；断路器远方控制时由保护操作箱控制。手动操作可使用测控柜分、合断路器切换开关，也可由监控后台或调度中心由综合自动化网络下达命令。

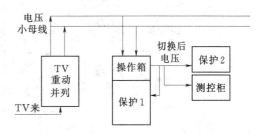

图 6-10　电压回路示意图

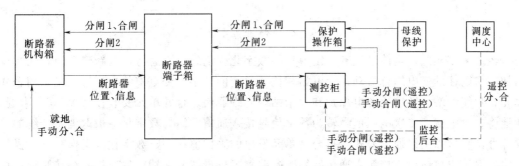

图 6-11　断路器控制信号回路示意图

220kV 以下电压等级线路的分闸回路仅有一路。

（2）隔离开关、接地开关控制回路。如图 6-12 所示，为隔离开关、接地开关控制信号回路示意图。

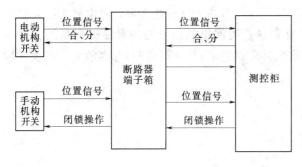

图 6-12　隔离开关、接地开关控制信号回路示意图

1）对于电动机构的开关，由测控柜经防误逻辑输出触点控制开关分、合。

2）对于手动机构的开关，由测控柜根据防误逻辑输出触点控制其电磁锁，不满足操作条件时闭锁手动机构，防止误操作。

开关防误逻辑可以由断路器、开关辅助触点等构成，也可以在测控柜或专门的微机防误装置中以程序形式完成。

3. 信号回路

各微机设备由网络通信口送出的报文数字信号，经信息管理机规约转换为统一格式后再进入监控系统；其他交流电流、电压以及大量触点信号由测控柜采集并转为数字信号接入监控系统。信号回路如图 6-13 所示，虚线表示变电站综合自动化网络，其他信号由二次电缆传送。

135

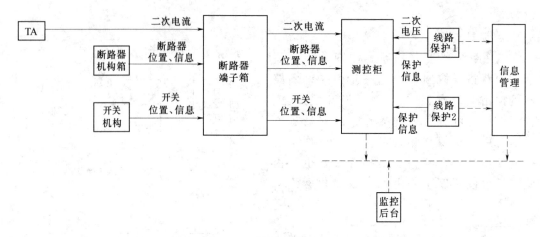

图 6-13 信号回路示意图

　　经过多年实验，当前已经有一定数量的数字化变电站投入运行，且新建数量正在快速增加。与以往的变电综合自动化变电站相比，目前的数字化变电站的主要特点是采用合并单元、智能终端、数字化继电保护和大量站内光纤通信。合并单元安装在 TA、TV 附近，就地将二次电流、二次电压信号转为数字信号接入通信网络。数字化保护取消了传统的采样部分，直接以网络通信方式获得合并单元发出的采样值；同时数字化继电保护不设操作回路，保护出口命令直接接入通信网络。断路器附近设智能终端，从通信网络接受操作指令，原有操作回路功能在智能终端里实现。

　　简单的理解是，用光纤通信替代了原有的传送二次电流、二次电压、断路器控制命令等大量连接户外设备与户内设备的二次电缆，将继电保护采样、断路器、隔离开关控制部分下放至户外设备就地。

　　与传统的二次电缆相比，站内的光纤通信方式节约大量有色金属，抗电磁干扰，减少了二次回路直流系统接地可能性。但同时必须重视网络通信设备的可靠性，且因合并单元、智能终端设在一次设备附近，故需重视其应付强电磁环境，相对恶劣的温、湿度环境的能力。

第 7 章 电力主设备保护

7.1 变压器保护

7.1.1 电力变压器保护概述

1. 故障类型

变压器的故障可以分为油箱内故障和油箱外故障两种。油箱内的故障包括绕组的相间短路、接地短路、匝间短路等；对变压器来说，这些故障都十分危险，因为油箱内故障时产生的巨大热量会引起绝缘物质的剧烈气化，甚至可能引起爆炸。油箱外故障主要是套管和引出线上发生相间短路和接地短路。

2. 不正常运行状态

变压器的不正常运行状态主要有：

（1）由于变压器外部相间短路引起的过电流和外部接地短路引起的中性点过电流、过电压。

（2）由于负荷超过额定容量引起的过负荷以及由于漏油等原因而引起的油面降低。

（3）对大容量变压器，由于其额定工作时的磁通密度相当接近于铁芯的饱和磁通密度，因此在过电压或低频率等异常运行方式下还会发生变压器的过励磁故障。

3. 保护方式

根据上述故障类型和不正常运行状态，对变压器应装设下列保护：

（1）瓦斯保护。对变压器油箱内的各种故障以及油面的降低应装设瓦斯保护，它反应油箱内部所产生的气体或油流而动作。其中轻瓦斯保护动作于信号，重瓦斯保护动作于跳开变压器各电源侧的断路器。装设瓦斯保护的变压器容量是，800kVA 及以上的油浸式变压器和 400kVA 及以上的车间内油浸式变压器，以及对带负荷调压的油浸式变压器的调压装置，均应装设瓦斯保护。

（2）纵差动保护或电流速断保护。对于变压器绕组、套管及引出线上的故障，应根据容量的不同，装设纵差动保护或电流速断保护。纵差动保护适用于并列运行的变压器，容量为 6300kVA 以上时；单独运行的变压器，容量为 10000kVA 以上时；发电厂厂用工作变压器和工业企业中的重要变压器，容量为 6300kVA 以上时。电流速断保护用于 10000kVA 以下的变压器，且其过电流保护的时限大于 0.5s 时。对 2000kVA 以上的变压器，当电流速断保护的灵敏性不能满足要求时，也应装设纵差动保护。同时各保护动作后，均应跳开变压器各电源侧的断路器。

（3）相间短路的后备保护。反应外部相间短路时引起的过电流和作为瓦斯、差动保护、电流速断的后备保护应采用下列保护。

1）过电流保护，一般用于降压变压器，保护装置的整定值应考虑事故状态下可能出现的过负荷电流。

2）复合电压起动的过电流保护，一般用于升压变压器、系统联络变压器及过电流保护灵敏度不满足要求的降压变压器上。

3）负序电流及单相式低电压起动的过电流保护，一般用于容量为 63MVA 及以上的升压变压器。

4）阻抗保护，对于升压变压器和系统联络变压器，当采用第 2）、3）的保护不能满足灵敏性和选择性要求时，可采用阻抗保护。

（4）外部接地短路时，应采用的保护。对中性点直接接地电网，由外部接地短路引起过电流时，如变压器中性点接地运行，应装设零序电流保护。

对自耦变压器和高、中压侧中性点都直接接地的三绕组变压器，当有选择性要求时，增设零序方向元件。

（5）过负荷保护。对 400kVA 以上的变压器，当数台并列运行，或单独运行并作为其他负荷的备用电源时，应根据可能过负荷的情况，装设过负荷保护。过负荷保护接于一相电流上，并延时动作于信号。对于无人值守变电所，必要时过负荷保护可动作于自动减负荷或跳闸。

（6）过励磁保护。高压侧电压为 500kV 的变压器，对频率降低和电压升高引起的变压器工作磁密升高，应装设过励磁保护。保护由两段组成，低定值段动作于信号，高定值段动作于跳闸。

（7）其他保护。对于变压器温度及油箱内压力升高和冷却系统故障，装设动作于信号或动作于跳闸的装置。

7.1.2 瓦斯保护

1. 瓦斯保护基本概念

当在变压器油箱内部发生故障（包括轻微的匝间短路和绝缘破坏引起的经电弧电阻的接地短路）时，由于故障点电流和电弧的作用，将使变压器油及其他绝缘材料因局部受热而分解产生气体，因气体比较轻，它们将从油箱流向油枕的上部。当严重故障时，油会迅速膨胀并产生大量的气体，此时将有剧烈的气体夹杂着油流冲向油枕的上部。利用油箱内部故障的特点，可以构成反应于上述气体而动作的保护装置，称为瓦斯保护。

气体继电器是构成瓦斯保护的主要元件，它安装在油枕之间的连接管道上，如图 7-1 所示，这样油箱的气体必须通过气体继电器才能流向油枕。为了不妨碍气体的流通，变压器安装时应使顶盖沿气体继电器的水平面具有 1%～1.5% 的升高坡度，通往继电器的一侧具有 2%～4% 的升高坡度。

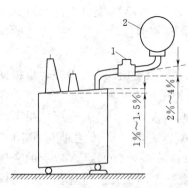

图 7-1 瓦斯保护装置的安装示意图
1—气体继电器；2—油枕

138

2. 气体继电器的构造和工作原理

气体继电器输出两类接点：变压器油箱内轻微故障时，轻瓦斯动作于信号回路；油箱内发生严重故障时，重瓦斯动作于跳闸回路，当大容量变压器设有消防系统时重瓦斯接点同时起动消防系统。

FJ3—80 型开口杯挡板式气体继电器内部结构如图 7-2 所示，正常运行时，上、下开口杯 2 和 1 都浸在油中，开口杯和附件在油内的重力所产生的力矩小于平衡锤 4 所产生的力矩，因此开口杯向上倾斜，干簧触点 3 断开。当油箱内部发生轻微故障时，少量的气体上升后逐渐聚集在继电器的上部，迫使油面下降。而使上开口杯露出油面，此时由于浮力减小，开口杯和附件在空气中的重力加上杯内油重所产生的力矩大于平衡锤 4 所产生的力矩，于是上开口杯 2 顺时针方向转动，带动永久磁铁 10 靠近干簧触点 3，使触点闭合，发出轻瓦斯保护动作信号。当变压器油箱内部发生严重故障时，大量气体和油流直接冲击挡板 8，使下开口杯 1 顺时针方向旋转，带动永久磁铁靠近下部干簧的触点 3 使之闭合，起动保护跳闸回路。

当变压器出现严重漏油而使油面逐渐降低时，首先是上开口杯露出油面，发出报警信号，然后下开口杯露出油面后也动作，重瓦斯接点闭合，起动保护跳闸回路。

如图 7-3 所示为 QJ1—80 型气体继电器的结构示意图。轻瓦斯部分与 FJ3—80 型气体继电器相同，重瓦斯部分由挡板 10、弹簧 9、双干簧触点 13 等组成。正常情况下，在弹簧 9 作用下，双干簧触点 13（串联使用）处于断开状态。油箱内部严重故障时，油、气流冲击挡板 10，克服弹簧的反作用力而使其倾斜，这时挡板 10 带动磁铁 4 使触点闭合，发出跳闸命令。

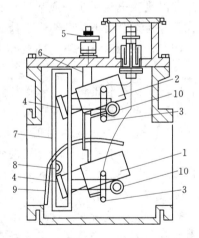

图 7-2　FJ3—80 型气体继电器的结构示意图

1—下开口杯；2—上开口杯；3—干簧触点；
4—平衡锤；5—放气阀；6—探针；
7—支架；8—挡板；9—进油挡板；
10—永久磁铁

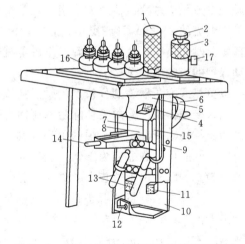

图 7-3　QJ1—80 型气体继电器结构示意图

1—罩；2—顶针；3—气塞；4—磁铁；5—开口杯；6—重锤；7—探针；8—开口销；9—弹簧；10—挡板；11—磁铁；12—螺杆；13—干簧触点；14—调节杆；15—干簧触点；16—套管；17—排气口

3. 瓦斯保护的整定

轻瓦斯保护的动作值采用气体容积表示。通常气体容积的整定范围为 $250 \sim 300 \text{cm}^3$。

对于容量在 10MVA 以上的变压器多采用 250cm^3。气体容积的调整可以通过改变重锤位置来实现。

重瓦斯保护的动作值采用油流流速表示，该流速是指导油管中油流的速度，一般整定范围在 $0.6 \sim 1.5 \text{m/s}$。QJ1—80 型气体继电器进行油流流速的调整时，可先松动调节螺杆 14，再改变弹簧 9 的长度，一般整定在 1m/s 左右。

瓦斯保护动作后，应从气体继电器上部排气口收集气体进行分析。根据气体的数量、颜色、化学成分、可燃性等判断保护动作的原因和故障的性质。

瓦斯保护能反应油箱内各种故障，且动作迅速、灵敏性高、接线简单，但不能反映油箱外的引出线和套管上的故障。

7.1.3 变压器纵差动保护

变压器纵差动保护的工作原理与线路纵差动保护的原理相同，都是基于基尔霍夫电流定律。比较被保护设备各侧电流的相位和数值的大小。

1. 变压器纵差动保护不平衡电流产生的原因

所有差动保护的核心问题都是不平衡电流问题，即不平衡电流的形成原因、数值计算以及减小不平衡电流以降低保护动作值、提高灵敏度的方法。变压器的纵差动保护在区外短路时的不平衡电流比线路纵差保护的不平衡电流大。除此之外，变压器差动保护还将面临励磁涌流的影响。

(1) 励磁涌流。

1) 励磁涌流的产生。励磁电流属于不平衡电流，由变压器的工作原理可知，变压器的励磁电流只流过变压器原方绕组。正常情况下，变压器的励磁电流很小，通常只有变压器额定电流的 $2\% \sim 10\%$ 或更小，故差动保护回路的不平衡电流也很小，可忽略不计。在外部短路时，由于系统电压下降，励磁电流也将减小。因此，在稳态情况下，励磁电流对差动保护的影响常常可略去不计。

以单相式变压器为例分析产生励磁涌流的原因，在电压突然变化的情况下，例如，在空载投入变压器或外部故障切除后电压回升等情况下，就可能产生很大的励磁电流，称为励磁涌流。稳态情况下铁芯中的磁通应滞后于外加电压 90°，假如在电压瞬时值 $u = 0$ 瞬间合闸，铁芯中的磁通应为 $-\Phi_m$，经过半个周期后铁芯中的磁通将达到 $+\Phi_m$；假设变压器剩磁为 $0.8\Phi_m$，由于铁芯中的磁通不能突变，合闸初瞬变压器铁芯磁通为 $0.8\Phi_m$，因此将出现一个非周期分量的暂态磁通，其幅值为 $1.8\Phi_m$，如图 7-4 所示。半个周波后磁通达到最大值，接近 $3\Phi_m$，导致铁芯严重饱和，产生很大励磁电流，这种暂态过程中出现的变压器励磁电流通常称为励磁涌流。磁通中的非周期分量随着时间逐渐衰减，最终励磁涌流也衰减为正常的励磁电流。励磁涌流的数值可达变压器额定电流的 $6 \sim 8$ 倍，其励磁涌流的大小与变压器内部故障时的短路电流接近。

单相变压器的励磁涌流的波形，如图 7-5 所示。

变压器励磁涌流大小与合闸时电压相位角、铁芯剩磁情况有关，上述讨论是指单相变压器的最严重情况的，实际上励磁涌流也可能较小甚至没有，但是对于三相变压器，无论在任何瞬间合闸，至少有两相会出现程度不同的励磁涌流。

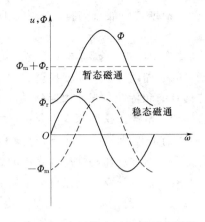

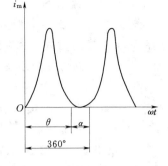

图 7-4　变压器电压与磁通波形图　　　　图 7-5　励磁涌流的波形图

2）励磁涌流的特点。如果由差动保护动作值躲避励磁涌流影响，由于励磁涌流数值大小与变压器内部短路电流接近，可能出现内部故障时差动保护拒动的情况。有效防止励磁涌流导致差动保护误动的方法是分析励磁涌流与短路电流的波形区别，利用其波形特点区别励磁涌流与内部故障，当发生励磁涌流时闭锁变压器差动保护。

从大量的实验及励磁涌流的波形可得到励磁涌流的特点如下：

a. 励磁涌流含有明显的非周期分量，使励磁电流波形明显偏于时间轴的一侧。

涌流衰减的快慢与变压器的容量有关，一般励磁涌流衰减到变压器额定电流的25％～50％所需时间，对中、小型变压器约为 0.5～1s，对于大型变压器约 2～3s。大型变压器的励磁涌流完全衰减要经几十秒。

变压器内部故障时短路电流初瞬值也含有非周期分量，当非周期分量衰减后短路电流由短路初瞬的冲击电流变成稳态短路电流，而励磁涌流变为稳态的励磁电流，数值由 6～8 倍额定电流衰减为 5％～10％的额定电流。

b. 励磁涌流中含有明显的高次谐波，如表 7-1 所示列出了单相变压器励磁涌流和内部短路故障时短路电流的谐波分析结果，其中励磁涌流以二次谐波为主，而短路电流中二次谐波成分很小。

表 7-1　　　　　　　　　　　励磁涌流实验数据举例　　　　　　　　　　单位：%

条　　件		谐波分量占基波分量的百分数					
		直流分量	基波	二次谐波	三次谐波	四次谐波	五次谐波
励磁涌流	第一个周期	58	100	62	25	4	2
	第二个周期	58	100	63	28	5	3
	第八个周期	58	100	65	30	7	3
内部短路故障电流	电流互感器饱和	38	100	4	32	9	2
	电流互感器不饱和	0	100	9	4	7	4

c. 励磁涌流的波形出现间断角，如图 7-5 所示，在一个周期中间断角为 α，而短路电流波形没有间断。

3）差动保护为应对励磁涌流所采取的措施。根据励磁涌流的特点，为了防止对差动保护的影响，变压器纵差保护常采用下述措施。

a. 采用带有速饱和变流器的差动继电器构成差动保护。差动电流不是直接进入电流继电器，而是经过一个变流器，这样差动电流中的非周期分量不能变换至二次侧进入电流继电器，而全部用于变流器励磁，变流器铁芯具有饱和特性，当非周期分量较大时铁芯迅速饱和，变速比下降，提高了整个差动继电器的动作电流。这种原理主要用于电磁型的差动继电器，如 BCH、DCD 系列，当差动电流中含有非周期分量（直流分量）时自动提高动作电流，非周期分量越大，动作电流值提高越多，这种动作特性称为直流助磁特性；主要缺点是动作电流较高、内部故障时可能动作速度较慢（需要等短路电流中的非周期分量衰减）。电磁型差动继电器技术落后，数量日益减少，目前主流的差动保护均是微机型的。微机型差动保护指励磁涌流含有较大非周期分量的特点采用了波形不对称判据，即差动电流正负半周严重不对称时判为励磁涌流情况，闭锁差动保护。

b. 利用二次谐波制动原理构成的差动保护。当差动电流中二次谐波含量较高时判为励磁涌流情况时，闭锁差动保护；或当差动电流中含有二次谐波时自动提高保护动作电流值，二次谐波含量越大，动作电流提高越多。二次谐波原理广泛应用于微机型差动保护。

c. 利用间断角原理构成的变压器差动保护。当差动电流波形具有间断角（如大于 $60°$ 时），判为励磁涌流情况，闭锁差动保护。

微机型变压器保护依赖对差动电流的波形进行分析来区分内部故障与励磁涌流情况，当内部故障电流很大导致 TA、继电保护变换器饱和时，电流在变送过程中会产生波形畸变，可能导致保护误判而拒动。因此，微机型变压器保护设有差动速断保护，当差动电流很大时不经励磁涌流闭锁直接动作于跳闸。

（2）其他产生不平衡电流的原因。

1）各侧电流互感器励磁特性不一致。与线路纵联差动保护类似，各侧电流互感器励磁电流之间不一致会形成变压器差动回路不平衡电流。由电流互感器的等值电路可知形成电流互感器误差的最根本的原因是励磁电流，而变压器各侧电流互感器励磁特性的差异则导致了变压器差动回路的不平衡电流。由于变压器各侧电流互感器型号不同，计算不平衡电流时 TA 同型系数一般取 1。

外部故障时有较大电流穿越变压器，不平衡电流也较大，与线路纵联差动保护类似，通常采用比率制动技术配合动作值整定躲过不平衡电流影响，当制动电流增大时自动提高动作电流。

2）变压器两侧电流相位不同。电力系统中变压器常采用 Y，d11 接线方式，因此，变压器两侧电流的相位差为 $30°$，若两侧的电流互感器采用相同的接线方式，则两侧对应相的二次电流也相差 $30°$，从而产生很大的不平衡电流。差动保护应采取相位补偿措施，即由电流互感器接线方式（将变压器星形侧的电流互感器接成三角形，将变压器三角形侧的电流互感器接成星形）补偿电流相位，或由微机型差动保护软件将变压器各侧二次电流相位调整至同相。

采用电流互感器接线补偿电流相位的方式在差动保护之外完成相位补偿，也称为外转角方式。补偿接线如图 7-6 所示。

如图 7-6 所示中的主变低压侧 TA 接线为星形，二次电流与一次电流同相；主变高压侧 TA 接线为三角形，与主变低压绕组接线相同，这样高压侧二次电流与一次电流存在相位差且与主变高、低压绕组之间的电流相位差相同，在差动回路中高、低压侧的二次电流相位相同，实现了相位补偿。A 相的高、低压一、二次电流相位关系如图 7-7 所示。

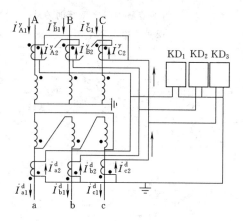

图 7-6　TA 补偿接线图

注意，采用如图 7-6 所示接线时，主变星形侧 TA 的变比应保证二次侧相电流为 $5/\sqrt{3}$ A，这样线电流为 5A，与另一侧的二次电流平衡。主变保护差动电流中不能含有零序电流分量，因为外部发生接地故障时零序电流经主变高压侧绕组由主变中性点入地，而主变低压侧可能没有零序电流流过，这样形成差动电流，导致主变保护误动。图 7-6 的补偿接线可以保证差动二次电流回路中无零序电流。当主变高压侧绕组发生接地故障时，即使差动电流中不含零序电流，故障电流中的正序、负序电流仍可以使主变差动保护动作。

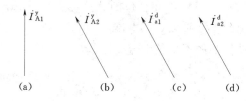

图 7-7　A 相电流相位关系图
(a) 高压侧一次电流；(b) 高压侧二次电流；
(c) 低压侧一次电流；(d) 低压侧二次电流

现代微机保护也可以采用内转角方式补偿主变各侧的电流相位，即主变各侧 TA 均接为星形，具有相位差的二次电流进入差动保护后由软件进行调整以消除相位差，这样 TA 的接线较为简化。在微机保护内部进行二次电流相位补偿同时，也需要考虑滤除二次电流中的零序电流，例如，对主变星形绕组侧二次电流做如下处理为

$$\begin{cases} \dot{I}'_A = (\dot{I}_A - \dot{I}_B)/\sqrt{3} \\ \dot{I}'_B = (\dot{I}_B - \dot{I}_C)/\sqrt{3} \\ \dot{I}'_C = (\dot{I}_C - \dot{I}_A)/\sqrt{3} \end{cases} \qquad (7-1)$$

将 $\dot{I}'_A$、$\dot{I}'_B$、$\dot{I}'_C$ 代入差动电流方程进行计算既补偿了二次电流相位又消除了零序电流。

3）电流互感器计算变比与实际变比不同。变压器高、低压两侧电流的大小不相等。从理论上讲，两侧 TA 按照各自的一次电流计算变比（二次额定电流均为 5A 或 1A），变压器正常运行或外部短路时，流入差动回路的电流为零。但实际上由于电流互感器在制造上的标准化，往往选出的是与计算变比相接近且较大的标准变比的电流互感器。这样，由于变比的标准化使得其实际变比与计算变比不一致，从而产生不平衡电流。

如表 7-2 所示，以一台容量为 31.5MVA、变比为 110/11 的 Y，d11 变压器为例，列出了由于电流互感器的实际变比与计算变比不等引起的不平衡电流。如表 7-2 所示，不平衡电流为 0.63A。

表7-2　计算变压器额定运行时差动保护臂中的不平衡电流

电　压　侧	110kV	11kV
主变一次额定电流/A	$\dfrac{31.5 \times 10^3}{\sqrt{3} \times 110} = 165$	$\dfrac{31.5 \times 10^3}{\sqrt{3} \times 11} = 1653$
TA 接线方式	d	Y
TA 计算变比 n	$\dfrac{\sqrt{3} \times 165}{5} = \dfrac{286}{5}$	$\dfrac{1653}{5}$
TA 实际变比 n	300/5	2000/5
TA 二次电流/A	$\dfrac{\sqrt{3} \times 165}{60} = 4.76$	$\dfrac{1653}{400} = 4.13$
不平衡电流/A	4.76－4.13＝0.63	

解决方法有：①在电流二次回路中可以加装辅助电流变换器调整各侧二次电流；②电磁型差动继电器为了解决 TA 变比标准化形成的不平衡电流，设有平衡线圈；③在微机型变压器保护的软件中采用补偿系数使差动回路的不平衡电流为最小。

4）变压器带负荷调节分接头。变压器带负荷调整分接头，是电力系统中调整电压的一种方法，改变分接头就是改变变压器的变比。整定计算中，差动保护只能按照某一变比整定，会出现新的不平衡电流，不平衡电流的大小与调压范围有关。例如，表7-2中主变改为 $110 \pm 4 \times 2.5\%/11$，当高压侧分接头改变时，高压侧额定电流随之改变而低压侧额定电流不变，必然产生新的不平衡电流。整定时按中间档位的分接头进行计算，由于分接头改变产生的不平衡电流为调整电压范围的 1/2 乘以穿越电流。

综合上述分析，在稳态情况下，变压器的差动保护的不平衡电流 $I_{\text{unb.max}}$ 为

$$I_{\text{unb.max}} = (K_{\text{ss}} \times 10\% + \Delta U + \Delta f) \frac{I_{\text{k.max}}}{n_{\text{TA}}} \qquad (7-2)$$

式中　10%——电流互感器允许的最大相对误差；

K_{ss}——电流互感器的同型系数，一般取1；

ΔU——由变压器带负荷调压所引起的相对误差，取电压调整范围的 1/2；

Δf——补偿电流互感器变比标准化时的误差；

$I_{\text{k.max}}/n_{\text{TA}}$——保护范围外部最大短路电流归算到二次侧的数值。

2. 主变差动保护的实现

(1) 电磁型。早期主变差动保护由电磁型差动继电器组成，如 BCH 系列、DCD 系列，共同特点是带有速饱和铁芯构成的变流器，利用直流助磁特性解决励磁涌流问题。发生励磁涌流时由于差动电流中直流成分较大，自动提高差动继电器的动作电流以躲过励磁涌流的影响。为了解决 TA 变比标准化形成的不平衡电流，设有平衡线圈，接于二次电流较小的差动臂中。还可以装设制动线圈以获得对穿越性电流形成的不平衡电流的制动作用。电磁型差动保护的动作电流一般在 1.5 倍额定电流以上。电磁型差动继电器曾广泛用于变压器差动保护、发电机差动保护、母线差动保护，目前在一些较低电压等级、较小容量、尚未完成技术改造的场所运行。

(2) 整流型。整流型差动保护，如 LCD 系列，带有电抗变换器，将二次电流转为电压后构成差动判据，同时依靠 LC 滤波电路，可以实现二次谐波闭锁（制动）防止励磁涌流导致保护误动，当发生励磁涌流时，差动电流中二次谐波比例较高，差动保护闭锁或提高动作电流。整流型差动保护的动作电流小于额定电流，同时为了防止内部故障短路电流过大导致 TA 及保护变换器饱和、电流波形畸变、保护拒动，设有不经涌流闭锁的高定值

的差动速断保护。整流型差动保护一般带有比例制动特性，目前主要在一些未改造的发电厂内运行。

（3）微机型。微机型变压器保护出现于 20 世纪 90 年代，目前新建项目及技术改造项目中，基本采用了微机型的变压器保护。差动保护与以下将要介绍的变压器后备保护由一个装置实现。采用波形对称判别、二次谐波闭锁、差动电流波形间断角鉴别原理解决励磁涌流问题，带有比例制动特性，利用软件可以实现相电流差动保护、相电流变化量差动保护和零序电流差动保护（用于联系两个大电流接地系统的联络变压器，如 242/121/10.5kV）。

7.1.4 变压器相间短路的后备保护及过负荷保护

为了防止外部短路引起的过电流和作为变压器纵差动保护、瓦斯保护的后备，变压器还应装设后备保护。变压器相间短路的后备保护既是变压器主保护的近后备保护，又是相邻母线或线路的相间短路故障的远后备保护。根据变压器容量的大小、变压器的性质、在系统中的地位及系统短路电流的大小，变压器相间短路的后备保护可采用过电流保护、低电压起动的过电流保护、复合电压起动的过电流保护或负序过电流保护以及阻抗保护等原理。

1. 过电流保护

保护的起动电流 I_{act} 按躲过变压器的最大负荷电流 $I_{L.max}$ 整定，即

$$I_{act} = K_{Ms} \frac{K_{rel}}{K_{re}} I_{L.max} \tag{7-3}$$

式中　K_{rel}——可靠系数，一般取为 1.2～1.3；

　　　K_{re}——返回系数，取为 0.85；

　　　K_{Ms}——自起动系数，与负荷性质及用户与电源间的电气距离有关；对 110kV 降压变电站的 6～10kV 侧，取 $K_{Ms}=1.5～2.5$ 之间；35kV 侧，取 $K_{Ms}=1.5～2.0$ 之间。

保护的动作时限应比相邻元件保护的最大动作时限大一个时限阶梯 Δt。

按以上条件选择的起动电流，其值一般较大，往往不能满足相邻元件后备保护的灵敏度要求，为此可以采取以下几种灵敏度更好的后备保护方案。

2. 低电压起动的过电流保护

过电流保护灵敏度不能满足要求时可以采用低电压起动的过电流保护。

低电压起动的过电流保护原理框图如图 7-8 所示，只有电流元件和电压元件同时动作后，才能起动时间继电器，经预定时间延时后起动出口中间继电器动作于跳闸。

低电压元件的作用是保证在外部故障切除、自起动过程中不动作，因而电流元件的起动电流就可以不再考虑躲过自起动电流，即

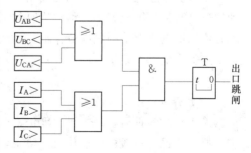

图 7-8　低电压起动的过电流保护原理框图

$$I_{act} = \frac{K_{rel}}{K_{re}} I_{N.T} \tag{7-4}$$

因而其动作电流比过电流保护的起动电流小，从而提高了保护的灵敏性。

低电压元件的起动电压应小于正常运行时最低工作电压，同时，外部故障切除后，电动机起动的过程中，它必须返回。根据运行经验，通常取

$$U_{act} = 0.7 U_{N.T} \tag{7-5}$$

式中　$U_{N.T}$——变压器的额定线电压。

为提高电压元件的灵敏度，可采用两套低电压元件分别接在变压器高、低压侧的电压互感器上，即电压元件或门逻辑关系上接 6 个低电压元件。

3. 复合电压起动的过电流保护

采用复合电压起动的过电流保护与低电压起动的过电流保护类似，由电流元件与电压元件构成与逻辑关系，只是电压元件由负序过电压元件与单相式低电压元件组成。不对称故障时，负序过电压元件有很高的灵敏度；对称故障时，依靠低电压元件起动电流元件，由于仅用于对称故障，低电压元件只需要一个。其原理如图 7-9 所示。

负序电压元件的起动电压按躲开正常运行情况下负序电压滤过器输出的最大不平衡电压整定。根据运行经验，一般取

$$U_{2.act} = (0.06 \sim 0.12) U_{N.T} \tag{7-6}$$

电流部分整定与低电压起动的过电流保护相同。

与低电压起动的过电流保护相比，复合电压起动的过电流保护电压起动部分灵敏度高且电压元件数量少，现场多采用复合电压起动的过电流保护。

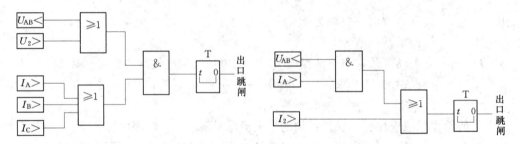

图 7-9　复合电压起动的过电流保护原理框图　　图 7-10　负序电流保护的原理框图

4. 负序过电流保护

变压器负序过电流保护的原理如图 7-10 所示。保护逻辑由负序过电流元件及低电压起动的过电流部分组成，不对称故障时利用负序过电流元件获得较高的灵敏度；三相对称故障时依靠低电压起动的过电流保护，显然这里低电压起动的过电流只需要单相式的。

一般负序电流可整定为

$$I_{2.act} = (0.5 \sim 0.6) I_{N.T} \tag{7-7}$$

5. 阻抗保护

当采用上述各种后备保护灵敏度仍不能满足要求时，必须采用低阻抗保护。用作后备保护的低阻抗保护一般由两段构成。第 I 段的保护范围包括变压器受电侧母线，第 II 段的保护范围为变压器受电侧引出线的末端。保护的阻抗元件一般采用偏移圆阻抗特性。接线

方式为三相式，电压回路设有断线闭锁装置，由于延时较长、能够躲过振荡，可不装设振荡闭锁装置。

6. 过负荷保护

过负荷保护用于变压器过载时发出警告信号，变压器的过负荷电流在大多数情况下都是三相对称的，因此只需装设单相式过负荷保护，带时限动作于信号。在无人值守的变电所，必要时，过负荷保护可动作于跳闸或断开部分负荷。

过负荷保护的动作电流，应按躲开变压器的额定电流整定，即

$$I_{\text{act}} = \frac{K_{\text{rel}}}{K_{\text{re}}} I_{\text{N.T}} \qquad (7-8)$$

式中　K_{rel}——可靠系数取 1.05；

　　　K_{re}——返回系数取 0.85。

为了防止过负荷保护在外部短路时误动作，其时限应比变压器的后备保护动作时限大一个 Δt。一般取 5～10s。

需要注意的是，三绕组变压器后备保护出口跳闸方案与主保护不同，保护动作不一定跳开主变三侧断路器，例如，降压变低压侧后备动作，只需要跳开主变低压侧断路器而继续向中压侧供电。同时，如果变压器各侧母线上设有母联断路器、分段断路器，且正常运行时母联断路器、分段断路器合闸，主变后备保护动作时首先以较短的时限跳开母联断路器、分段断路器，缩小故障范围；再经一定延时跳开主变侧断路器。如果，三绕组变压器有两侧连接电源，依靠时限配合无法保证选择性，主变后备保护还可以带有方向性。三绕组变压器后备保护方案配置相对复杂，必须根据具体情况依据规程进行。

7.1.5　变压器接地短路的后备保护

在大接地电流电网中，接地故障的几率较高，如果运行中变压器中性点接地，当发生接地故障时零序电流经过变压器高压绕组由中性点入地；若变压器中性点不接地运行，变压器中性点对地电压为高压侧母线上的零序电压，可能损坏变压器高压绕组绝缘。因此，大接地电流电网中的变压器应装设接地故障（零序）保护，作为变压器主保护的后备保护及相邻元件接地故障的后备保护。

变压器中性点是否接地运行取决于变压器结构和中性点绝缘水平。自耦变压器中性点必须接地运行，500kV 主变由于中性点绝缘水平较低（仅 38kV），中性点也必须接地运行。其他类型的主变中性点设有接地刀闸，可以接地运行，也可以不接地运行，应综合电力系统发生接地故障时健全相电压升高、零序电流限制以及零序电流灵敏度等因素安排主变中性点的运行方式。

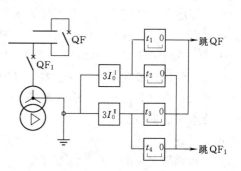

图 7-11　中性点直接接地运行变压器零序电流保护原理示意图

1. 中性点直接接地变压器的零序电流保护

如图 7-11 所示，这种变压器接地短路的后备保护采用零序电流保护，零序电流取变压

147

器中性点电流互感器。一般配置两段式零序电流保护，为了缩小接地故障的影响范围，每段还各带两级延时，其中较短的延时用于跳开母联断路器或分段断路器。

零序电流保护Ⅰ段与相邻元件接地保护Ⅰ段配合，通常以较短延时 $t_1 = 0.5 \sim 1.0s$ 动作于母线解列，即断开母联断路器或分段断路器，以缩小故障影响范围；以较长的延时 $t_2 = t_1 + \Delta t$ 断开变压器高压侧断路器。

零序电流保护Ⅱ段与相邻元件接地后备段配合，通常 t_3 应比相邻元件零序保护后备段最大延时大一个 Δt，以断开母联断路器或分段断路器，$t_4 = t_3 + \Delta t$ 动作于断开变压器高压侧断路器。

2. 中性点可能接地或不接地运行时变压器的零序电流电压保护

主变中性点接地运行时可以采用前面介绍的两段式零序电流保护作为接地故障后备保护；对于中性点不接地运行的主变，应采用零序电压保护构成接地故障后备保护。考虑变压器中性点运行方式可能变化，中性点可能接地或不接地运行时变压器同时配有零序电流保护、零序电压保护。

除了注意主变接地后备保护动作时首先跳开母联断路器、分段断路器以缩小故障范围，还需要考虑多台主变在一条母线上运行时的选跳顺序。主变高压侧外部发生接地故障对主变的危害是零序电流流过中性点接地运行的主变高压侧绕组；而零序电压导致中性点不接地运行的主变中性点对地产生高压，尤其是当中性点接地的主变先跳开、局部失去接地点时，母线零序电压即不接地运行主变的中性点对地电压将升高。变压器接地后备保护的选跳顺序与变压器中性点绝缘水平有关，根据中性点绝缘水平，变压器可分为全级绝缘、分级绝缘两大类，下面分别介绍变压器接地后备保护方案。

（1）全级绝缘变压器。变压器全级绝缘是指变压器绕组各处的绝缘水平相同，中性点不接地运行的主变能够耐受接地故障造成的中性点过压，因此当发生外部接地故障时，首先跳开中性点接地运行的主变以减少零序电流对高压绕组的损坏，然后再跳开中性点不接地运行的主变。全绝缘变压器零序保护原理如图 7-12 所示。图中零序电流保护部分与前面介绍的两段式零序电流保护相同，用于变压器中性点接地运行情况。零序电压保护作为变压器不接地运行时的保护，零序电压元件的动作电压应按躲过在部分接地的电网中发生接地短路时保护安装处可能出现的最大零序电压整定，其动作电压较高。当中性点接地运行主变未跳开时，零序电压保护不动作；只有当中性点接地运行主变全部切除后，高压侧母线处零序电压升高，零序电压保护才动作，切除中性点不接地运行主变。

如图 7-12 所示方案中接地后备保护选跳顺序由零序电压元件动作电压保证，动作时限 t_5 只是为了避开电网单相接地短路时暂态过程影响，一般取 $0.3 \sim 0.5s$ 之间。

（2）分级绝缘变压器。变压器分级绝缘指变压器绕组各处的绝缘水平不同，中性点绝缘水平低于绕组其他部分。分级绝缘变压器又分为较高绝缘水平与较低绝缘水平，其中较低绝缘水平的变压器（如 500kV 主变）中性点必须接地运行，前面已经介绍了接地后备保护方案。

较高绝缘水平的分级绝缘变压器，其中性点可直接接地运行，也可在系统不失去中性点接地的情况下不接地运行，接地后备保护的选跳顺序与变压器中性点是否配有放电间隙保护有关。如果变压器中性点仅配有避雷器，不接地运行主变的中性点不能承受接地运行主变跳开后产生的较高的零序电压，外部发生接地故障时应当保证先跳开中性点不接地运行的主变，再跳开中性点接地运行主变，这种情况下接地后备保护配置与图7-12相似，只是零序电压元件动作电压较低，零序电压保护动作时限与零序电流保护配合，短于零序电流保护动作时间，保证先切除中性点不接地运行主变。

多数情况下，变压器中性点除配有避雷器，还配有放电间隙保护。由于配有放电间隙，当零序电压不太高、放电间隙未被击穿时，首先跳开中性点接地运行主变，再跳开中性点不接地运行主变；若零序电压较高、放电间隙被击穿，则立即由放电间隙电流保护切除不接地运行的主变。中性点配有放电间隙的变压器接地后备保护原理如图7-13所示，对比图7-12，除了增设一个放电电流保护，其他部分完全相同。

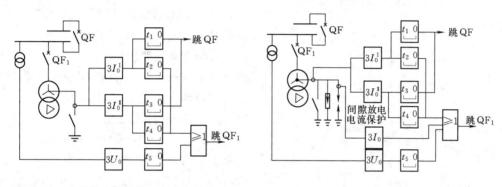

图7-12　全绝缘变压器接地后备保护示意图　　图7-13　分级绝缘变压器接地后备保护示意图

7.2　同步发电机保护

7.2.1　发电机保护概述

1. 故障类型及异常工作状态

发电机的安全运行对保证电力系统的正常工作和电能质量起着决定性作用，同时发电机本身也是十分贵重的元件，因此，应该针对各种不同的故障和不正常运行状态装设性能完善的继电保护装置。

发电机主要由定子与转子两大部分组成，因而发电机故障包括定子故障与转子故障。其故障类型主要有定子绕组相间短路、定子绕组匝间短路、定子绕组单相接地、转子绕组一点接地或两点接地、转子励磁回路励磁电流急剧下降或消失等。

发电机异常工作情况主要有：由于外部短路引起的定子绕组过电流以及过负荷将造成定子温度升高、绝缘加速老化、机组寿命缩短；外部不对称短路或负荷不对称而引起的发电机负序过电流和不对称过负荷；定子绕组负序电流在转子中感应出100Hz的倍频电流，可使转子局部灼伤或使护环受热松脱，引起发电机的振动；由于突然甩负荷引起的发电机过电压；由于励磁回路故障或强励时间过长而引起的转子绕组过负荷；汽轮机主汽门突然关闭引起的发电机逆功率运行等。

2. 保护配置

针对上述故障类型及不正常运行状态，发电机应装设以下继电保护装置。

(1) 对于 1MW 以上发电机的定子绕组及其引出线的相间短路，应装设纵联差动保护。

表 7-3　发电机定子绕组单相接
地故障电流允许值

发电机额定电压 /kV	发电机额定容量 /MW		接地电流允许值 /A
6.3	不大于 50		4
7.25	汽轮发电机	50～100	3
	水轮发电机	10～100	
13.8～15.75	汽轮发电机	125～200	2
	水轮发电机	40～225	
18～20	300～600		1

(2) 对于接于母线的发电机定子绕组单相接地故障，当发电机电压网络的接地电容电流大于或等于如表 7-3 所示规定的电流允许值时（不考虑消弧线圈的补偿作用），应装设动作于跳闸的零序电流保护；当接地电容电流小于如表 7-3 所示规定的电流允许值时，则装设作用于信号的接地保护。

对于发电机变压器组，一般在发电机电压侧装设作用于信号的接地保护；当发电机电压侧接地电容电流大于接地电流允许值时，应该装设消弧线圈。

容量在 100MW 及以上的发电机，应装设保护区为 100％的定子接地保护。

(3) 对于发电机定子绕组的匝间短路，当绕组接成星形且每相中有引出的并联支路时，应装设单元件式的横联差动保护。

(4) 对于发电机外部短路引起的过电流，可采用下列保护方式：

1) 负序过电流及单相式低电压起动过电流保护，一般用于 50MW 及以上的发电机。

2) 复合电压（负序电压及线电压）起动的过电流保护。

3) 过电流保护，用于 1MW 以下的小发电机。

(5) 对于由不对称负荷或外部不对称短路而引起的负序过电流，一般在 50MW 及以上的发电机上装设负序电流保护。

(6) 对于由对称负荷引起的发电机定子绕组过电流，应装设接于一相电流的过负荷保护。

(7) 对于水轮发电机定子绕组过电压，应装设带有延时的过电压保护。

(8) 对于发电机励磁回路的接地故障，应采用以下保护措施：

1) 水轮发电机一般装设一点接地保护，小容量机组可采用装设定期绝缘检测装置。

2) 对汽轮发电机励磁回路的一点接地，一般采用定期检测装置；对大容量机组则可以装设一点接地保护；对两点接地故障，应装设两点接地保护，并在励磁回路发生一点接地后投入。

(9) 对于发电机励磁消失的故障，在发电机不允许失磁运行时，应在自动灭磁开关断开时连锁断开发电机的断路器；对采用半导体励磁以及 100MW 及以上的电机励磁的发电机，应采用增设直接反应发电机失磁时电气参数变化的专用失磁保护。

(10) 对于转子回路的过负荷，在 100MW 及以上并采用半导体励磁系统的发电机上应装设转子过负荷保护。

（11）对于汽轮发电机主汽门突然关闭，为防止汽轮机遭到损坏，对大容量的发电机组可考虑装设逆功率保护。

（12）其他的异常工况保护。当电力系统振荡影响机组安全运行时，在300MW及以上机组上宜装设失步保护；当汽轮机低频运行造成机械振动，叶片损伤对汽轮机危害极大时，可装设低频保护；当水冷却发电机断水、漏水时，可装设断水或漏水保护；防止出口断路器断口闪络而装设断路器断口逆闪络保护等。

发电机的各种保护，根据故障和异常运行方式的性质，应当分别动作于：

1）停机：断开发电机断路器、灭磁，对汽轮发电机，还要关闭主汽门；对水轮发电机还要关闭导水翼。

2）解列灭磁：断开发电机断路器，灭磁，汽轮机甩负荷。

3）解列：断开发电机断路器，汽轮机甩负荷。

4）减出力：将原动机出力减到给定值。

5）缩小故障影响范围：例如，双母线系统断开母联断路器等。

6）程序跳闸：对于汽轮发电机首先关闭主汽门，待逆功率继电器动作后，再跳开发电机断路器并灭磁。对于水轮发电机，首先将导水翼关到空载位置，再跳开发电机断路器并灭磁。

7）信号：发出声光信号。

7.2.2 发电机的纵差保护

发电机定子绕组相间短路是发电机内部的严重故障，要求装设快速动作的保护装置，装设分相纵联差动保护作为发电机定子绕组及其引出线相间短路的主保护。同为电流差动保护，与线路纵差保护、变压器纵差保护相同，发电机纵差保护的理论基础仍是基尔霍夫电流定律；同样采用比率制动技术防止外部故障时差动保护误动、提高内部故障时差动保护的动作灵敏度。发电机纵差保护电流分别取机端TA和中性点TA，如图7-14所示。

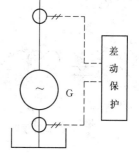

图7-14 发电机纵差保护原理示意图

大型发电机常采用"发电机—变压器组"（简称"发变组"）接线，如图7-15所示，发变组范围内发生故障时，保护跳开变压器高压侧断路器QF₂，整个发变组停运，发电机与变压器之间可不装设断路器QF₁。发变组纵差保护配置如图7-15所示，图中（a）方案将发电机、变压器纵差保护合并为发变组纵差保护，简化了保护配置；图中（b）方案同时配有发变组大差以及发电机小差，发电机实现了主保护双重化；图中（c）方案配置了发变组大差以及发电机小差、变压器小差，各元件均实现了主保护双重化。

注意，发电机有高压厂用变压器（简称高厂变）、励磁变压器（简称励磁变）分支时，高厂变、励磁变分支的电流也应接入发电机差动保护以及发变组差动保护电流回路，另外高厂变也可配置高厂变差动保护。

与变压器纵差保护相比，发电机中性点与机端TA励磁特性相近、计算不平衡电流时

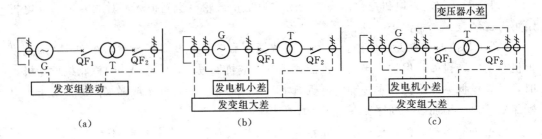

图 7 - 15　发变组纵差保护配置图

（a）发变组配一套差动；（b）配置一套大差、一套小差；（c）配置一套大差、两套小差

TA 同型系数取 0.5；两侧 TA 变比相同、没有 TA 变比标准化形成的不平衡电流；不存在励磁涌流；没有电压分接头调整形成的不平衡电流，发电机纵差保护不平衡电流为

$$I_{unb.max} = K_{ss} \times 10\% \times K_{ap} \frac{I_{k.max}}{n_{TA}} \tag{7-9}$$

式中　10%——电流互感器允许的最大相对误差；

$\quad\quad K_{ss}$——电流互感器的同型系数，取为 0.5；

$\quad\quad K_{ap}$——非周期分量系数，根据保护抗非周期分量能力取 1～2。

由式（7-9）可见，当发生外部故障时发电机纵差保护的不平衡电流小于变压器纵差保护，但是当在发电机中性点附近发生故障时，故障电流很小，发电机纵差保护存在"死区"，采用比率制动技术提高发电机纵差保护灵敏度后可以减小"死区"范围。发电机纵差保护差动电流起动值按照躲过负荷电流形成的不平衡电流整定，一般建议取（0.2～0.3）$I_{N.G}$。

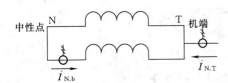

图 7 - 16　发电机不完全纵差
保护单相原理示意图

发电机纵差保护以机端两相短路校验灵敏度系数，要求灵敏系数不低于 2。

大型发电机由于定子电流很大，往往定子绕组有两个或更多的分支，如图 7-16 所示为定子绕组分支数 $a=2$ 的情况。如果发电机纵差保护中性点侧电流仅取一个分支的，称为不完全纵差保护；前面介绍的中性点侧电流全部接入的纵差保护（如图 7-14、图 7-15 所示），又称为发电机完全纵差保护。

注意，采用不完全纵差保护时，差动电流为

$$\dot{I}_d = \dot{I}_T + K_b \times \dot{I}_{N.b} \tag{7-10}$$

式中　K_b——分支系数，如图 7-16 所示情况下 $K_b=2$。

如果发电机发生定子绕组相间短路时，不完全纵差保护动作；若发电机内部匝间短路及分支开焊故障时，故障相两个分支的电流不相等，不完全纵差保护也会动作。不完全纵联差动保护，适用于每相定子绕组为多分支的大型发电机，除了能反应于发电机相间短路故障，还能反应于定子线棒开焊及分支匝间短路。

标积制动是一种先进的比率制动方式，外部故障时制动电流较大、内部故障时制动电流较小，可以进一步提高差动保护灵敏度。标积制动方式下制动电流为

当 $\cos(180° - \theta) \geqslant 0$ 时 $\qquad I_{\text{brk}} = \sqrt{|I_{\text{N}} I_{\text{T}} \cos(180° - \theta)|}$ $\qquad$ (7-11)

当 $\cos(180° - \theta) < 0$ 时 $\qquad I_{\text{brk}} = 0$

式中 $\quad I_{\text{T}}$、I_{N}——发电机机端、中性点电流；

$\qquad \theta$——I_{T}、I_{N} 之间的相位角。

当发电机区内故障时，由于 $\theta \approx 0°$，$\cos(180° - \theta) \approx -1$，此时无制动量，提高了差动保护的灵敏度；区外故障时，由于 $\theta \approx 180°$，$\cos(180° - \theta) \approx 1$，此时有很大的制动量，提高了躲避区外故障差动保护不平衡电流的能力。

7.2.3 发电机定子绕组匝间短路保护

1. 概述

当发电机定子一个线槽内的两个线棒属于同一相绕组时，如果绝缘破坏，会导致匝间短路；容量较大的发电机每相都有两个或两个以上的并联支路，如果同槽的两个线棒属于同一相、不同分支的绕组，也会导致匝间短路。定子绕组的匝间短路包括同相同分支绕组匝间短路、同相不同分支间的短路，如图 7-17 所示，图中 α、α_1、α_2 以相应的绕组匝数占整个绕组匝数的百分比表示故障程度或故障位置。

定子绕组发生匝间短路时，短路电流在绕组内部形成环流，纵差保护不能反应，应对定子绕组匝间短路装设专门的定子绕组匝间短路保护。

发电机发生匝间短路时，短路电流会导致故障点、线圈温度升高，进一步破坏绕组绝缘，

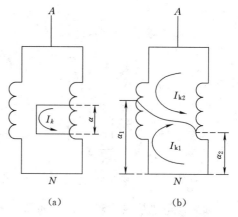

图 7-17 定子绕组匝间短路示意图
(a) 同分支匝间短路；(b) 不同分支匝间短路

故障可能发展为相间短路，因此应该由匝间短路保护动作于停机。定子绕组匝间短路时，可用于构成保护判据的电气量特征有：①并联分支之间电流不平衡；②故障相电势下降，各相电势不对称，产生零序、负序电势；③定子绕组中流过负序电流。定子绕组发生开焊事故时，分支之间电流不平衡、相电流不对称，匝间短路也会动作，因此发电机定子绕组匝间短路保护兼作定子绕组开焊事故保护。有些发电机由于制造的原因中不存在同一个线槽内上、下层线棒属于同一相绕组的情况，不存在匝间短路的可能，此时仍可装设匝间短路保护作为定子绕组开焊事故的保护；也有某些发电机考虑开焊事故概率很小而不装设匝间短路保护。

发电机定子匝间短路保护有多种方案，应根据发电机定子绕组结构、TA 安装的具体情况确定保护方案。GB 14285—2006《继电保护和安全自动装置技术规程》规定：

(1) 对于定子绕组为星形接线、每相有并联分支且中性点有分支引出端子的发电机，应装设单元件横差保护。

(2) 50MW 及以上发电机，当定子绕组为星形接线，中性点只有 3 个引出端子时，根据用户和制造厂的要求，装设专用的匝间短路保护。

2. 单元件横联差动保护

发电机横联差动保护，简称横差保护，用于发电机定子绕组有分支的情况，利用发生匝间短路时分支电流不平衡构成保护判据。

如图 7-18 所示为裂相横差保护单相原理接线，两个分支 TA 接成差电流接线，形成的差动电流接入保护，差动电流大于整定值时保护动作。安装裂相横差保护需要发电机每个分支的机端均装设电流互感器。发电机分支上的 TA 需要安装在发电机内部，大型发电机可能限于内部空间，难以安装 6 个机端分支 TA，也就无法采用裂相横差保护。

如果同分支匝间短路匝数较少〔如图 7-17（a）所示 α 较小〕，或不同分支匝间短路位置接近〔如图 7-17（b）所示 $\alpha_1 \approx \alpha_2$〕，短路电流较小，则横差保护存在"死区"。

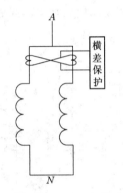

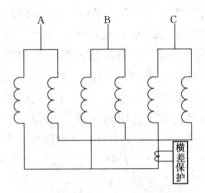

图 7-18　裂相横差保护单相原理示意图　　图 7-19　单元件横差保护示意图

如果发电机接线为双 Y 形，如图 7-19 所示，利用两个中性点之间连线上的电流也可以构成横差保护，因为只需要一组 TA 及保护，所以称为单元件横差保护。无论哪一相绕组发生匝间短路，中性点连线上均有电流流过。单元件横差保护的动作电流考虑躲过正常运行情况下的不平衡电流，根据经验一般可取 $(0.2 \sim 0.3) I_{\text{N.G}}$。

由于发电机固有的三次谐波电流呈现零序特征，会流过两个中性点之间，发电机单元件横差保护，需要考虑滤除电流中的三次谐波防止误动。横差保护瞬时动作于停机，但汽轮发电机励磁回路在转子一点接地后，为防止横差保护在励磁回路发生瞬时第二点接地时误动作，可将其切换为带有 0.5～1.0s 短时限动作于停机。

3. 反应转子回路二次谐波电流的匝间短路保护

当定子绕组为星形接线，中性点只有 3 个引出端子时，由于没有安装分支 TA 及中性点连线 TA，无法采用横差保护，此时可以利用发电机定子绕组发生匝间短路或线棒开焊故障时三相定子电流中出现负序分量的特征构成匝间短路保护判据。

当发电机定子绕组发生匝间短路或线棒开焊故障时，三相定子电流中出现负序分量，定子负序电流产生的合成旋转磁势与正序旋转磁势相反，负序合成旋转磁势与发电机转子之间相对运动速度为两倍同步转速，在发电机励磁线圈中感应出二次谐波电流。因此，可利用转子回路出现二次谐波电流为判据，构成发电机匝间短路保护。

当发电机外部发生不对称短路时，三相定子电流中也有负序分量，转子励磁绕组中也

154

会出现二次谐波电流，为防止这种情况下匝间短路保护误动，可以采用负序功率方向元件闭锁保护的出口回路，由负序方向元件区分匝间短路与外部不对称短路，反应转子回路二次谐波电流的匝间短路保护原理如图 7 - 20 所示，由转子绕组二次谐波电流检测元件与负序方向元件组成。

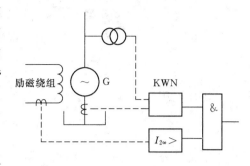

图 7 - 20 反应转子回路二次谐波电流的匝间短路保护图

匝间短路时，发电机发出负序电势，产生负序电流；外部不对称短路时，可以认为在故障点施加负序电源，两种情况下负序功率方向相反。

4. 纵向零序电压式匝间短路保护

发生匝间短路时，发电机三相电势不对称，产生零序电势（又称为纵向零序电压），由发电机端 TV 测得的零序电势可以构成匝间短路判据。注意为了测发电机相电势，匝间短路保护使用一组专用的 TV，专用 TV 中性点与发电机中性点连接而不接地。

发电机电压系统发生单相接地故障时，三相对地电压不对称，产生零序电压，但发电机相电势仍然对称，没有纵向零序电压，这时发电机纵向零序电压式匝间短路保护不会动作。输入纵向零序电压式匝间短路保护的电压量是三相定子绕组机端对发电机中性点的电压，即相电势（纵向电压）；后面将要介绍的发电机定子绕组单相接地保护则利用机端对地零序电压构成保护判据。纵向零序电压式匝间短路保护同样也可以加入负序方向元件，在外部不对称短路时闭锁匝间短路保护。

7.2.4 发电机定子绕组的单相接地保护

根据安全要求，发电机的外壳都是接地的，因此，定子绕组因绝缘破坏而引起的单相接地故障比较普遍。发电机中性点一般不接地或经过消弧线圈接地，发生单相接地故障时没有很大的短路电流，故障电流为电容电流。当接地电流比较大，能在故障点引起电弧时，将损伤定子铁芯，并且也容易发展成相间短路，造成更大的危害。为了防止单相接地故障损坏发电机，可装设消弧线圈将接地电容电流限制在安全范围以内，发生单相接地故障时，由发电机定子绕组单相接地保护发出信号；如果接地电容电流超过允许值，单相接地保护则动作于跳闸。

1. 发电机定子绕组单相接地的特点

发电机、升压变低压侧中性点不直接接地运行，整个发电机电压系统为小电流接地系统，发生单相接地时的电气量分析方法和特点与 2.4 节介绍的 $10\sim35kV$ 供电系统单相接地故障分析一样，不同之处在于零序电压将随发电机内部接地点的位置而改变。

如图 7 - 21 （a）所示，假设在 A 相定子绕组距中性点 α 处发生接地故障，α 表示中性点到故障点的绕组占全部绕组匝数的百分数，则发电机端各相对地电压为

$$\begin{cases} \dot{U}_\text{A} = (1-\alpha)\dot{E}_\text{A} \\ \dot{U}_\text{B} = \dot{E}_\text{B} - \alpha\dot{E}_\text{A} \\ \dot{U}_\text{C} = \dot{E}_\text{C} - \alpha\dot{E}_\text{A} \end{cases} \tag{7-12}$$

因此，零序电压为

$$3\dot{U}_0 = \dot{U}_\text{A} + \dot{U}_\text{B} + \dot{U}_\text{C} = -3\alpha\dot{E}_\text{A} \tag{7-13}$$

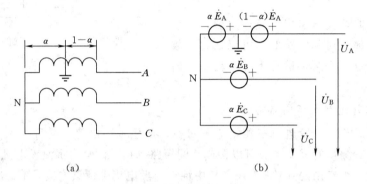

图 7-21 定子绕组单相接地零序电压分析示意图
(a) 接地点位置；(b) 等效电路

2. 利用零序电压构成的定子绕组单相接地保护

发电机绕组单相接地的零序电压保护，其电压取自机端 TV 开口三角形。发电机正常运行时，相电压中具有三次谐波、呈零序特性，因此单相接地保护中设有滤波电路滤去三次谐波。为了保证动作的选择性，保护装置的动作电压整定值应避开正常运行时的不平衡电压，根据运行经验，零序电压保护的动作电压一般整定为 5～15V。中性点附近发生接地故障时，零序电压很小，零序电压保护在中性点附近存在"死区"，"死区"为 5%～15%。

3. 双频式 100% 保护区定子绕组单相接地保护

利用零序电压构成的接地保护不能实现 100% 保护区。对于大容量的机组，一般动作绕组采用水内冷，由于振动较大而产生的机械损伤或发生漏水（指水内冷的发电机）等原因，都可能使靠近中性点附近的绕组发生接地故障。因此，对大型发电机组（100MW 以上），应采取装设具有 100% 保护区的定子接地保护措施。

双频式 100% 定子接地保护又称利用基波零序电压和三次谐波电压构成的 100% 保护区定子接地保护，由两部分组成：①基波零序电压保护，如上所述它能保护定子绕组的 85%～95% 的区域；②三次谐波电压保护，利用三次谐波电压构成保护判据，用以消除零序电压保护在发电机中性点附近的"死区"。两部分的保护区相互重叠，构成或逻辑关系，获得 100% 保护区。双频式 100% 定子接地保护中零序电压部分前面已经介绍过，下面介绍三次谐波电压保护部分。

由于发电机气隙磁通密度的非正弦分布和铁磁饱和的影响，在定子绕组中感应的电势除基波分量外，还含有高次谐波分量，其中三次谐波含量最高，约有百分之几，以 $E_{3\omega}$

表示。

如果把发电机的对地电容等效地看作集中在发电机的中性点 N 和机端 T 处，每端为 $C_G/2$，并将发电机端引出线、升压变压器、厂用变压器以及电压互感器等设备的对地电容 C_S 也等效地放在机端．则正常运行情况下的等效网络如图 7-22（a）所示，可以看出由于中性点处等效电容小、容抗大，$U_{3\omega,N} > U_{3\omega,T}$。中性点处装设消弧线圈后，经分析发现，仍然是 $U_{3\omega,N}$ 较大，而且 $U_{3\omega,N}/U_{3\omega,T}$ 更大（这里略去推导过程）。不难看出，三次谐波电压保护的判据为

$$U_{3\omega,T} > U_{3\omega,N} \tag{7-14}$$

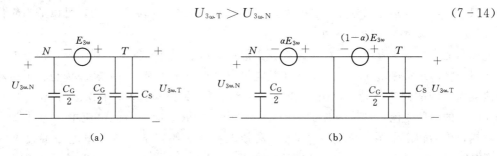

图 7-22 发电机三次谐波电压示意图
(a) 正常运行；(b) 单相接地

如图 7-22（b）所示，定子绕组单相接地时

$$U_{3\omega,N} = \alpha E_{3\omega}, \quad U_{3\omega,T} = (1-\alpha)E_{3\omega} \tag{7-15}$$

对照保护判据 [式（7-13）]，$\alpha < 50\%$ 的区间为保护区，而且越靠近中性点，α 越小，$U_{3\omega,T}/U_{3\omega,N} = (1-\alpha)/\alpha$ 越大，三次谐波电压保护灵敏度越高。

4. 附加电源的定子绕组单相接地保护

附加电源的定子绕组单相接地保护使用专用 TV 将附加电源施加于发电机三相绕组对地之间，通过检测回路电流来发现定子绕组接地情况，正常运行时绝缘电阻很大、电流很小，定子绕组绝缘下降、发生接地故障时，电流增大，保护动作。附加的电源可以为直流，也可以是 $15\sim25\mathrm{Hz}$ 的异频交流电源。附加电源的定子绕组单相接地保护灵敏度与接地点位置无关，本身就具有 100% 保护区。如果附加直流电源，发电机中性点必须串入隔直电容；如果是附加异频交流电源，需要考虑定子绕组对地电容的影响。

需要指出，目前大型发电机组，中性点运行方式以及定子绕组单相接地时保护行为与以往的规定有所不同。例如，1000MW 汽轮发电机组中性点经高电阻接地，发生定子绕组单相接地故障时可以直接跳机。这些与机组特点有关，同时也与电网的运行状态相关。

7.2.5 发电机相间短路后备保护与负序电流保护

1. 发电机相间短路后备保护

与变压器相同，发电机也应配置后备保护作为本身主保护的近后备保护以及相邻元件保护的远后备保护，由于升压变低压侧为三角形接线，外部发生接地故障时无零序电流进入发电机，发电机不需要配置接地故障后备保护。

针对如下情况，发电机应配置相间短路的后备保护：

（1）发电机外部故障，而故障元件的保护或断路器拒动时。

（2）发电机电压母线上发生短路而该母线又未装设专用保护时。

（3）发电机内部发生相间短路，纵差动保护拒动时。

发电机的后备保护原理与变压器相同，可采用低电压或复合电压起动的过电流保护或负序电流保护、阻抗保护，一般采用负序电流保护，兼起转子表层过热主保护作用。300MW 及以上机组推荐采用阻抗保护。

如果是发变组接线，可以只配置一套发变组相间短路后备保护；若发变组差动保护配置双重化，相间短路后备保护主要考虑对相邻元件保护起远后备作用，可以适当简化。

2. 发电机的负序电流保护

当电力系统中发生不对称短路或在正常运行情况下三相负荷不平衡时，在发电机定子绕组中将出现负序电流。负序电流在发电机空气隙中建立的负序旋转磁场与转子相对运动速度为二倍的同步转速，因此将在转子绕组、阻尼绕组以及转子铁芯等部件上感应出 100Hz 的倍频电流，产生附加的涡流发热；由于集肤效应，倍频电流主要导致转子表层发热，称为转子表层过负荷（过热）。倍频电流可能使转子某些上电流密度很大的部位（如转子端部、护环内表面等）出现局部灼伤，甚至可能使护环受热松脱，从而导致发电机的重大事故。此外，负序气隙旋转磁场与转子电流之间，以及正序气隙旋转磁场与定子负序电流之间所产生的 100Hz 交变电磁转矩同时作用在转子大轴和定子机座上，引起 100Hz 的振动，影响发电机安全。

负序电流在转子中所引起的发热量正比于负序电流的平方及所持续时间的乘积。在最严重的情况下，假设发电机转子为绝热体（即不向周围散热），即不使转子过热所允许的负序电流和时间的关系为

$$\int_0^t i_{2*}^2 \, dt = I_{2*}^2 t = A \qquad (7-16)$$

式中　i_{2*}^2——流经发电机的负序电流（以发电机额定电流为基值的标么值）；

　　　t——i_{2*} 所持续的时间；

　　　I_{2*}^2——在时间 t 内 i_{2*}^2 的平均值（以发电机额定电流为基准的标么值）；

　　　A——与发电机型式和冷却方式有关的常数。

关于 A 的数值，应采用制造厂所提供的数据。其参考值为对凸极式发电机或调相机可取 $A=40$；对于空气或氢气表面冷却的隐极式发电机可取 $A=30$；对于导线直接冷却的 $100\sim300$MW 汽轮发电机可取 $A=6\sim15$ 等数值。随着发电机组容量的不断增大，它所允许的承受负序过负荷的能力也随之下降，例如，600MW 汽轮发电机 A 的设计值为 4。发电机允许负序电流与持续时间的关系如图 7-23 所示。

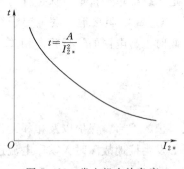

图 7-23　发电机允许负序电流持续时间图

发电机的负序电流保护以定子负序电流构成保护判据，由两部分组成，即定时限过负荷保护与反时限过流保护。因为，设置定子负序电流保护目的是防止转子表层过热，负序电流保护也称为转子表层过负荷保护。

定时限过负荷保护躲过发电机允许长期运行的负序电流，一般动作值取 $0.1I_{N.G}$，保护动作经 $5\sim10s$ 延时发告警信号。

反时限过流保护动作经延时跳闸，动作时间特性与发电机允许的负序电流曲线配合，保证发电机定子负序电流引起的转子发热不超过允许值。

为了使转子不致过热，应为

$$t = \frac{A}{I_{2*}^2} \tag{7-17}$$

但是由长期的运行实践经验表明，$I_{2*}^2 \cdot t \leqslant A$ 判据没有考虑转子冷却条件，在长时间区域内是偏于保守，实际持续允许的负序电流比 $I_{2*}^2 \cdot t = A$ 所确定的值要大。因此，负序反时限过流保护的动作特性通常可以在允许的负序电流曲线之上，如图 7-24 虚线部分所示，保护装置的动作特性可表示为

$$t = \frac{A}{I_{2*}^2 - \alpha} \tag{7-18}$$

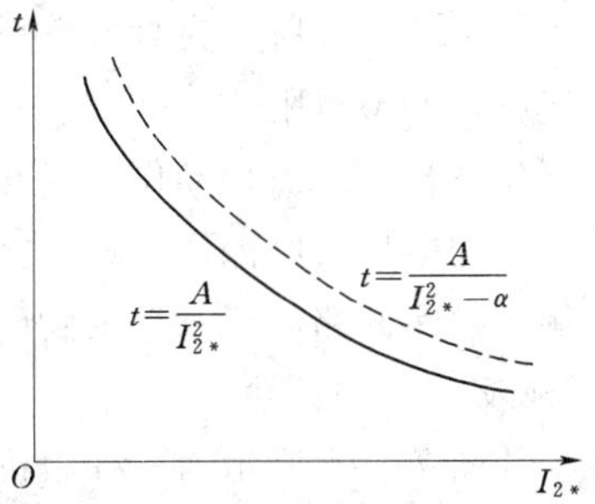

图 7-24 负序反时限过流
保护动作特性图

式中 α——考虑到转子的散热条件的修正常数。

7.2.6 励磁回路接地保护

1. 发电机励磁回路的故障原因及危害

发电机转子在生产、运输及起停机过程中，可能会造成转子绕组绝缘或匝间绝缘损坏，从而引起转子绕组匝间短路和励磁回路接地故障。

发电机励磁回路一点接地故障也是常见的故障形式之一，两点接地故障也常会发生。励磁回路一点接地故障对发电机并不直接造成危害，但若再相继发生第二点接地将严重影响发电机的安全。当发生两点接地故障时，由于故障点流过相当大的故障电流，将烧伤转子本体；由于绕组部分短接，励磁绕组中电流增加，可能因过热而烧伤；由于部分绕组被短接，使气隙磁通失去平衡，从而引起振动，多极机振动特别严重，甚至会因此造成灾难性后果。此外，汽轮发电机励磁回路两点接地，还可能使轴系和汽机磁化。因此，励磁回路两点接地故障的后果十分严重。

2. 发电机励磁回路接地保护配置

1MW 及以下水轮发电机发生一点接地故障时应装设定期检测装置；1MW 以上水轮发电机应装设一点接地保护动作于信号，由于水轮发电机为多极机，不能承受励磁回路两点接地故障引起的振动，一点接地后应尽快安排停机检修以避免发生两点接地故障，不装设两点接地保护。

中、小型汽轮发电机只装设可供定期检测用的绝缘检查电压表和正常不投入运行的两点接地保护，不装设一点接地保护。当用绝缘检查电压表检出一点接地故障后，再把两点接地保护装置投入。转子水内冷汽轮发电机和 100MW 及以上汽轮发电机，应装设一点接地保护，并根据情况可装设两点接地保护装置。

3. 定期检测装置与励磁回路一点接地保护

（1）励磁回路一点接地定期检测装置。一点接地定期检测装置监视励磁绕组正、负极对地电压，正常时，励磁绕组正、负极对地电压相等，均为励磁电压的一半；故障时正、负极对地电压不再相等，读数小的一侧即判定为接地侧。但是励磁绕组中部接地时正、负极对地电压仍然相等，因此这种检测电路存在"死区"。

（2）励磁回路一点接地保护。励磁回路一点接地保护有直流电桥式和外加电压式两种，均能反应于励磁回路故障和对地绝缘的降低。

如图 7-25 所示为直流电桥式一点接地保护，R_y 为励磁绕组等效绝缘电阻。在正常情况下，调节电阻 R_1，使电桥尽量平衡，KA 动作值高于不平衡电流。一点接地后，电桥平衡被打破，保护动作，显然接地点靠近中点时，保护可能不动作，存在"死区"。

外加电压式励磁回路一点接地保护基本原理为在励磁绕组与地（转子大轴）之间施加电源，检测回路电流来发现励磁回路对地绝缘下降，附加电源可以是直流电源，也可以是 50Hz 交流电源。

如图 7-26 所示为一种微机保护实现的叠加直流电压转子一点接地保护，这种保护叠加源电压一般为 50V，内阻大于 50kΩ，采用了切换采样的方法（电子开关 K 以固定频率接通、打开），利用微机保护计算功能，能准确地计算出转子对地的绝缘电阻值。转子分布电容对测量无影响，发电机起动过程中，转子无电压时保护不失去作用。

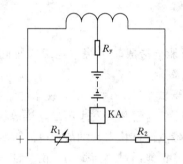 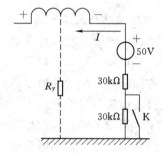

图 7-25 电桥式一点接地保护图　图 7-26 叠加直流电压式一点接地保护示意图

当 K 接通时，电流为

$$i_1 = \frac{U + 50}{R_y + 30} \tag{7-19}$$

当 K 断开时，电流为

$$i_2 = \frac{U + 50}{R_y + 60} \tag{7-20}$$

由上两式消去 U，可得

$$R_y = \frac{60i_2 - 30i_1}{i_1 - i_2} \tag{7-21}$$

当 R_y 降低时，保护带有延时动作。

4. 励磁回路两点接地保护

如图 7-25 所示直流电桥式一点接地保护也可以用来实现两点接地保护，当一点接地

160

后，电桥平衡被打破，发出一点接地信号；这时重新调整 R_1，使电桥再次平衡，当发生两点接地时，电桥平衡又被打破，保护经 $0.5\sim1\mathrm{s}$ 延时动作于停机。如果两个接地点之间靠得很近，保护存在"死区"；若故障发展较快，在对电桥进行调整时发生了两点接地，保护尚未投入，也将失去作用。

当发电机转子绕组两点接地时，其气隙磁场将发生畸变，在定子绕组电压中将产生两次谐波负序分量，利用发电机定子电压出现两次谐波分量也可以构成励磁回路两点接地保护的判据。

7.2.7 同步发电机失磁保护

1. 发电机的失磁运行及其产生的影响

失磁故障指励磁突然全部消失或部分消失。失磁原因主要有励磁供电电源故障、励磁绕组开路或短路、自动灭磁开关误跳、自动调节励磁装置故障以及运行人员误操作等原因。

发电机失去励磁后，转子加速，功角增大，当功角越过静稳定极限后，发电机失去同步而转入异步运行。

（1）发电机失磁对电力系统的不利影响。

1）发电机从系统倒吸无功，如果系统无功储备不足，可能导致电压崩溃、系统瓦解。

2）电压的下降，将导致发电机定子绕组电流增大，从而导致发电机过负荷甚至过电流保护动作，进一步使得系统中其他发电机过载，使事故扩大。

3）失磁会导致系统失步，系统失步解列装置动作后，使系统部分用户失电。

（2）发电机失磁对发电机的不利影响。

1）转速高于同步转速，转子上感应的差频电流使得转子过热。

2）定子过电流使定子发热。

3）交变的异步转矩造成发电机振动。

失磁后发电机是否能继续运行取决于电力系统无功储备、母线电压水平以及发电机特性等因素。

对于大型汽轮发电机，失磁后若未危及系统的安全运行，则不应立即停机，而是断开灭磁开关、投入异步电阻，按规定的速度将发电机负荷减少到允许值，维持一段时间的异步运行。值班人员在规定的时间内无法排除故障、恢复励磁时，自动停机或人工操作停机。汽轮发电机失磁后母线电压低于允许值时，应采取带时限动作于解列或程序跳闸。

2. 发电机失磁保护阻抗判据

发电机失磁保护通常采用机端测量阻抗作为失磁的主判据，即机端测量阻抗进入等无功圆（临界失步阻抗圆）或异步圆判为发电机失磁。下面如图 7-27 所示发电机与无穷大系统并列运行的情况介绍机端测量阻抗变化轨迹，推导过程略去，重点介绍结论知识。

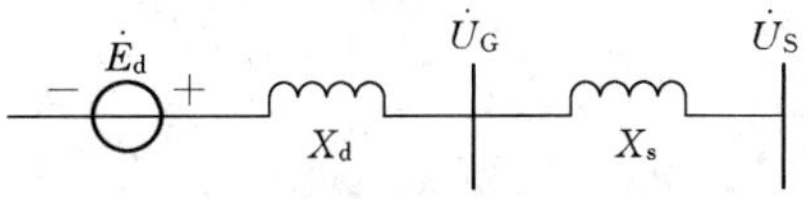

发电机从开始失磁到稳定异步运行一般可以分为三个阶段。

（1）等有功阶段。失磁初始阶段，P 基本不

图 7-27 发电机与无穷大系统并列运行图

变，称为等有功过程，机端测量阻抗 Z_G 为

$$Z_G = \left(\frac{U_S^2}{2P} + jx_S\right) + \frac{U_S^2}{2P}e^{j2\varphi} \tag{7-22}$$

式中　$\varphi = \arctan\dfrac{Q}{P}$。

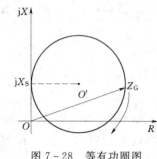

图 7-28　等有功圆图

机端测量阻抗轨迹为一个圆，称为等有功阻抗圆，等有功阻抗圆及阻抗变化情况如图 7-28 所示，圆心坐标为 $\left(\dfrac{U_S^2}{2P},\ X_S\right)$，半径为 $\dfrac{U_S^2}{2P}$。

等有功圆的大小与 P 有关；失磁前，发电机向系统送无功，Q 为正，Z_G 位于第 Ⅰ 象限；失磁后 Q 减小、然后由正变负，Z_G 从第 Ⅰ 象限进入第 Ⅳ 象限，圆越小，变化速度越快。

（2）等无功阶段。当 $\delta = 90°$ 时，达到静稳定边界，此时 $Q = -\dfrac{U_S^2}{x_d + x_S}$ 常数，机端测量阻抗为

$$Z_G = -j\frac{x_d - x_S}{2} + j\frac{x_d + x_S}{2}e^{j2\varphi} \tag{7-23}$$

测量阻抗轨迹也是一个圆，称为等无功圆（临界失步圆），如图 7-29 所示，图中等无功圆以虚线画出。

当机端测量阻抗沿等有功圆变化到 A 点时，表示发电机达到了静稳定极限，越过静稳定极限 A 点后，发电机转入异步运行。可以将机端测量阻抗进入等无功圆（临界失步圆）作为发电机失磁的判据。

（3）失步运行阶段。静稳定破坏后，发电机进入异步运行阶段，机端测量阻抗随转差 S 改变，发电机稳定异步运行后，S 基本稳定，机端测量阻抗也将稳定在 $(-jX_d',\ -jX_d)$ 之间。以 $(-jX_d',\ -jX_d)$ 连线为直径的圆称为异步圆，如图 7-30 所示，图中等有功圆、等无功圆均以虚线画出，异步圆为实线。机端测量阻抗越过静稳定极限 A 点后，一定会进入异步圆，最后稳定于 $(-jX_d',\ -jX_d)$ 之间的某一点。异步圆也可以作为发电机失磁的判据。

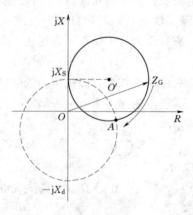

图 7-29　等有功圆与等无功圆图

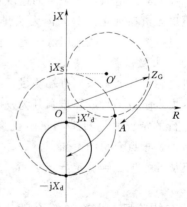

图 7-30　失步运行阶段图

3. 失磁保护的辅助判据

在失磁保护中除了采用等无功圆（静稳定边界）或等异步圆（异步边界）作为主判据，还采用以下辅助判据和闭锁措施：

（1）发电机失磁时励磁电压下降。在外部短路、系统振荡过程中，励磁直流电压不会下降，反而因为强行励磁作用而上升，但是励磁回路会出现交变分量电压，它叠加于直流电压上，使励磁回路电压有时超过零。此外，在失磁后的异步运行过程中，励磁回路还会产生较大的感应电压。由此可见，励磁电压是一个多变的参数，通常把它的变化作为失磁保护的辅助判据。

（2）失磁时，三相定子回路的电压、电流是对称的，没有负序分量，但在短路或由短路引起振荡的过程中，总会短时或整个过程中出现负序分量。因此，可以利用负序分量作为辅助判据，防止失磁保护在短路或短路伴随振荡的过程中误动。

（3）系统振荡过程中，机端测量阻抗的轨迹只可能短时穿过失磁继电器的动作区，而不会长时间停留在动作区内。因此，失磁保护带有延时可以躲过振荡的影响的作用。

（4）变压器高压侧母线电压。

（5）励磁过电流。

失磁保护判据、保护方案、出口行为相当复杂，与电力系统及发电机组情况有关，不同的发电机组失磁保护差异较大。

7.3 母 线 保 护

7.3.1 母线保护配置原则

1. 母线故障的范围

母线发生故障的概率比线路发生故障要低，但故障的影响面很大。这是因为母线上通常连有较多的电气元件，母线故障将使这些元件停电，从而造成大面积停电事故，并可能破坏系统的稳定运行，使故障进一步扩大。因此电气故障是母线故障最严重之一，利用母线保护切除和缩小故障造成的后果十分必要。

引起母线短路故障的主要原因有：①断路器套管及母线绝缘子的闪络；②母线电压互感器的故障；③运行人员的误操作，如带负荷拉隔离开关、带接地线合断路器等原因。母线故障情况如图 7-31 所示。

2. 母线故障后保护应有的行为

母线故障后，为了将故障点从电力系统中隔离，必须切除连接在母线上的所有单元（变压器、线路）断路器。

3. 利用线路保护切除母线故障

如图 7-31 所示，线路保护的保护区从 TA 开始，线路保护、变压器保护均判母线故障为反方向故障、区外故障；但如果对侧有电源，则可由对侧保护的Ⅱ段跳开断路器。因此，依靠对侧线路保护Ⅱ段经 0.5s 可以切除母线故障。

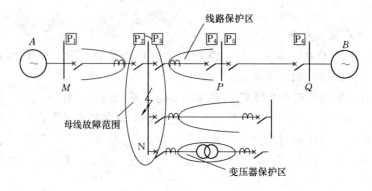

图 7 - 31　母线故障示意图

4. 需要配置专用母线保护的情况

母线故障保护方式总的来讲可以分为利用供电元件的保护和装设专用母线保护两大类型。

不装设专用母线保护时，利用对侧保护Ⅱ段切除故障，简单经济，缺点是故障切除时间较长，一般在 0.5～1.1s 以上；且当双母线发生故障时，无选择性。

装设专用母线保护的原则是无延时切除故障以提高系统运行的稳定性。本节讨论专用母线保护，但并非每条母线上都装设母线保护。

根据有关规程规定，在下述情况下，应考虑装设专用的母线保护如下：

(1) 在双母线同时运行或具有分段断路器的双母线或分段单母线，由于供电可靠性要求较高，要求快速、有选择性地切除故障母线时，应考虑装设专用母线保护。

(2) 由于电力系统稳定的要求，当母线上发生故障必须快速切除时，应考虑装设专用母线保护。

(3) 当母线发生故障，主要电站厂用电母线上的残余电压低于额定电压的 50%～60% 时，为保证厂用电及其他重要用户的供电质量时，应考虑装设专用母线保护。

对母线保护的基本要求是应能快速、灵敏而有选择地将故障部分切除。

7.3.2　母线保护原理

目前母线保护均采用电流差动原理，有时又称母差保护，判据为流入母线的电流相量和。如图 7 - 32 所示为母线差动保护原理示意图。

正常运行及区外故障时

$$I_d \approx 0 \qquad\qquad (7 - 24)$$

母线故障时

$$I_d = I_k > I_{act} \qquad\qquad (7 - 25)$$

母线保护动作。

传统的母线完全差动保护的原理接线图如图 7 - 33 所示，差动继电器 KD，由 TA 二次电流回路保证接入电流为各单元电流之和，KD 动作后跳开所有单元的断路器。如图 7 - 33 所示方式构成母线完全差动保护时，必须将母线的连接元件都包括在差动回路中，因此需在母线的所有连接元件上装设具有相同变比和相同特性的专用 TA。当外部发

164

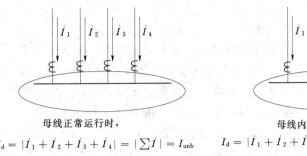

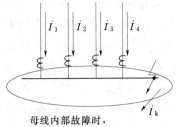

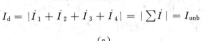

母线正常运行时，

$$I_d = |\dot{I}_1 + \dot{I}_2 + \dot{I}_3 + \dot{I}_4| = |\sum \dot{I}| = I_{unb}$$

(a)

母线内部故障时，

$$I_d = |\dot{I}_1 + \dot{I}_2 + \dot{I}_3 + \dot{I}_4| = |\sum \dot{I} - \dot{I}_k| = I_k$$

(b)

图 7 - 32　母线差动保护判据图

（a）母线正常运行时；（b）母线内部故障时

生故障时，可能有电源的支路上电流较大，导致 TA 可能饱和；当无电源的支路上电流较小时，TA 不会饱和，由于母线差动保护的不平衡电流同样取决于各支路 TA 励磁特性差异，饱和的 TA 与不饱和的 TA 之间励磁特性差异更大，母线差动保护在外部故障时不平衡电流也可能较大。

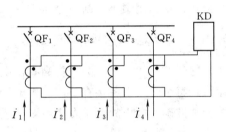

图 7 - 33　母线差动保护接线图

　　为了减小母线保护外部故障情况形成的不平衡电流，可以采取措施降低 TA 饱和程度，或与其他差动保护一样采用比率制动技术。根据电流互感器二次侧负载阻抗的大小，母线差动保护又可分为低阻抗母线保护、中阻抗母线保护、高阻抗母线保护。如图 7 - 33 所示中 KD 采用差动电流继电器（例如 BCH—2）时，二次电流回路阻抗较低，称为低阻抗母线保护。为了降低 TA 的饱和程度，如图 7 - 33 所示中采用电压继电器作为 KD，由于二次电流回路呈现高阻抗，称为高阻抗母线保护。高阻抗母线保护可以降低 TA 饱和情况不一致形成的不平衡电流，但在内部故障时差动电流很大，可能在 KD 上形成危险的高压，需要采取过电压保护措施。中阻抗母线保护最初由国外引进，各元件 TA 二次电流经过差动保护中的变换器转为电压后构成差动判据，电流二次回路呈现中阻抗，约为 200Ω，如图 7 - 34 所示。

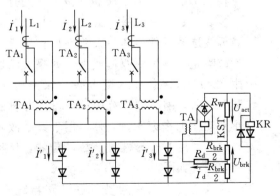

图 7 - 34　中阻抗母线差动保护图

　　如图 7 - 34 所示中各支路电流均经过变换器、整流电路，差动回路中串有强制电阻 R_d，使电流二次回路呈现中阻抗。KST 为起动继电器，差动继电器为 KR。KR 上的电压为动作电压减去制动电压。

　　其中动作电压 $U_{act} = K_2 |\sum \dot{I}'| R_w$，制动电压 $U_{brk} = K_1 \sum |\dot{I}'| R_{brk}/2$（$K_1$、$K_2$ 为常系数），当 $U_{act} > U_{brk}$ 时，母线差动

保护动作。采用各支路电流绝对值的和作为制动量，当发生外部故障时有很强的制动作用，可靠地避免了不平衡电流造成的影响。

与线路、变压器保护不同，母线保护误动将切除连接在母线上的所有线路、变压器，后果十分严重。为了提高母线保护的可靠性，可以在母线保护跳闸回路串入电压闭锁接点。如果母线未发生故障，母线保护出现异常使差动电流元件误动，此时母线电压并未异常，电压元件不动作，闭锁母线保护出口回路，有效防止母线保护误动。实际采用的电压元件常为复合电压元件（负序电压、零序电压及相间电压），有时又称为复压闭锁。

微机型母线保护由于在内部软件可以设置各单元电流的比例系数，不要求各单元 TA 变比一致，同时强大的计算能力使得各种比率制动方式得以实现，非常方便。

需要注意的是母线保护动作时以空接点形式向相应的线路保护、变压器保护发出断路器跳闸命令，母线保护本身没有断路器操作回路；母线保护发出跳闸命令同时，向相应的线路保护发出闭锁重合闸命令。

7.3.3　双母线保护特点与配置

对于双母线接线，为了提高其供电的可靠性，通常要求两组母线通过母联断路器并列运行，每组母线上各接有一部分供电元件和一部分受电元件。母线故障时，除要求母线保护能够准确判断出故障是发生在双母线上以外，还要求母线保护能够准确判断出故障是发生在双母线的哪一段母线上，使母线保护能够有选择性地切除故障母线，保留非故障母线的继续运行。

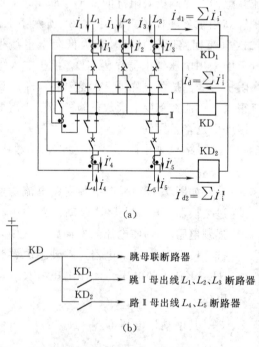

图 7-35　固定连接式双母线保护图
（a）电流回路接线；（b）保护出口逻辑

1. 固定连接式双母线保护

为了实现双母线保护动作的选择性，母线差动保护通常由起动元件、电压闭锁元件和选择元件组成。

如图 7-35 所示为传统的固定连接式双母线保护原理示意图，如图 7-35（a）所示为电流回路接线图，在整个双母线上装设一套大差动保护 KD 作为起动元件，再在双母线系统的 Ⅰ 段和 Ⅱ 段母线上分别各装设一套小差动保护 KD₁、KD₂ 作为故障母线选择元件。其中大差动保护用于判断故障是否发生在双母线上，如果故障发生在双母线系统上，则大差动保护动作，跳开母联，缩小故障范围；Ⅰ 母和 Ⅱ 母的小差动保护作为选择元件，用于判断故障母线，然后有选择性跳开故障母线，保护出口逻辑如图 7-35（b）所示。

大差元件动作起动母联断路器跳闸，同时起动两个小差元件的跳闸回路。大差动作且Ⅰ母小差动作则切除Ⅰ母上所有元件；大差动作且Ⅱ母小差动作则切除Ⅱ母上所有元件。

传统的固定连接式双母线保护，当线路进行倒排操作时，例如线路 L_1 由Ⅰ母切至Ⅱ母，正常情况下其 TA 也应由Ⅰ母小差回路切至Ⅱ母小差回路，同时母线保护的跳闸回路也应进行调整。但由于 TA 回路禁止开路，切换时必须先短接二次侧，切换后再断开短接片，操作复杂、易出错误（TA 极性等），人工操作切换电流二次回路困难；使用大量辅助继电器进行切换也很难保证可靠性，线路倒排后，其相应二次电流回路不切换，形成固定连接破坏。例如，L_1 由Ⅰ母切至Ⅱ母，电流回路不切换且固定连接破坏时，Ⅰ母小差 KD_1 仍将 L_1 电流接入差动回路，多测了一个电流；Ⅱ母小差 KD_2 未将 L_1 电流接入差动回路，少测了一个电流；两个小差保护均有不平衡电流，大差动 KD 测的是整个双母线系统的支路电流，不受线路倒排操作影响。正常运行或外部故障时，KD_1、KD_2 可能误动，但 KD 正确测量，不会动作，整套母线保护不会误动。母线内部故障时，大差动 KD 动作，开放母线保护出口，这时母线保护可能误动，同时切除两条母线。

因此，传统的双母线保护要求固定连接，即双母线运行时线路固定接于某一段母线。仅当运行方式由双母线改为单母线时才进行倒排操作。这在一定程度上限制了一次系统运行的灵活性。

2. 微机型母线保护

微机保护采用软件分组技术自动跟踪母线运行情况，实时调整差动方程以及保护出口跳闸逻辑，解除了母线保护对一次系统运行的固定连接限制。

微机型母线保护采集各单元的电流以及母线侧隔离开关位置，以确定各分支运行在哪一段母线上，安装母线对各分支进行分组。微机型母线的大差、小差电流的形成由软件实现而非硬件电路，可以灵活地改变差动电流方程，根据分组情况构造小差元件的电流方程，同时调整保护出口逻辑。

目前，微机型母线保护广泛采用比率制动式电流差动保护原理，设有大差起动元件、小差选择元件和电压闭锁元件。大差起动元件和小差选择元件中有反应任意一相电流突变或电压突变的起动元件，它和差动保护判据一起在每个采样中断中进行实时判断，以确保内部故障时保护正确动作，在同时满足电压闭锁开放条件时跳开故障母线上的所有断路器。

7.4 断路器失灵保护

电力系统正常运行时，有时会出现某个元件发生故障，该元件的继电保护动作发出跳闸脉冲之后，断路器却拒绝动作（即断路器失灵）的情况。这种情况可能导致扩大事故范围、烧毁设备，甚至破坏系统的稳定运行。采用相邻元件保护作远后备是最简单、合理的后备方式，既可作保护拒动时的后备，又可作断路器拒动时的后备。但是，远后备方式动作时间较长，在高压电网中由于各电源支路的助增电流和汲出电流的作用，使后备保护的灵敏度得不到满足。因此，对于比较重要的高压电力系统，例如，220kV 及以上电压等级，应装设断路器失灵保护。

断路器失灵保护也是一种后备保护。在同一发电厂或变电所内，当断路器拒绝动作时，它能够以较短时限，切除与拒动断路器连接在同一母线上的所有支路断路器。

根据 GB/T 14285—2006《继电保护和安全自动装置技术规程》规定：在 220～500kV 电力网中以及 110kV 电网的个别重要部分，可按下列规定装设断路器失灵保护：

(1) 线路保护采用近后备方式且断路器却有可能发生拒动时；对于 220～500kV 分相操作的断路器，可只考虑断路器单相拒绝动作的情况。

(2) 线路保护采用远后备方式且断路器却有可能发生拒动时；如果，由其他线路或变压器的后备保护切除故障，将扩大停电范围并引起严重后果时。

(3) 如断路器和电流互感器之间距离较长，在其间发生故障不能由该回路主保护切除，而由其他线路和变压器后备保护切除又将扩大停电范围并引起严重后果时。

断路器失灵保护的判据相对简单，保护发出跳闸命令后断路器应分闸、相应电流应消失，若保护发出跳闸命令后，经一定时间相应的电流仍存在，说明跳闸命令没有执行，即起动断路器失灵逻辑。例如：A 相跳令发出、A 相有电流构成与逻辑输出，即可起动失灵判据，经短延时（考虑断路器分闸时间），失灵保护动作。

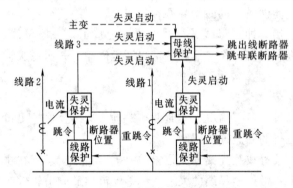

图 7-36 断路器失灵保护示意图

目前普遍在 220kV 线路、变压器上配置断路器失灵保护，如图 7-36 所示为断路器失灵保护、母线保护、线路保护、变压器保护之间的联系情况。各线路、变压器断路器失灵保护动作后，向本线路（变压器）保护发出重跳命令，同时将失灵起动信号送至母线保护。母线保护收到线路（变压器）失灵起动信号后，0.3s 跳开母联母联断路器，0.6s 跳开与失灵起动元件连接在同一段母线上的所有线路、变压器的断路器。

复 习 思 考 题

1. 电力变压器可能出现哪些故障和不正常工作状态？应装设哪些保护？

2. 什么是变压器的内部故障和外部故障？变压器差动保护与瓦斯保护的作用有何不同？为什么讲两者不可互相取代？

3. 变压器轻、重瓦斯保护的行为有什么区别？

4. 说明变压器励磁涌流的产生原因和主要特征。为减少或消除励磁涌流对变压器保护的影响，应采取的措施有哪些？

5. 简述变压器差动保护不平衡电流产生的原因及减小不平衡电流影响的措施。

6. 变压器相间后备保护可采用哪些方案？各有何特点？

7. 对中性点可能接地或不接地的变压器为何要同时采用零序电流和零序电压保护？它们是如何配合工作的？

8. 发电机可能发生哪些故障和不正常工作方式？应配置哪些保护？

9. 发电机的纵差保护的方式有哪些？各有何特点？

10. 发电机纵差保护有无"死区"？为什么？

11. 试简述发电机的匝间短路保护几个方案的基本原理、保护的特点及适用范围。

12. 如何构成100％发电机定子绕组单相接地保护？

13. 试述直流电桥式励磁回路一点接地保护基本原理及励磁回路两点接地保护基本原理。

14. 发电机失磁后的机端测量阻抗如何变化？

15. 为何装设发电机的负序电流保护？为何要采用反时限特性？

16. 母线故障的原因有哪些？对系统有哪些危害？母线故障的保护方式有哪些？

17. 简述母线完全电流差动保护的基本原理。

18. 双母线接线的母线保护如何实现故障母线选择？

19. 母线保护引入复压闭锁的目的是什么？

20. 微机母线保护采取什么方法来跟踪双母线系统的运行方式？

21. 什么是断路器失灵保护？

22. 断路器失灵保护动作后有哪些行为？

第8章 备用电源自动投入装置与按频率自动减负荷装置

8.1 备用电源自动投入装置（AAT）

8.1.1 概述

1. 备用电源自动投入装置的作用及应用范围

在现代电力系统中，有些情况下为了节省设备投资、简化电网接线及其继电保护装置的配置方式，在较低电压等级的电网（例如 $10\sim35kV$ 的电网）中或在较高电压等级的电网（例如 $110kV$ 电网）中的非主干线（非系统主联络线）以及在大多数用户的供电系统中，常常采用放射型的供电方式。最典型的是变电所有两台主变时，低压侧采用单母分段接线，正常运行时分段断路器打开。由于发电厂厂用电系统的故障会引起严重后果，因此必须加强厂用电的供电可靠性。但采用环网供电往往使厂用电系统的运行及其继电保护装置更加复杂化，反而会造成事故，因而多采用放射型的供电网络。为了提高其供电的可靠性，往往采用备用电源自动投入装置（AAT）。这是一种提高对用户供电可靠性的经济而又有效的重要技术措施之一。备用电源自动投入装置的作用是当工作电源断开后，能自动地迅速投入备用电源。

2. 备用电源自动投入装置运行方式

如图 8-1 所示为一个降压变电所主接线示意图，低压侧母线为单母分段接线，配置了备用电源自动投入装置后有以下运行方式：

（1）明备用。明备用是指正常运行时，一台主变停运、处于备用状态，当工作主变因某种原因失电时自动投入备用电源（主变）。

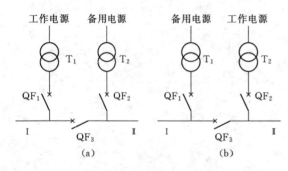

图 8-1 明备用方式示意图

(a) 明备用方式 1; (b) 明备用方式 2

方式一 2 号主变为 1 号主变提供备用 [如图 8-1（a）所示]

正常运行时 1 号主变低压侧开关 QF_1、分段开关 QF_3 合上，1 号主变为工作电源、供全部负荷；2 号主变低压侧开关 QF_2 打开，2 号主变为备用电源。

当检测到低压侧母线失电，AAT 装置动作，首先联跳工作电源 QF_1，再合 QF_2，投入备用电源。

170

方式二 1号主变为2号主变提供备用［如图8-1（b）所示］

正常运行时2号主变低压侧开关 QF₂、分段开关 QF₃ 合上，2号主变为工作电源、供全部负荷；1号主变低压侧开关 QF₁ 打开，1号主变为备用电源。

检测到低压侧母线失压，AAT 装置动作，首先联跳工作电源 QF₂，再合 QF₁，投入备用电源。

明备用方式正常运行时有一台主变闲置，一定程度上浪费了设备容量，但当某些情况下变电所负载较小时，停一台主变可以减小变压器空载损耗。有些设备制造厂家又称明备用方式为进线备投方式。

（2）暗备用。暗备用是指正常运行时分段开关打开、两台主变均投运、处于相互备用状态，当某一侧低压母线失电时自动切除工作电源、投入备用电源（主变）。

如图8-2所示，正常运行时1号、2号主变低压侧开关 QF₁、QF₂ 均合上、分段开关 QF₃ 打开。

检测到低压侧母线 I 失压，AAT 装置动作，首先联跳 QF₁，断开工作电源1，再合上 QF₃，投入备用电源，这种情况下工作电源2为母线 I 上的用户提供了备用电源。

同样，如果检测到低压侧母线 II 失压，AAT 装置动作，首先联跳 QF₂，断开工作电源2，再合上 QF₃，投入备用电源，此时工作电源1为母线 II 上的用户提供了备用电源。可

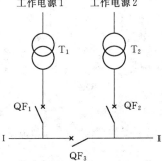

图8-2 暗备用方式示意图

见，这种备用电源自动投入方式正常运行时没有专门的备用电源，两路电源之间相互备用。

有些设备制造厂家又称暗备用方式为分段备投方式。

如果降压变电所采用桥式接线，为了简化继电保护、同时保证供电，也可以在变压器高压侧开关与桥开关上装设 AAT 装置。与低压侧 AAT 装置类似，也有三种方式：明备用方式两种（正常运行时一条线路带两台变压器）、暗备用方式（正常时两条线路均运行，桥开关打开）。

采用 AAT 装置有以下优点：

（1）提高供电可靠性，节省建设投资。

（2）简化继电保护装置。采用 AAT 装置后，变压器低压侧母线可以解列运行，电网可以解环运行，在保证供电可靠性前提下，简化了继电保护装置配置及整定计算。

（3）限制短路电流。由于变压器低压侧母线可以解列运行，低压出线上发生故障时短路电流较小。

8.1.2 备用电源自动投入装置的基本原理

1. 构成备用电源自动投入装置（AAT）的基本要求

（1）起动条件为工作母线上的电压低于预定数值，并且持续时间大于预定时间。

AAT 装置的目的是提高供电可靠性，所以将母线低电压作为起动判据。

（2）备用电源失电时不起动 AAT 装置。备用电源的电压应运行于正常允许范围，或

备用设备应处于正常的准备状态下才可动作。如果备用电源失电，即使进行了电源切换也无法保证供电，恢复供电时还必须进行一些断路器的操作。

（3）必须在断开工作电源的断路器之后，才可投入备用电源。如果低压侧母线失压是因为短路故障引起的，未断开工作电源即投入备用电源可能加大对工作电源的冲击，同时备用电源也因投于故障而跳闸，无法保证供电。

（4）备用电源断路器上需装设相应的继电保护装置，并应与相邻的继电保护相配合。

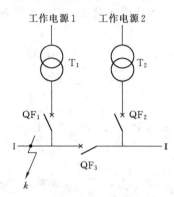

图 8-3 备用电源投于故障图

低压侧母线失压可能是短路故障引起的，当备用电源投于故障时，应有继电保护快速断开断路器，避免事故范围扩大。例如，如图 8-3 所示情况，暗备用（分段备投方式），Ⅰ 母发生母线故障、失电，AAT 起动后联跳 QF$_1$，投入 QF$_3$。投入 QF$_3$ 后，如果投于故障，继电保护应快速动作跳开 QF$_3$，否则将使 2 号主变因外部故障跳闸，造成全所失电的恶性事故。

当主变后备保护动作时，说明在低压侧母线上发生了故障或低压出线上发生故障且线路保护或出线断路器拒动，此时投入备用电源，则备用电源投于故障的可能性很大，即使投入也会由继电保护断开备用电源。因此，主变保护设置了后备保护动作闭锁 AAT 的接点输出回路。

（5）备用电源自动投入装置动作投于永久性故障的设备上，应加速跳闸并只动作一次。传统 AAT 装置动作次数的限制与自动重合闸装置类似，也由电容充电回路控制，也有十几秒整组复归时间的设置。目前，微机型 AAT 装置中也常沿用习惯，将各种条件满足、起动 AAT 逻辑称为充电，达到规定时间后，AAT 装置面板上的充电灯亮表明装置具备自动投入备用电源能力；闭锁 AAT 的回路也形象地称为放电。

（6）AAT 装置联跳工作电源断路器、合备用电源断路器之间应有一定延时（例如 1s），如果工作电源失电是低压侧瞬时性故障造成的，要给故障点去游离、恢复绝缘留出一定时间。这个时间的考虑与重合闸动作时间相似。

2. AAT 装置原理框图

一次系统如图 8-4 所示。

AAT 设于低压侧，将两台主变低压侧称为进线。

U_{X1}、I_{X1}——进线电流、电压，其中进线电压不一定接入；

TA$_3$——分段电流互感器，I_A、I_B、I_C 为分段电流；

TV$_1$、TV$_2$——测得低压母线电压，用于判别 Ⅰ、Ⅱ 母有压、无压。

如图 8-5～图 8-7 所示为三种 AAT 方式下，AAT 装置逻辑框图。AAT 方式由三个压板 JX1BT、JX2BT、FDBZT 选择。

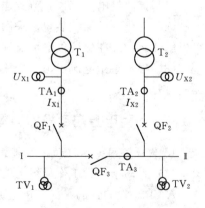

图 8-4 系统配置图

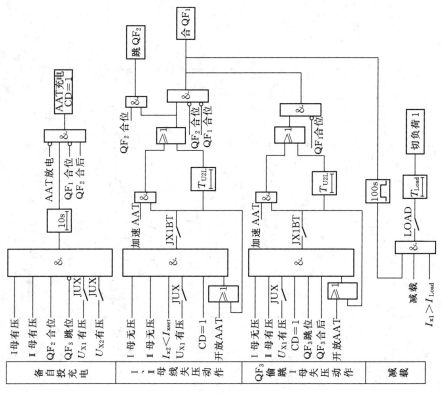

图 8-6 进线 2 工作，进线 1 备用图

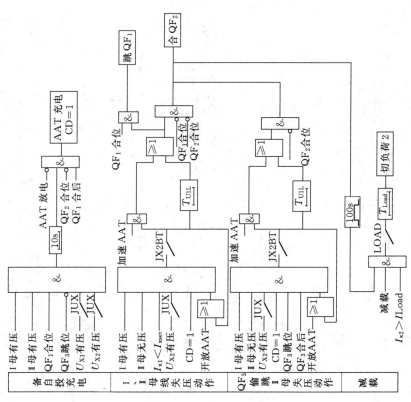

图 8-5 进线 1 工作，进线 2 备用图

174

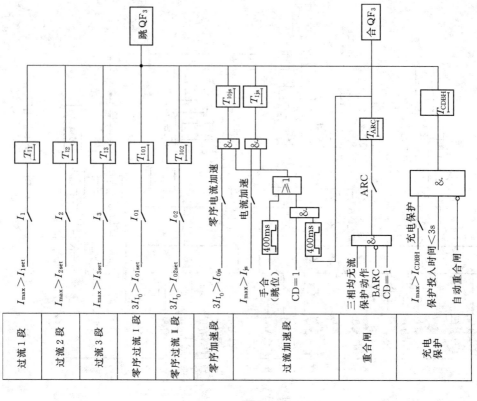

图 8-8 分段开关过流保护图

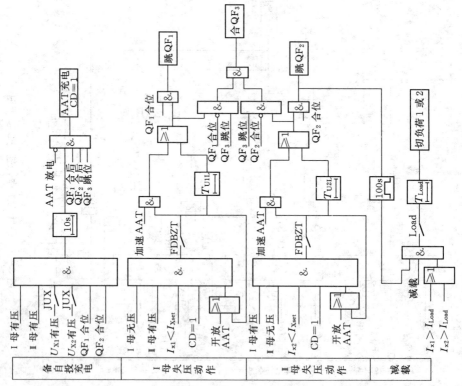

图 8-7 分段开关自投图

（1）进线 1 工作，进线 2 备用。此为明备用方式，AAT 装置行为是跳 QF_1、合 QF_2。未采用微机型 AAT 装置时，采用电容充放电保证 AAT 仅动作一次。正常运行时，电容充满电（约需 10s），当 AAT 装置动作时利用电容存储的电能驱动合备用电源的断路器，如果 AAT 装置投于故障，备用电源断路器跳闸后，由于电容充电时间不足，不会第二次投入备用电源。即使微机型 AAT 装置利用软件技术实现一次 AAT，仍沿用传统的习惯，设置了一个充电状态，即 CD。

当条件满足一定时间（如 10s）后，CD＝1，表明 AAT 装置准备好，可以进行电源切换。当 AAT 动作后，利用 AAT 放电输入端使 CD＝0，禁止 AAT 装置动作。

注意跳 QF_1、合 QF_2 回路中与门逻辑关系均引入了 CD＝1 这个条件。

进线有压条件由 JUX 控制字或整定压板控制，当系统未配主变低压侧电压互感器时，由 JUX 退出进线有压判据。

电源切换后若 2 号主变过载，可以实施切负荷，具体运方由调度决定。

（2）进线 2 工作，进线 1 备用。如图 8-6 所示为进线 2 工作，进线 1 备用方式下 AAT 逻辑，与图 8-5 类似。

（3）分段开关自投。注意，AAT 出口行为改为跳 $QF_{1(2)}$，合 QF_3。

（4）分段开关过流保护。为防止分段开关投于故障，设置了分段开关过流保护。

调度不允许分段开关重合闸时，通过 BARC 即闭锁重合闸将重合闸关闭。

8.1.3 厂用电切换

在发电厂中，厂用电的安全可靠直接关系到发电机组、发电厂乃至整个电力系统的安全运行。厂用电负荷主要为大量的电动机，进行电源切换时应考虑备用电源与电动机残压之间的压差影响，压差较大时会形成较大的冲击；同时尽量减少厂用母线失电时间对保障发电机组安全运行有重要意义。以往厂用电切换大都采用工作电源的辅助接点直接（或经低压继电器、延时继电器）起动备用电源投入。这种方式未经同步检定，电动机易受冲击。合上备用电源时，母线残压与备用电源电压之间的相角差可能已接近 180°，将会对电动机造成过大的冲击。若经过延时待母线残压衰减到一定幅值后再投入备用电源，由于断电时间过长，母线电压和电机的转速均下降过大，备用电源合上后，电动机组的自起动电流很大，母线电压将可能难以恢复，从而对发电厂锅炉系统的稳定性带来严重的危害。

国外早在 20 世纪 70 年代就已广泛采用快速切换装置。近年来国内对厂用电源的安全可靠运行亦越来越重视，随着真空及 SF_6 快速开关的广泛使用，厂用电源采用新一代的快速切换装置已毋庸置疑。在发电厂里有时把一般备用电源自动投入（AAT）称为慢切，而把专门考虑厂用电负荷特点的厂用电快速切换装置称为快切装置。

厂用电快速切换装置主要考虑缩短厂用母线失电时间以及减小切换过程对厂用电动机的冲击问题，可避免备用电源电压与母线残压在相角、频率相差过大时合闸而对电机造成冲击。如果失去快速切换的机会，则装置自动转为同期判别或判残压及长延时的慢速切换，同时在电压跌落过程中，可按延时甩去部分非重要负荷，以利于重要辅机的自起动，从而提高厂用电切换的成功率。

厂用电快速切换装置起动情况可以分为正常手动切换、事故切换、非正常工况切换；

切换顺序分为并联切换、串联切换；切换条件分为电源并联条件、快速切换、同期判别切换、残压及长延时切换等起动情况。

1. 厂用电快速切换装置起动情况

(1) 正常手动切换。手动切换是指电厂正常工况时，手动切换工作电源与备用电源。这种方式可由工作电源切换至备用电源，也可由备用电源切换至工作电源。它主要用于发电机启、停机时的厂用电切换。该功能由手动起动，在控制台或装置面板上均可操作。

(2) 事故切换。事故切换指由发变组、高压厂变保护（或其他跳工作电源开关的保护）接点起动，当单向操作时，只能由工作电源切向备用电源。

(3) 非正常工作情况切换。非正常工作情况切换是指装置检测到不正常运行情况时自行起动，当单向操作时，只能由工作电源切向备用电源。该切换有以下两种情况：①母线低电压，当母线三相电压均低于整定值且时间大于所整定延时定值时，装置根据选定方式进行切换；②工作电源开关偷跳，因各种原因（包括人为误操作）引起工作电源开关误跳开，装置可根据选定方式进行切换。

2. 厂用电快速切换装置切换顺序

(1) 串联切换。串联切换指起动切换时，先发出跳工作电源开关指令，不等开关辅助接点返回，在切换条件满足时，发出合备用（工作）开关命令。如开关合闸时间小于开关跳闸时间，在发出合闸命令前自动加所整定的延时以保证开关先分后合。串联切换保证切换过程中工作电源开关与备用电源开关不会同时为合闸状态，避免工作电源与备用电源并列，有一定的断电时间。

(2) 并联切换。并联切换指起动切换时，如切换条件满足要求，装置先合备用（工作）开关，经一定延时后再自动跳开工作（备用）开关。并联切换方式有短时间内工作电源开关与备用电源开关同时为合闸状态的情况，优点是缩短或消除断电时间。

3. 厂用电快速切换装置切换条件

(1) 电源并联条件。用于手动并联切换方式，当工作电源、备用电源均正常时进行手动切换，如果采用并联方式，在短时间内工作电源开关与备用电源开关同时为合闸状态，两路电源并列运行，必须在切换前检查电源并联条件，防止两路电源并列时造成冲击。

两电源并联条件满足如下：

1) 两电源电压幅值差小于整定值。

2) 两电源频率差小于整定值。

3) 两电源电压相角差小于整定值。

4) 工作、备用电源开关一个在合位，另一个在分位。

5) 目标电源电压大于所设定的电压值。

6) 母线 TV 正常。

(2) 快速切换。工作电源失电后，由于负荷为大量的电动机，工作母线上仍有残压，残压的幅值、频率均随断电时间的增加而减小，残压与备用电源之间的相位差亦不断增加，如果备用电源投入时，备用电源电压与残压之间存在较大相位差，从而造成较大的冲击。快速切换是指检查残压与备用电源之间的频差、相位差，若频差合格（通常设为 1Hz以内），则在相位差未达到危险数值之前，快速地发出切换命令，保证电动机的安全。例

176

如，在残压与备用母线电压相位差为 25°以内时进行快速切换，考虑开关固有动作时间 100ms 内相位差变化约 40°，可以把残压与备用电源之间的相位差控制在 65°以内。

（3）同期判别切换。如果在断电初期电机残压与备用母线电压相位差开始增大时错过了快速切换，由于残压与备用母线电压存在频差，其相位差开始周期性变化，此时不能盲目地投入备用电源以防止电压相位差过大对电动机的冲击，必须采用同期判别，等待电机残压与备用母线电压相位差较小时进行切换。在厂用电源快速切换装置中，厂用电源母线电压（事故切换时为残压）的采样采用了自动频率跟踪技术，各电源电压的频率、相位及相位差采用软件测量，使得残压幅值计算及各相位计算的准确性、可靠性得到有效保证。在同期判别过程中，装置计算出目标电源（备用电源）电压与残压之间相角差速度及加速度，按照设定的目标电源开关的合闸时间进行计算，得出合闸提前量，从而保障在残压与目标电压在第一次相位重合时合闸，减小对厂用旋转负载的冲击。采用同期判别切换可以控制对电动机的冲击，但由于需要等待电机残压与备用母线电压相位差较小的时刻，供电中断时间约为 0.4～0.6s。

（4）残压及长延时切换。当母线电压（残压）下降至 20％～40％额定电压时实现的切换称为残压切换，该切换可作为快速切换及同期判别功能的后备，以提高厂用电切换的成功率。满足残压条件后，由于备用电源投入时电动机上的残压较低，不会形成太大的冲击，当然残压方式切换下供电中断时间会长些，达到 1～2s。

在某些情况下，母线上的残压有可能不易衰减，此时如果残压定值设置不当，可能会推迟或不再进行合闸操作。因此，在该装置中另设置了长延时切换功能，作为以上 3 种切换的总后备保护。

由上可见，手动切换时工作电源与备用电源均正常，如果采取并联切换方式，存在电源并列运行情况，必须考虑两路电源之间的同步问题，进行电源并列条件的检查。事故或非正常工况启动切换时，则主要考虑断电后电动机的残压与备用电源电压之间的同步问题，避免切换时对电动机的冲击，切换条件依次为快速、同期判别、残压及长延时切换。首先，进行快速切换，因为在电压间频差、相位差较小时进行切换，对电机冲击小且中断供电时间短（约 100ms）。快速切换不成功时自动转入同期判别，等待电压间相位差再次减小时进行切换，中断供电时间约 0.4～0.6s。快速切换与同期判别均未完成切换时，只能采用残压切换，等待电机残压衰减后进行切换，中断供电时间约 1～2s。快速、同期判别与残压判别切换均失败，由长延时切换作为后备方式，这种情况下中断供电时间最长。

4．厂用电快速切换装置闭锁情况

（1）保护闭锁。当某些判断为母线故障的保护动作时（例如工作分支限时速断保护），为防止备用电源误投入故障母线，可由这些保护给出的接点闭锁装置。一旦该接点闭合，装置将自动闭锁出口回路，发装置闭锁信号，面板闭锁、待复归灯亮，并等待人工复归。

（2）控制台闭锁装置。当控制台闭锁装置时，装置将自动闭锁出口回路，发装置闭锁信号，面板闭锁、待复归灯亮，并等待人工复归。

（3）TV 断线闭锁。当厂用母线 TV 断线时，装置将自动闭锁低电压切换功能，发 TV 断线信号，面板断线、待复归灯亮，并等待人工复归。

（4）目标电源低压。工作电源投入时，备用电源为目标电源；备用电源投入时，工作电源为目标电源。

当目标电源电压低于所整定值时，装置将发目标电源低压信号，面板低压灯亮。当目标电源电压低于所整定值时，装置将自动闭锁出口回路，且发闭锁信号，直到电源电压恢复正常后，自动解除闭锁，恢复正常运行。

（5）母线 TV 检修压板及 TV 开关位置闭锁功能。快切柜内设有母线 TV 检修压板，当该压板断开或母线 TV 的开关位置为分位时，装置将自动闭锁低电压切换功能，并发出母线 TV 检修信号。当检修压板接通且母线 TV 开关为合位时，自动恢复低电压切换功能。

（6）装置故障。装置运行时，软件将自动地对装置的重要部件例如，CPU、FLASH、EEPROM、AD、装置内部电源电压、继电器出口回路等进行动态自检，一旦有故障将立即报警。

（7）开关位置异常。装置在正常运行时，将不停地对工作和备用开关的状态进行监视，装置在正常运行时，工作、备用开关应一个在合位，另一个在分位。例如，检测到开关位置异常（工作开关误跳除外），装置将闭锁出口回路，发出开关位置异常信号。

（8）去耦合。由于在同时切换过程中，发出跳工作开关指令后，不等待其辅助接点断开后就发出合备指令，如果工作开关跳不开，将造成两电源并列。此时去耦合功能投入，装置将自动将刚合上的备用开关再次跳开。

（9）等待复归。需对装置进行复归操作，以备进行下一次操作的情况如下：①进行了一次切换操作后；②发出闭锁信号后，且为不可自恢复；③发生装置故障情况后（直流消失除外）。此时，装置将不响应任何外部操作及起动信号，只能手动复归解除。例如，故障或闭锁信号仍存在，须待故障或闭锁消除后才能复归。

8.2　按频率自动减负荷装置

8.2.1　概述

1. 系统低频运行的危害

频率是供电质量的一个重要指标，当电力系统发电功率小于负荷容量，有功失去平衡时，有功缺额会引起频率的下降，对用户产生影响，当频率下降到一定程度时会影响电力系统运行稳定性，引起电力系统崩溃。

系统频率下降对用户的影响表现为旋转设备输出功率减小。系统频率下降对发电厂的影响表现为以下方面：

（1）厂用辅机出力降低导致发电机组出力降低，进一步增加系统有功缺额。当频率降低至 47Hz 以下时，可能形成恶性循环，造成电力系统频率崩溃。

（2）损坏汽轮机叶片。频率降低时汽轮机叶片可能因机械共振造成的共振应力而损坏，尤其是大容量发电机组。例如，有的发电机组要求频率降低到 47.5Hz 时 30s 跳闸。

（3）危及核电厂安全，核电厂的反应堆冷却泵对供电频率有严格的要求，如果不能满足，冷却泵转速下降，冷却水流速降低，反应堆中的热量可能达到临界值而造成损伤。频率下降到一定程度，会迫使反应堆停止运行。

2. AFL 装置作用

按频率自动减负荷装置（AFL），又称为低周减载或低频减载装置，就是在电力系统频率严重下降到影响系统安全运行时，自动切除部分次要负荷，使系统频率迅速恢复到正常运行允许水平的一种自动装置。编制按频率自动减负荷的方案，应考虑整个电力系统的具体情况，例如，电网的接线、机炉运行容量，事故等情况。频率自动减负荷方案主要包括减负荷的级数、动作时间以及切除负荷的数量等。AFL 实时检测系统电压，当电压频率下降时按照预定方案发出跳闸命令，切除部分负荷，防止电网频率过分下降、影响电网安全运行。

3. 负荷的频率调节效应

有些电力系统负荷的功率与频率无关，例如：白炽灯、电加热设备、电解槽等；有些与频率成正比，例如：碎煤机、卷扬机、切削机床等；有些与频率的二次或二次以上次方的成正比，如风机、水泵等。综合各种负荷类型，电力系统的负荷频率特性可以描述为

$$P_L(f) = K_0 P_{LN} + K_1 P_{LN} f_* + K_2 P_{LN} f_*^2 + \cdots + K_n P_{LN} f_*^n \tag{8-1}$$

式中 $P_L(f)$——频率 f 下整个系统消耗的有功功率，即负荷功率；

      P_{LN}——整个系统负荷的额定功率，即负荷容量；

K_0、K_1、K_2、$\cdots$、K_n——各类负荷占总负荷的比例系数；

      f_*——频率的标么值，$f_* = f/f_N$。

不难看出，电力系统的负荷频率特性为一条曲线，考虑系统频率实际上只会在一个较小的范围内变化，可以在这个频率区段内对负荷频率特性做线性化处理，即把负荷频率特性近似为一条直线，如图 8-9 所示。

如图 8-9 所示中的 A 点为额定运行情况，频率为额定频率，负荷消耗的有功为额定功率，即容量。当运行点移至 B 点时，频率下降使负荷消耗的有功功率下降。如图 8-9 所示中的频率特性可以描述为

$$\Delta P_L(f)_* = K_L \Delta f_* \tag{8-2}$$

式中 $\Delta P_L(f)_*$——有功功率变化的标么值，$\Delta P_L(f)_* = (P_L - P_N)/P_N$；

   Δf_*——频率变化的标么值，$\Delta f_* = (f_N - f)/f_N$；

   K_L——系统总的负荷频率调节效应系数，与电力系统负荷组成等因素有关，一般为 1~3。

要特别强调负荷容量与负荷消耗功率之间的区别，负荷容量是指在额定参数下消耗的有功功率，当系统频率不是额定值时，负荷消耗的功率也不等于负荷容量。在此讨论的电力系统有功缺额实际上是发电功率与负荷容量之间的差额，而不是发电功率与负荷消耗功率之间的差额。如图 8-10 所示为有功缺额导致频率下降的情况，有功缺额产生的原因通常是因为电力系统故障导致供电功率下降。如图 8-10 所示中的 A 点为系统正常时的运行点，发电功率与负荷额定功率平衡，频率为额定频率。当供电功率下降后，如图 8-10 所示，由 P_{G1} 降为 P_{G2}，与负荷额定功率即负荷容量产生差额 ΔP，系统不能稳定运行于 A 点，此时发电机转速开始下降，释放出一些动能弥补功率差额；同时由于负荷调节效应，负荷消耗的功率随着发电机转速即频率的下降而减少，发电功率与负荷功率的差额也随之减少。当频率下降到一定程度，负荷消耗的有功功率重新与发电功率平衡

179

时，发电机转速不再下降，系统频率稳定，整个系统最终稳定运行于新的功率平衡点即 B 点。可见在整个负荷调节过程中，功率始终是平衡的，功率缺额由发电机转速下降、转子动能释放产生的功率弥补。

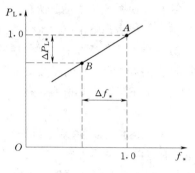

图 8-9　负荷频率特性图

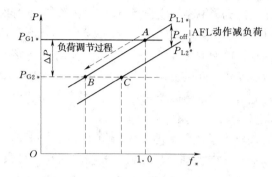

图 8-10　负荷调节及 AFL 动作过程图

B 点的频率为

$$f_\infty = f_N \left(1 - \frac{1}{K_{L*}} \frac{\Delta P}{P_{LN}}\right) \tag{8-3}$$

式中　f_∞——B 点对应的稳定运行频率；

　　f_N、P_{LN}——额定频率、额定负荷功率；

　　　K_{L*}——负荷调节效应系数；

　　　ΔP——有功缺额。

如果 B 点频率过低、影响电力系统安全，则应由 AFL 自动减去部分负荷，负荷频率特性下移，由 P_{L1*} 降为 P_{L2*}，系统将最终稳定运行于 C 点。设 AFL 装置切除负荷容量为 P_{off}，新的系统稳定运行频率为

$$f_\infty = f_N \left(1 - \frac{1}{K_{L*}} \frac{\Delta P - P_{off}}{P_{LN} - P_{off}}\right) \tag{8-4}$$

注意当 AFL 装置切除部分负荷后，有功缺额减少了，同时参与负荷调节的负荷容量也由 P_{LN} 减为 $P_{LN} - P_{off}$。

【例题】　同样发生 10% 的功率缺额，负荷调节效应系数 $K_L = 2$，原因分别是：(1) 损失总负荷 10% 的发电功率；(2) 负荷增加 10% 的用电功率。在这两种情况下，系统的稳定频率是否相等？

解：(1) 发电功率减少，总负荷功率不变（假定为 100%），根据上述公式，稳定频率为

$$f_\infty = f_N \left(1 - \frac{1}{K_L} \frac{\Delta P}{P_{LN}}\right) = 50 \left(1 - \frac{1}{2} \times \frac{10}{100}\right) = 47.5 (\text{Hz})$$

(2) 用电功率增加，总负荷功率改变（100% + 10%），根据上述公式，稳定频率为

$$f_\infty = f_N \left(1 - \frac{1}{K_L} \frac{\Delta P}{P_{LN}}\right) = 50 \left(1 - \frac{1}{2} \times \frac{10}{100 + 10}\right) = 47.7 (\text{Hz})$$

可见，两者的稳定频率不同，用电增加，总负荷变大，负荷调节效应增强，系统的稳定频率更高。

由于发电机转速的变化导致转子动能的变化，显然发电机转速不能突变，频率也不能突变。图 8-10 中，发生有功缺额后频率下降，运行点由 A 点达到 B 点需要一定时间，这个时间与系统频率变化时间常数以及频率下降幅度有关。系统频率的动态特性如图 8-11 所示。系统频率由 f_N 向 f_∞ 变化的动态特性可以描述为

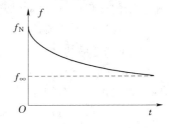

$$f(t) = f_\infty + (f_N - f_\infty) e^{-\frac{t}{T_f}} \qquad (8-5)$$

图 8-11 系统频率的动态特性

式中 T_f——系统频率变化时间常数，大约为 $4 \sim 10s$。

8.2.2 按频率自动减负荷装置的基本原则

1. 切除负荷总容量的确定和切除负荷的选择原则

（1）切除负荷总容量的确定。在各种典型运行方式下，考虑到各种可能发生的事故情况，以找出最大系统功率缺额。对于各地区切除负荷量的要求，除了应按满足全系统要求切除的总负荷量之外，还应考虑本地区内发生严重事故时的要求。在切除最大的负荷量后，系统频率应当恢复在可运行的水平，该频率称为恢复频率 f_h。

考虑到系统发电容量的备用及调频电厂的调节作用，并不要求恢复频率为额定频率，一般在 $49.5 \sim 50Hz$。因此，最大切除负荷总量一般小于功率的最大缺额。如果系统的负荷为 P_{LN}，最大功率缺额为 ΔP_{max}，则系统要求的恢复频率 f_h 为

$$f_h = f_\infty = f_N \left(1 - \frac{1}{K_L} \frac{\Delta P_{max} - \Delta P_{Lmax}}{P_{LN} - \Delta P_{Lmax}} \right) \qquad (8-6)$$

则最大切除负荷总量 ΔP_{Lmax} 为

$$\Delta P_{Lmax} = \frac{\Delta P_{max} - K_L \Delta P_{LN} \Delta f_*}{1 - K_L \Delta f_*} \qquad (8-7)$$

其中

$$\Delta f_* = \frac{f_N - f_h}{f_N}$$

【例题】 某系统额定运行时 $P_{LN} = 10000MW$，如果系统的最大功率缺额 $\Delta P_{max} = 2000MW$，负荷调节效应系数 $K_L = 2$，AFL 装置动作后希望的恢复频率为 $48Hz$，求 AFL 可切除的最大负荷功率。

解： 恢复频率偏差为

$$\Delta f_* = \frac{f_N - f_h}{f_N} = \frac{50 - 48}{50} = 0.04$$

由式（8-7）得

$$\Delta P_{Lmax} = \frac{2000 - 2 \times 10000 \times 0.04}{1 - 2 \times 0.04} = 1304 \text{（MW）}$$

（2）切除负荷的选择原则。从上述分析可知，切除负荷的最大量是针对系统最严重的情况来考虑的，如果系统不是发生最严重事故，切除的负荷量就应当相应减小，否则会造成过切，导致负荷切除后系统稳定频率超过额定频率。因此要求自动按频率减负荷装置能根据系统的运行方式变化和事故的严重程度作出相应的反应，切除相应数量的负荷功率。

根据起动频率的不同，低频减载可分为若干级。如果电力系统发生事故，在系统频率

缓慢下降的过程中可以按照频率的不同值来顺序切除相应负荷。

对于被切除的负荷，按下述原则选择被切除的负荷：

1）应先考虑切除次要的负荷，且切除之后不会影响到设备及人身的安全。

2）切除后不应影响电力系统有关设备的运行安全，例如造成其他运行设备的过载及功率的更新不合理分配。

3）必要时，还可以切除部分较为重要的负荷。

2. 首级和末级动作频率的确定

（1）首级动作频率 f_1。首级动作频率较高，这样在事故发生初期就可以及早切除一些负荷，有利于频率的稳定。但是，系统中还有旋转备用，它们发生作用有一定的延时，为了防止因频率的短暂下降而不必要地过多切除负荷，一般情况下对于以火力发电厂为主的电力系统为 $48.5 \sim 49\text{Hz}$；对于以水力发电厂为主的电力系统为 $48 \sim 48.5\text{Hz}$。

（2）末级动作频率 f_n。

为了防止电力系统出现频率崩溃或电压崩溃，末级动作频率不能太低，否则无法保证电力系统的频率稳定。一般规定如下：

1）对于以高温高压电厂为主的电力系统为 $47 \sim 48\text{Hz}$。

2）对于无高温高压电厂的电力系统为 47Hz。

3）按静态稳定所允许的最低频率为 46Hz。

3. 级差 Δf 和级数 n 的确定

根据上述分析，如果动作级差为 Δf，AFL 装置的动作级数 n 为

$$n = \frac{f_1 - f_n}{\Delta f} + 1 \qquad (8 - 8)$$

n 越大，每级切除的负荷相对越少，更方便分散在各个用户变电所的 AFL 装置切除负荷，同时也更有利于频率的稳定。关于频率级差的问题，目前存在两种不同的确定原则。

（1）按照选择性原则确定级差。该原则强调各级的动作次序，只有前一级动作后才允许后一级动作。当电力系统频率下降时，首先第一级动作，切除第一级负荷；第一级负荷切除后，如果频率能回升到恢复频率以上或频率不再下降到第二级动作频率，第二级就不需要动作，反之，如果频率继续下降，达到第二级的动作频率后，切除第二级负荷，依次动作，如果频率继续下降，直到末级动作，切除相应负荷，最终使稳定频率在恢复频率以上。

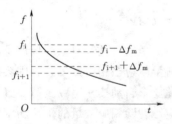

图 8 - 12　频率动作级差选择示意图

现在一般采用微机装置完成对于频率的测量，频率测量的误差（$\pm \Delta f_m$）较小。频率动作级差选择示意图如图 8 - 12 所示，如果前一级（第 i 级）测量为最大负误差，而后一级（第 $i+1$ 级）为正误差。如果第 i 级在频率 $f_i - \Delta f_m$ 时动作，经过 t_i 延时切除第 i 级负荷，在 t_i 延时内，频率下降了 Δf_c，要保证选择性，也就是要让第 $i+1$ 级在第 i 级还未切除负荷时不动作，即

$$f_{i+1} + \Delta f_m < f_i - \Delta f_m - \Delta f_t \qquad (8-9)$$

考虑到一定的裕度 Δf_y（一般取 $0.05\mathrm{Hz}$），动作级差 Δf 为

$$\Delta f = 2\Delta f_m + \Delta f_t + \Delta f_y \qquad (8-10)$$

传统机电型频率继电器测量误差最大为 $\pm 0.15\mathrm{Hz}$ 左右，现在的数字式频率继电器已经广泛使用，其测量误差最大为 $\pm 0.015\mathrm{Hz}$，因此：①对于装设机电型频率继电器的电力系统频率动作级差为 $0.5\mathrm{Hz}$；②对于装设数字式频率继电器的电力系统频率动作级差为 $0.2 \sim 0.3\mathrm{Hz}$。

（2）不按照选择性原则确定级差。由于电力系统的运行方式与负荷水平的变化不定，在电力系统发生事故时，系统的功率缺额具有很大的分散性，AFL 装置遵循逐步试探的方法分级切除少量负荷，希望达到最优的切除效果，即减少级差，增加总的动作级数 n。这样在发生事故时，即使两级同时动作，由于每级切除负荷较小，系统稳定频率也不会过高。

4. 各级整定原则

（1）基本级。基本级按首级动作频率、末级动作频率、级差考虑，分为若干级。按动作后仅能制止频率下降、防止频率崩溃的原则整定，AFL 装置动作后系统的恢复频率不要求太高，应在恢复频率范围内，一般为 $47 \sim 48.5\mathrm{Hz}$，保证调度人员处理时不会发生频率崩溃。AFL 装置动作后由调度人员处理，最终将系统频率拉回正常水平。基本级动作时间一般为 $0.3 \sim 0.5\mathrm{s}$。

基本级中各级切除负荷的多少如何确定？

如果系统的恢复频率为 f_h，系统总的功率缺额为 ΔP，第 i 级动作后切除负荷 ΔP_{Li}，第 i 级动作前系统的功率缺额为 $\Delta P - \sum\limits_{k=1}^{i-1} \Delta P_{Lk}$。最后一级（第 n 级）动作前，系统的稳定频率为

$$f_\infty = f_N \left(1 - \frac{1}{K_{L*}} \frac{\Delta P - \sum\limits_{k=1}^{n-1} \Delta P_{Lk}}{P_{LN} - \sum\limits_{k=1}^{n-1} \Delta P_{Lk}} \right) = f_n \qquad (8-11)$$

即稳定频率刚好为第 n 级的动作频率 f_n，在第 n 级动作后，希望达到恢复频率，有

$$f_\infty = f_N \left(1 - \frac{1}{K_{L*}} \frac{\Delta P - \sum\limits_{k=1}^{n-1} \Delta P_{Lk} - \Delta P_{Ln}}{P_{LN} - \sum\limits_{k=1}^{n-1} \Delta P_{Lk} - \Delta P_{Ln}} \right) = f_h \qquad (8-12)$$

根据式（8-12）就可以确定第 n 级的切除负荷量 ΔP_{Ln}。

依次回推，只要第 i 级动作前，系统的稳定频率为第 i 级的动作频率，那么第 i 级动作后系统的稳定频率就应该为恢复频率，直到所有级的切除负荷确定。

则第 1 级的切除负荷表达式为

$$f_1 = f_N \left(1 - \frac{1}{K_{L*}} \frac{\Delta P}{P_{LN}} \right) \qquad (8-13)$$

$$f_h = f_N \left(1 - \frac{1}{K_{L*}} \frac{\Delta P - \Delta P_{L1}}{P_{LN} - \Delta P_{L1}} \right) \qquad (8-14)$$

根据式（8-13）计算出 ΔP，代入式（8-14）中就可以计算出 ΔP_{L1}。列出各级切除负荷为

$$
\begin{cases}
\Delta P_{L1} = \dfrac{K_{L*}(f_h - f_1)}{f_N - K_{L*}(f_N - f_h)} P_{LN} \\[3mm]
\Delta P_{L2} = \dfrac{K_{L*}(f_h - f_1)}{f_N - K_{L*}(f_N - f_h)}(P_{LN} - \Delta P_{L1}) \\[2mm]
\qquad\qquad\vdots \\[2mm]
\Delta P_{L2} = \dfrac{K_{L*}(f_h - f_1)}{f_N - K_{L*}(f_N - f_h)}\left(P_{LN} - \sum_{k=1}^{n-1}\Delta P_{Lk}\right)
\end{cases}
\qquad (8-15)
$$

各级切除负荷之和就是切负荷的总量 ΔP_{Lmax}，即

$$
\Delta P_{Lmax} = \sum_{k=1}^{n}\Delta P_{Lk} \qquad (8-16)
$$

可见，由最大功率缺额确定最大切负荷总量，再由式（8-15）计算出各级的切除负荷量，最终各个变电所的具体 AFL 装置就可以自动切除负荷，保证系统的频率稳定。

（2）特殊级。当系统频率较长时间低于恢复频率低限（如 47Hz）时，由特殊级再切除部分负荷确保系统恢复频率满足要求（频率恢复到 47～48.5Hz 之间）。

特殊级起动频率为恢复频率低限，特殊级的动作时间一般为 15～20s。

【例题】 某系统 AFL 的级数、动作频率、切除负荷量、动作时间见表 8-1，在发电功率保持不变的情况下，发生 33.54％ 的功率缺额，若 AFL 正确动作，求系统的稳定频率是多少（负荷调节效应系数取 2)？

表 8-1   **AFL 动 作 过 程 表**

级序	动作频率/Hz	切除负荷百分数/%	动作时间/s
1	48	4	0.3
2	47.5	5	0.3
3	47	6	0.3
4	46.5	7	0.3
5	46	8	0.3
特殊级	47.5	4	20

解： 由于发电功率不变，造成的功率缺额就是负荷的增加。

如果 AFL 不动作，则稳定频率为

$$
f_\infty = f_N\left(1 - \frac{1}{K_{L*}}\frac{\Delta P}{P_{LN} + \Delta P}\right) = \left(1 - \frac{1}{2}\times\frac{33.54}{100 + 33.54}\right)\times 50 = 43.72\,(\text{Hz})
$$

在频率下降的过程中，首先第 1 级动作，其他级还未动作时的稳定频率为

$$
f_\infty = f_N\left(1 - \frac{1}{K_{L*}}\frac{\Delta P - \Delta P_{L1}}{P_{LN} + \Delta P - \Delta P_{L1}}\right) = \left(1 - \frac{1}{2}\times\frac{33.54 - 4}{100 + 33.54 - 4}\right)\times 50 = 44.30\,(\text{Hz})
$$

在频率的下降过程中，第 2 级动作，第 1、2 级动作后稳定频率为

$$
f_\infty = f_N\left(1 - \frac{1}{K_{L*}}\frac{\Delta P - \Delta P_{L1} - \Delta P_{L2}}{P_{LN} + \Delta P - \Delta P_{L1} - \Delta P_{L2}}\right) = \left(1 - \frac{1}{2}\times\frac{33.54 - 4 - 5}{100 + 33.54 - 4 - 5}\right)\times 50 = 45.07\,(\text{Hz})
$$

以此类推，第 3 级动作，动作后稳定频率为

$$f_\infty=\left(1-\frac{1}{2}\times\frac{33.54-4-5-6}{100+33.54-4-5-6}\right)\times50=46.09(\text{Hz})$$

第 4 级动作后稳定频率为

$$f_\infty=\left(1-\frac{1}{2}\times\frac{33.54-4-5-6-7}{100+33.54-4-5-6-7}\right)\times50=47.41(\text{Hz})$$

第 5 级不动作，但稳定频率低于恢复频率，特殊级动作，稳定频率为

$$f_\infty=\left(1-\frac{1}{2}\times\frac{33.54-4-5-6-7-4}{100+33.54-4-5-6-7-4}\right)\times50=48.24(\text{Hz})$$

所以，系统的最终稳定频率是 48.24Hz。

（3）AFL 的配置。系统内多个变电所内安装的多个 AFL 装置组成一个系统，共同防止系统有功缺额导致频率崩溃，每个变电所内的 AFL 装置可以是某一级也可以是若干级，同一级切除负荷的任务也可由几个变电所的 AFL 装置完成。

5.AFL 闭锁措施

（1）电流闭锁和电压闭锁。电流、电压闭锁示意图如图 8 - 13 所示，线路停电导致变电所 B 停电。如果变电所 B 所带负荷中大型电动机较多，由于大型电动机工作特点，变电所 B 母线电压由正常运行电压降为零有一个暂态过程，期间母线电压频率、电压幅值均有一个下降过程。此时 AFL 装置若因测量到母线电压低频率而切除负荷则属于多余动作，因为已经停电了又断开部分出线的断路器，当系统恢复供电时必须人工操作将断开的断路器合上。

为了防止停电时 AFL 装置误动，引入了电流闭锁、电压闭锁，又称无流闭锁、无压闭锁。当发生图 8 - 13 所示情况时，由于电流、电压水平远低于正常运行值，无流闭锁、无压闭锁部分动作，闭锁 AFL 装置出口回路以避免误动。

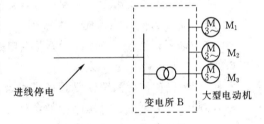

图 8 - 13　电流、电压闭锁示意图

（2）滑差闭锁。当电力系统发生故障时，故障点有一个相当大的功率消耗，短时间内会形成较大的功率缺额。当继电保护动作将故障切除后，这个功率缺额也随之消失。如果在发生故障期间，AFL 装置因系统频率短时下降切除了部分负荷，当继电保护切除故障后，被切的负荷无法自动恢复供电，降低了供电可靠性。

为了避免系统故障导致 AFL 装置误切负荷，设置了滑差闭锁，判据为频率变化率，即 df/dt。当系统发生故障时，有功缺额大，频率下降很快，df/dt 很大，闭锁 AFL 装置出口回路，防止误切负荷。

6.AFL 装置的实现

（1）低频减载。AFL 曾经是一个单独的装置，采用晶体管电路以及集成电路构成的频率检测元件；随着微机保护的广泛使用，AFL 已经融入数字化保护，由微机保护的一个软件模块实现，当满足低频率减载条件时保护发出跳闸命令。低频率减载条件如下：

1）三相电压平衡，且电压大于设定值（满足无压闭锁条件）。

2）df/dt 小于设定值（满足滑差闭锁条件）。

3）频率低于设定值。

4）达到设定延时。

5）线路负荷电流大于设定值（满足无流闭锁条件）。

（2）低压减载。另外电力系统无功的缺额会引起电压下降，当电压降低过多时，电压下降导致电厂辅机出力下降，进而导致发电机发出的无功功率减少，进一步加大无功缺额，严重时还会引起电力系统崩溃，称为电压崩溃。为了防止电压过度下降危及电力系统运行安全，在微机保护里还可以配置低压减载功能，低压减载条件如下：

1）三相电压平衡，任一相电压低于设定值。

2）任一相电压高于 16V（防止系统故障时低压减载误动）。

3）低压变化率低于设定值（类似 AFL 中的滑差闭锁，防止故障时误动）。

4）达到设定延时。

5）线路负荷电流大于设定值。

低频率减载与低压减载功能可以由微机保护定值中的控制字投入或退出。

复 习 思 考 题

1. 说明进线备投与分段备投方式的区别。

2. 备用电源失电为何闭锁 AAT 装置？

3. 主变后备保护动作为何闭锁 AAT 装置？

4. AAT 装置为何只能动作一次？

5. AAT 装置框图中 CD＝1、AAT 放电是什么意思？

6. AFL 装置的作用是什么？

7. AFL 装置动作后系统恢复频率是否越高越好？

8. AFL 装置中电流、电压闭锁的含义是什么？

9. AFL 装置中滑差闭锁的作用是什么？

10. 某系统 AFL 的级数、动作频率、切除负荷量、动作时间见表 8－1，在发电功率保持不变的情况下，发生 22％的功率缺额，若 AFL 正确动作，求系统的稳定频率是多少（负荷调节效应系数取 2）？

第9章 同步发电机的励磁调节与自动并列

9.1 发电机自动励磁调节装置

同步发电机在正常运行时，对励磁电流进行调节可以维持发电机机端电压的稳定，并能够在并列运行发电机间合理有效地分配无功功率。在系统发生故障时，对励磁电流的调节可以改善并提高系统的稳定性。励磁电流的自动调节是由同步发电机的自动励磁调节装置来完成与实现的，自动励磁调节装置简称 AER。

9.1.1 AER 的作用与要求

1. AER 的作用

如图 9-1 所示单机与系统相连，如图 9-1（b）所示。

$$\dot{E}_q = \dot{U}_G + j\dot{I}_G X_d \tag{9-1}$$

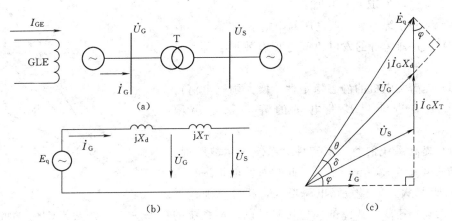

图 9-1 同步发电机的等值电路与相量图
（a）系统接线图；（b）等值电路；（c）相量图

根据图 9-1（c）相量图，有

$$E_q \cos\theta = U_G + I_G \sin\varphi X_d \tag{9-2}$$

如 $\theta \approx 0$，有 $\cos\theta \approx 1$，则

$$U_G \approx E_q - I_{G.Q} X_d \tag{9-3}$$

式中 $I_{G.Q}$——电流的无功分量，$I_{G.Q} = I_G \sin\varphi$。

根据式（9-3）可以画出发电机的外特性如图 9-2 所示。从图中可以看出，发电机的机端电压随发电机的无功电流的变化而变化。发电机正常运行于点 1，当无功电流增大

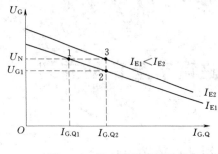

图 9-2 发电机的外特性图

为 $I_{G.Q2}$ 时，如不改变发电机的励磁电流，则发电机机端电压降为 U_{G1}（图中点 2），要维持发电机的额定电压，则需要增大发电机的励磁电流为 I_{E2}，即将发电机的外特性上移（图中点3）。同理，发电机的无功电流减小时，应当减小励磁电流，即发电机外特性下移。

如图 9-1 所示中的发电机并列运行，则发电机机端电压不变，如发电机原动机输入功率不变，则发电机输出有功功率 P_G 为常数 C，即

$$P_G = U_G I_G \cos\varphi$$

则

$$I_G \cos\varphi = C \tag{9-4}$$

对隐极机，由功角特性，有

$$P_G = \frac{E_q U_G}{X_d} \sin\theta$$

则

$$E_q \sin\theta = C \tag{9-5}$$

画出相量图如图 9-3 所示。从图中可以看出，当发电机励磁电流改变时，θ 改变，无功电流沿着直线 1 变化，即发电机输出的无功功率改变。

综上所述，AER 的作用如下：

（1）维持系统中某一点电压的稳定。

（2）在并列运行的发电机间合理有效地分配无功功率。

（3）提高发电机的静态稳定性。增大励磁电流可以增大 E_q，进而提高发电机的静态稳定极限 $E_q U_G / X_d$。

（4）提高系统的暂态稳定性。系统发生故障时，发电机的电流增大，电压下降，此时对发电机进行强励，则 E_q 增大，使得短路电流增大，就可以加快继电保护的动作速度。故障的快速切除可以提高系统的暂态稳定性，加快系统电压的恢复，有利于电动机的自起动。

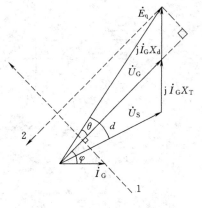

图 9-3 励磁电流变化时的相量图

（5）在发电机故障时，对发电机的快速灭磁可以减少发电机损坏。

2. 自动励磁调节装置的要求

（1）发电机均应装设自动励磁调节装置。自动励磁调节装置应具备下列功能：

1）在电力系统发生故障时，按给定的要求强行励磁。

2）在正常运行情况下，按给定要求保持电压。

3）在并列运行发电机之间，按给定要求分配无功负荷。

4）提高静态稳定极限。

5）对 200MW 及以上的发电机，还应具有过励限制、低励限制和功角限制等功能。

（2）AER 应能够迅速反应系统故障时电压的降低，实现强行励磁。作为 AER 强行励磁作用的后备措施，并作为某些不能满足强行励磁要求的 AER 的补充措施，发电机应装设继电强行励磁装置。

（3）发电机应按下列规定装设自动灭磁装置：

1）1MW 以下的发电机，可仅在励磁机励磁回路内串联接入灭磁电阻。

2）1～6MW 的发电机，可采用对电阻放电的灭磁方式，也可采用只在发电机励磁回路和励磁机励磁回路串联电阻的方式。

3）6MW 及以上的发电机，可采用对电阻放电的灭磁方式，也可以采用对灭弧栅放电的灭磁方式。在励磁机励磁回路内可采用串联接入电阻的方式。对于大、中型汽轮发电机和水轮发电机、励磁机励磁回路，可采用对电阻放电逆变灭磁、非线性电阻灭磁等灭磁方式。

4）应有足够的调整容量。

5）简单可靠，操作方便。

3. 发电机励磁调节框图

当发电机的机端电压 U_G 下降时，希望增大励磁电流 I_E 时，因此发电机的工作特性如图 9 - 4（a）所示。

发电机的励磁调节系统由 AER、继电强行励磁单元、自动灭磁单元组成，如图 9 - 4（b）所示。系统正常运行时，发电机通过 AER 来维持系统中某点电压的稳定，并且调整各发电机的无功分配。在系统故障时，AER、继电强行励磁单元对发电机进行强行励磁，提高系统的暂态稳定性。当发电机故障或停机时，通过自动灭磁单元将发电机励磁电流迅速降为零，以避免发电机受损。

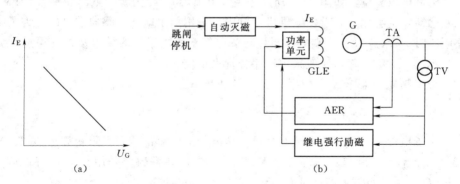

图 9 - 4　励磁调节工作原理图
（a）工作特性；（b）励磁调节系统组成

9.1.2　AER 的工作原理

1. AER 的组成

如图 9 - 5 所示画出了 AER 的基本功能框图，由调差单元、测量比较、PID 调节、移相单元、脉冲放大、可控整流等基本单元组成。此外，为保证发电机与系统的安全稳定运行，还设有各种励磁限制（低励与过励）。除了上述主通道调节外，一般还设有以励磁电流为被调量的闭环控制方式（也称为手动运行方式）。

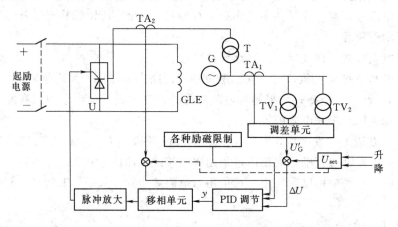

图 9-5 AER 基本功能框图

在图 9-5 中，如由于某种原因使得发电机机端电压升高，偏差电压 $\Delta U>0$，经过 PID 调节后得到控制量 y，再经过移相单元后使得触发脉冲后移，控制角 α 增大，可控整流输出电压减小，减小发电机的励磁，机端电压随之下降。反之，当发电机机端电压降低时，偏差电压 $\Delta U<0$，经过 PID 调节后得到控制量 y，再经过移相单元后使得触发脉冲前移，控制角 α 减小，可控整流输出电压增大，增大发电机的励磁，机端电压随之上升。可见，调节过程可使发电机电压维持在给定值附近。

2. 各环节工作原理

结合如图 9-5 所示，工作通道各环节工作原理有以下方面：

（1）机端电压测量。如图 9-5 所示中电压互感器 TV_1 为专用电压互感器，TV_2 为仪用电压互感器，两者用于测量发电机机端电压。采用两个电压互感器的目的是为了防止电压回路断线时 AER 误动。机端电压测量环节类似于微机保护的模拟量采集通道，为了反应对称故障与不对称故障，一般采用正序分量来反应。

如一个工频周期采样 N 点数据，则 A 相正序分量可采用如下公式计算

$$3u_{A1}(n) = u_A(n) + u_B\left(n - \frac{2N}{3}\right) + u_C\left(n - \frac{N}{3}\right) \tag{9-6}$$

（2）定子电流测量。定子电流测量可用全波傅立叶算法或两点乘积算法实现。

（3）调差单元。调差单元是为了获得合理的调差系数，采用正调差特性则 $U'_G = K(U_G + mQ)$，采用负调差特性则 $U'_G = K(U_G + mQ)$。

（4）PID 调节。PID 调节就是由输入的偏差电压信号 $\Delta u(n)$ 确定输出的调整信号 $y(n)$。PID 调节为比例、积分、微分调节，在模拟系统中为

$$y(t) = K_P\Delta u(t) + K_I\int_0^t \Delta u(t)\,dt + K_D\frac{d\Delta u(t)}{dt} \tag{9-7}$$

式中 K_P——比例放大系数；

K_I——积分系数；

K_D——微分系数。

190

用离散表达式为

$$y(n) = y(0) + K_P \Delta u(n) + K_I T_s \sum_{k=1}^{n} \Delta u(n) + \frac{K_D}{T_s}[\Delta u(n) - \Delta u(n-1)] \quad (9-8)$$

式中　T_s——采样周期。

可以看出，$y(n)$ 与过去状态 $y(0)$ 有关，比例调节 $K_P \Delta u(n)$ 可以反应电压的波动，积分调节 $K_I T_s \sum_{k=1}^{n} \Delta u(n)$ 可以反应误差的累积效应，微分调节 $K_D[\Delta u(n) - \Delta u(n-1)]/T_s$ 可以反应电压的剧烈变化，便于实现强励。

（5）移相单元。移相单元就是根据 PID 调节单元的输出 $y(n)$ 来改变控制角 α 大小，当 $y(n) > 0$ 时，增大控制角 α，当 $y(n) < 0$ 时，减小控制角 α，具体算法由软件实现。

9.1.3　发电机励磁方式与励磁调节方式

同步发电机的励磁方式是指作为励磁功率单元的直流电源的来源方式，而励磁调节方式是指依据什么来改变励磁电流的大小。发电机的励磁方式有直流发电机供电、交流励磁机经过整流后供电、自励整流供电三种方式。励磁调节方式可以分为按机端电压偏差的比例调节方式和按定子电流、功率因数的补偿调节方式两种，其中按定子电流、功率因数的补偿调节方式目前基本不再采用。

1. 励磁方式

（1）直流发电机供电。直流发电机供电的励磁方式，是以前同步发电机的主要励磁方式。但由于容量不能超过 600kW，同时存在换流问题，这种励磁方式不能应用于大型的同步发电机。如图 9-6 所示直流发电机供电的励磁方式。图中 GD 为自励方式的直流发电机。通过控制直流发电机回路中电阻 R_1 的大小来调节励磁电流，R_2 用于限制励磁电流。

直流发电机供电的励磁方式由于存在换向器件与电刷，维护困难；并且机械换向存在拉弧现象，因此不适用于大容量发电机。

（2）自励整流供电。自励是同步发电机的励磁电源取自发电机本身和图 9-7 所示一种自励整流供电的励磁方式。发电机的直流电来自发电机机端的励磁变压器 T 经过可控整流装置 U 供给；AER 通过控制可控整流单元 U 的触发脉冲来调节励磁电流。

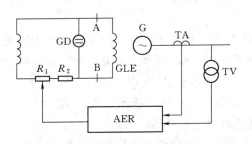

图 9-6　直流发电机供电的励磁
方式（A、B 为滑环）图

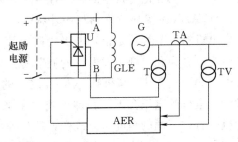

图 9-7　发电机自并励励磁
方式（A、B 为滑环）图

自励整流供电的励磁方式有如下优点：

1）接线简单，没有转动设备，可靠性高。

2）响应速度快。

3）维护方便。

因此，自励整流供电的励磁方式在大、中型发电机上得到了广泛应用。

（3）交流励磁机整流供电。整流器件可以是二极管或是晶闸管，整流装置可以是静止的，也可以是旋转的，因此这种励磁方式有交流励磁机——静止二极管、交流励磁机——静止晶闸管、交流励磁机——旋转二极管、交流励磁机——旋转晶闸管等励磁方式。由于旋转整流装置的励磁方式存在励磁回路的监控困难，目前还较少使用。由于目前发电机普遍采用晶闸管来控制励磁电流的大小，因此这里只介绍交流励磁机——静止晶闸管的励磁方式。

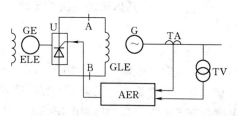

图 9 - 8　交流励磁机——静止
晶闸管的励磁方式图

如图 9 - 8 所示交流励磁机——静止晶闸管的励磁方式。图中 GE 为交流励磁机，其励磁绕组 ELE 直流可以来源于永磁发电机，也可采用自励方式。

这种励磁方式 AER 直接控制励磁电压，因此可以得到较高的励磁响应速度。因为整流单元直接控制励磁回路电压，发电机在需要停机时可以采用逆变灭磁。

2. 励磁调节方式

按电压偏差的比例调节实际上就是以机端电压为被调量的负反馈控制系统，其特性如图 9 - 4（a）所示。发电机机端电压 U_G 与设定电压偏差越大，调节作用越强；偏差越小，调节作用越弱。这种励磁调节方式，只要发电机机端电压波动或急剧变化，调节系统都能起调节作用，最终使发电机电压 U_G 维持在给定值水平上。

9.1.4　并列运行机组间无功功率的分配

并列运行机组指的是在同一母线上并列运行的发电机或发电机变压器组。当改变机组的励磁电流时，该机组的无功功率输出会发生改变，同时会改变并列运行机组间的无功功率的分配。这些变化与机组的外特性有关，对外特性有一定的要求。

1. 有 AER 装置同步发电机的外特性

发电机的调节特性是指发电机励磁电流 I_E 与无功负荷 $I_{G.Q}$ 之间的关系，由于励磁回路励磁绕组会饱和，画出发电机的调节特性如图 9 - 9（a）所示。发电机的无功外特性是指发电机无功负荷 $I_{G.Q}$ 与机端电压 U_G 之间的关系。在没有 AER 时，发电机的无功负荷增大时，发电机的电压会下降，即外特性下倾，如图 9 - 9（b）所示。由于 AER 的作用，发电机外特性下倾的角度可以改变，并且外特性可以上下平移。

如图 9 - 9（b）所示，发电机的外特性稍微下倾，下倾的程度用调差系数 K_{adj} 来表示。调差系数定义为

$$K_{adj} = \frac{U_{G0} - U_{G2}}{U_{GN}} = U_{G0*} - U_{G2*} = \Delta U_{G*} \tag{9 - 9}$$

式中　U_{G0}、U_{G0*}——发电机空载电压（无功电流为零）及其标么值；

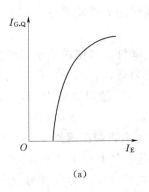 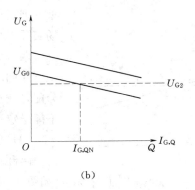

(a) (b)

图 9-9　发电机无功调节特性的形成图

（a）发电机的调节特性；（b）发电机无功外特性

U_{G2}、U_{G2*}——发电机额定无功负载时的机端电压及其标幺值。

调差系数 K_{adj} 也可以用百分数来表示，即

$$K_{adj}\% = \frac{U_{G0} - U_{G2}}{U_{GN}} \times 100\% \qquad (9-10)$$

由此可见，调差系数 K_{adj} 表示无功电流由零增加到额定值时，发电机机端电压的相对变化。当调差系数越小，无功电流变化时发电机机端电压变化就越小，故调差系数表征了 AER 维持发电机机端电压的能力。当 $K_{adj} > 0$ 时，称为正调差；当 $K_{adj} < 0$ 时，称为负调差；当 $K_{adj} = 0$ 时，称为无差调节。

为了改变发电机的调差特性，在 AER 中一般设置调差单元，机端电压 U_G 通过调差单元后变为 U'_G。为了获得正调差特性，$U'_G = K(U_G + mQ)$，即发电机无功功率增加时，AER 感受到的机端电压上升，发出减小励磁电流的命令；为了获得负调差特性，$U'_G = K(U_G - mQ)$，即发电机无功功率增加时，AER 感受到的机端电压下降，发出增大励磁电流的命令。

发电机外特性的调整，一是改变并列运行发电机的调差系数 K_{adj}，进而改变发电机输出的无功；二是在发电机投入或退出运行时，通过外特性的上下平移，使此时发电机的无功电流为零，减小对发电机与系统之间的冲击。

2. 并列运行机组间无功功率的分配方法

并列运行机组间无功功率的分配与各机组的外特性有关，下面分别讨论。

（1）无差特性发电机和正调差特性发电机的并列运行。两台发电机并列运行，其中 1 号发电机为无差特性（如图 9-10 所示中曲线 1），2 号发电机为正调差特性（如图 9-10 所示中曲线 2）。这时母线电压为无差调节发电机的机端电压 U_{G1}，并保持不变。正常运行时，2 号发电机输出的无功功率为 Q_2，1 号发电机输出的无功功率取决于用户所需要的无功功率。当无功负荷变化时，由于母线电压 U_{G1} 不变，2 号发电机输出的无功功率 Q_2 不变，则变化的无功功率完全由 1 号发电机所承担。

要改变两台发电机间的无功功率分配，需要将 2 号发电机外特性上下平移；或者将 1 号发电机外特性上下平移，这样母线运行电压也发生了改变。

由上分析可见，一台无差特性发电机可以和一台或多台正调差特性发电机在同一母线

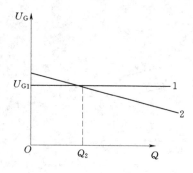

图 9-10 一台无差特性和一台正
调差特性发电机的并列运行图

上并列运行，但机组间的无功功率分配不合理，所以现场实际很少采用。

两台无差特性发电机，即使机端电压完全相同，也不能在同一母线上并列运行，因为两机组间的无功功率分配是任意的，所以两机组间会发生无功功率的摆动，不能稳定运行。

（2）负调差特性发电机和正调差特性发电机的并列运行。两台发电机并列运行，其中 1 号发电机为负调差特性（如图 9-11 所示中曲线 1），2 号发电机为正调差特性（如图 9-11 所示中曲线 2）。这时母线电压为 U_{G1}，正常运行时，1 号发电机输出的无功功率为 Q_1，2 号发电机输出的无功功率为 Q_2，但并不能稳定运行。当 Q_1 由于某种原因变化时，如 Q_1 增大，则有如下的正反馈过程：

$$Q_1 \uparrow \rightarrow U'_G = K(U_G - mQ) \downarrow \rightarrow \text{AER 输出} \uparrow \rightarrow \text{励磁电流 } I_E \uparrow \rightarrow Q_1 \uparrow$$
（负调差）

从上述过程可见，Q_1 增大会导致 AER 输出与励磁电流 I_E 处于励磁工作上限；同样，如 Q_1 减小，会导致 AER 输出与励磁电流 I_E 处于励磁工作下限。因此，无功功率无法在两机组间合理分配，故不允许负调差特性发电机参与正调差特性发电机直接并列运行。

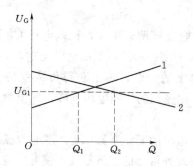

图 9-11 一台负调差特性和一台正
调差特性发电机的并列运行图

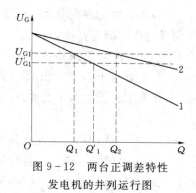

图 9-12 两台正调差特性
发电机的并列运行图

（3）两台正调差特性发电机的并列运行。如图 9-12 所示，两台正调差特性发电机并列运行，如这时母线电压为 U_{G1}，则两机无功功率分别为 Q_1、Q_2，Q_1 和 Q_2 具有确定的分配关系。如果系统无功功率发生了变化，如无功功率增加，则负反馈过程为

$$\left.\begin{array}{c}Q_1 \\ Q_2\end{array}\right\uparrow \rightarrow U'_G = K(U_G + mQ) \uparrow \rightarrow \text{AER 输出} \downarrow \rightarrow \text{励磁电流 } I_E \downarrow \rightarrow \left.\begin{array}{c}Q_1 \\ Q_2\end{array}\right\downarrow$$
（正调差）

同样，系统无功功率减小时，也有上述类似的负反馈过程。这说明，两台正调差特性发电机并列运行可维持无功功率的稳定分配，能稳定运行，并能保持并列点母线电压在给定值水平。

并列运行机组间无功功率的理想分配应当与机组的容量成正比。对任意一台发电机，

194

在如图 9-9（b）所示中，当机端电压为 U_G、无功功率为 Q 时，利用相似三角形的关系，有

$$\frac{Q}{Q_N} = \frac{U_{G0} - U_G}{U_{G0} - U_{G2}} \qquad (9-11a)$$

同样，当机端电压为 U'_G、无功功率为 Q' 时，有

$$\frac{Q'}{Q_N} = \frac{U_{G0} - U'_G}{U_{G0} - U_{G2}} \qquad (9-11b)$$

两式相减，有

$$\frac{Q - Q'}{Q_N} = \frac{U'_G - U_G}{U_{G0} - U_{G2}}$$

即

$$\Delta Q_* = -\Delta U_{G*}/K_{adj} \qquad (9-12)$$

式中　ΔQ_*——无功功率变化量标幺值，$\Delta Q_* = \Delta Q/Q_N = (Q' - Q)/Q_N$；

ΔU_{G*}——电压变化量标幺值，$\Delta U_{G*} = \Delta U_G/U_N = (U'_G - U_G)/U_N$。

由式（9-11a）有

$$Q_* = \frac{U_{G0} - U_G}{U_N}/K_{adj} \qquad (9-13)$$

从式（9-13）可以看出，要使机组间无功功率按机组容量分配，各机组的调差系数要相等，且各机组的空载电压 U_{G0} 相同。即要使机组间无功功率按机组容量分配，各机组外特性要相同。

为说明上述结论，设有 n 台正调差特性发电机并列运行，各机组的调差系数分别为 K_{adj1}、K_{adj2}、$\cdots$、K_{adjn}，当总的无功功率增量为 ΔQ_Σ 时，如将 n 台发电机等值为一台发电机，则额定无功功率为 $Q_{\Sigma N} = \sum\limits_{i=1}^{n} Q_{Ni}$，有

$$\Delta Q_{\Sigma*} = \frac{\Delta Q_\Sigma}{Q_{\Sigma N}} = -\frac{\Delta Q_\Sigma}{K_{adj\Sigma}} \qquad (9-14)$$

式中　$K_{adj\Sigma}$——并列母线上等值发电机的调差系数。

假如各发电机的无功功率增量分别为 ΔQ_1、ΔQ_2、$\cdots$、ΔQ_n，有

$$\Delta Q_\Sigma = \sum_{i=1}^{n} \Delta Q_{i*} Q_{Ni} = -\sum_{i=1}^{n} \frac{\Delta U_{G*}}{K_{adji}} Q_{Ni} = -\Delta U_{G*} \sum_{i=1}^{n} \frac{Q_{Ni}}{K_{adji}} \qquad (9-15)$$

联立式（9-14）与式（9-15），有

$$\begin{cases} K_{adj\Sigma} = \sum\limits_{i=1}^{n} Q_{Ni} \Big/ \sum\limits_{i=1}^{n} \frac{Q_{Ni}}{K_{adji}} \\[2mm] \Delta U_{G*} = -Q_{\Sigma*} \sum\limits_{i=1}^{n} Q_{Ni} \Big/ \sum\limits_{i=1}^{n} \frac{Q_{Ni}}{K_{adji}} \\[2mm] \Delta Q_i = -\Delta U_{G*} Q_{Ni}/K_{adj\Sigma} \end{cases} \qquad (9-16)$$

从式（9-16）可以看出，如果各发电机的调差系数相同，则无功功率的分配按照容量分配。

另外，需要指出的是，负调差系数发电机通过升压变后，调差系数可以变为正的调差系数，这时通过升压变的高压母线可以和其他的正调差特性发电机并列运行。

9.1.5 励磁系统中的可控整流电路

发电机励磁电流的调节是通过调节可控整流电路的触发脉冲角度来实现的。可控整流电路可将交流电压变为可变直流电压，供给发电机励磁绕组，一般所采用的可控整流电路为三相半控桥式或三相全控桥式整流电路。

1. 三相半控桥式整流电路

如图 9-13 所示为三相半控桥式整流电路，VSO 为晶闸管，V 为二极管，R、L 为励磁绕组的等值电阻与电感，u_a、u_b、u_c 为三相对称交流励磁电源，可来自发电机励磁变压器，也可来自励磁发电机。

（1）对触发脉冲的要求。晶闸管要导通需要满足两个条件：①要在阳极与阴极之间加正向电压；②在控制极与阴极间加一定能量、一定宽度的正向电压脉冲。晶闸管的截止条件为阳极与阴极之间加负向电压，或流过电流小于使晶闸管能维持导通的最小电流。

如果图中的晶闸管有最大的导通角，相当于将晶闸管改为二极管，则三相半控桥式整流电路变为三相全波桥式整流电路，此时图 9-13 中 A、B、C 三点电位最高的一相晶闸管与电位最低的一相二极管导通，使得输出的直流电压 u_d 最大。此时三相电压的导通转换点称为自然换相点，此时称换相角 $\alpha=0°$。当 $\alpha=0°$ 时，输入与输出波形如图 9-14 所示。

如图 9-14 所示，晶闸管 VSO_1、VSO_3、VSO_5 分别在 a 点、b 点、c 点开始导通，每个晶闸管导通 $120°$。因此，应该每隔 $120°$ 轮流向晶闸管 VSO_1、VSO_3、VSO_5 分别发触发脉冲 U_{g1}、U_{g3}、U_{g5}。二极管 V_4、V_6、V_2 分别在 a' 点、b' 点、c' 点开始导通，称 a' 点、b' 点、c' 点为二极管的换相点。

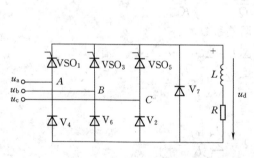

图 9-13 三相半控桥式整流电路图

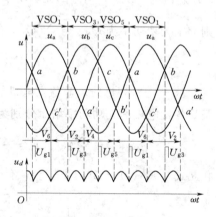

图 9-14 $\alpha=0°$ 时三相半控桥输入与输出波形图

因此，在三相半控桥式整流电路中，晶闸管的触发脉冲应当满足如下要求：

1）任一相晶闸管的触发脉冲应在滞后本相相电压 $30°$ 相角的 $180°$ 区间内发出，即 VSO_1 的触发脉冲在 aa' 区间发出，VSO_3 的触发脉冲在 bb' 区间发出，VSO_5 的触发脉冲在 cc' 区间发出。并且触发脉冲应与输入的交流电压同步。

2）晶闸管的触发脉冲，按电源电压相序依次应有 $120°$ 的电角度差。

（2）输出电压波形。在满足触发条件的情况下，输出电压为

$$u_d = 1.35U_{\varphi\varphi}\frac{1+\cos\alpha}{2} \tag{9-17}$$

作出 u_d 与 α 的关系如图 9-15 所示。可见，只要改变 AER 输出的控制脉冲角度 α，就可实现 AER 的控制要求。

2. 三相全控桥式整流电路

将三相半控桥式整流电路中的二极管 V_4、V_6、V_2 换成晶闸管 VSO_4、VSO_6、VSO_2 就可变成三相全控桥式整流电路如图 9-16 所示。三相全控桥式整流电路既可以工作在整流状态，也可以工作在逆变状态。

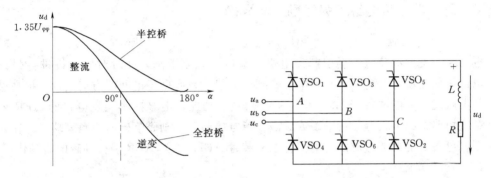

图 9-15　输出电压 u_d 与 α 的关系图　　　　图 9-16　三相全控桥式整流电路图

（1）触发脉冲要求。如果图中的晶闸管有最大的导通角，相当于将晶闸管改为二极管，则三相全控桥式整流电路变为三相全波桥式整流电路。如图 9-17 所示中 a 点、b 点、c 点分别是晶闸管 VSO_1、VSO_3、VSO_5 在 $\alpha=0°$ 时的导通时刻；a' 点、b' 点、c' 点分别是晶闸管 VSO_4、VSO_6、VSO_2 在 $\alpha=0°$ 时的导通时刻。从图中可以看出，每隔 60° 要给两个晶闸管发触发脉冲，简称双脉冲触发，并且每个晶闸管导通 120°。

对触发脉冲有如下要求：

1）晶闸管 $VSO_1\sim VSO_6$ 触发脉冲的次序为 VSO_1、VSO_2、VSO_3、VSO_4、VSO_5、VSO_6，且触发脉冲相差 60°。为保证触发可靠性，采用双脉冲或宽脉冲触发。

2）晶闸管 $VSO_1\sim VSO_6$ 触发脉冲应在 a、c'、b、a'、c、b' 点后 180°区间内发出。

（2）整流工作状态。当 $\alpha=0°$ 时输出电压 u_d 波形如图 9-17 所示。当 $\alpha<90°$ 时，电路处于整流工作状态，输出电压 u_d 大小为

$$u_d = 1.35U_{\varphi\varphi}\cos\alpha \tag{9-18}$$

（3）逆变工作状态。逆变工作状态就是将输出的直流电压转化为交流电压，此时直流侧的能量反馈给交流侧。实现逆变的条件为：①输出电压 u_d 为负，由式（9-18）可知，此时 $\alpha>90°$；②负载必须为感性负载，即逆变时电感负载已经储存有能量；③交流

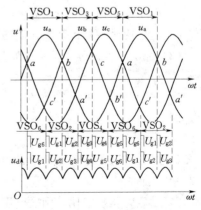

图 9-17　$\alpha=0°$ 时三相全控桥
输入与输出波形图

侧电源不能消失，即实现的是有源逆变，该电路无法实现无源逆变。

定义逆变角 $\beta=180°-\alpha$，则电路处于逆变状态时输出电压 u_d 为

$$u_d = -1.35U_{\varphi\varphi}\cos\beta \qquad (9-19)$$

考虑到晶闸管存在换流角、关断时间，所以逆变角 β 不能取得过小；为了防止电路逆变失败（又称逆变颠覆），逆变角 β 又不能取得过大。因此，逆变角 β 的一般取值范围为 $90° < \beta < 150°$。

逆变一般用于逆变灭磁，由于在逆变过程中交流侧电压不变，励磁电流等速减小，灭磁过程相当迅速。

9.1.6 同步发电机的继电强行励磁与灭磁

1. 继电强行励磁

电力系统发生故障时，会引起发电机机端电压急剧下降，此时对发电机进行强行励磁，以最快的速度将发电机的励磁电压升到最大值，将有助于电网的稳定运行，提高继电保护的灵敏度。一般的 AER 装置具有强行励磁的功能，但某些小型发电机的 AER 可能存在某些短路情况下没有强行励磁或励磁顶值电压不高、励磁响应速度慢等缺点。在这种情况下，可设置继电器组成的继电强行励磁装置 AEI，作为 AER 强行励磁的后备作用。

（1）强励要求。

1）继电强行励磁装置由低电压继电器构成时，应当满足如下要求：

a. 并列运行各机组的继电强行励磁装置，应分别接入不同相别的电压，以保证发生任何类型的相间短路时，均有一定数量的同步电机进行强行励磁。

b. 在某些类型相间短路情况下，若自动励磁调节装置不能保证强行励磁，则继电强行励磁装置接入电压的相别，应与自动励磁调节装置相配合，以便有自动励磁调节装置不能反应时，继电强行励磁装置能够动作。

2）为避免继电强行励磁装置与自动励磁调节装置电压相别相互配合上的复杂性，以及为提高继电强行励磁装置的灵敏性，也可采用正序电压或复合电压（全电压和负序电压）起动的继电强行励磁装置。

3）电压互感器一次或二次侧发生断线故障时，继电强行励磁装置不应误动作。

4）当备用励磁机代替工作励磁机时，继电强行励磁装置应切换到备用励磁机上。

（2）强励指标。强励倍数与励磁电压响应比是衡量强励（包括继电强励）能力的两个指标。

1）强励倍数。强励倍数 K_I 为强励时最高励磁电压 $U_{E.max}$ 与额定励磁电压 $U_{E.N}$ 的比值，即

$$K_I = U_{E.max}/U_{E.N} \qquad (9-20)$$

显然，K_I 越大强励效果越好，但受励磁系统结构与设备制造工艺的限制，通常 $K_I = 1.2 \sim 2$ 之间。

2）励磁电压响应比。励磁电压响应比是反应强励过程中励磁电压增长速度的一个指标。通常是指 Δt（一般取 0.5s 或 0.1s）时间内励磁电压平均上升的速度值与发电机额定励磁电压的比值，即

$$励磁电压响应比 = \frac{励磁电压上升值 / \Delta t}{U_{E.N}} \qquad (9-21)$$

不同的励磁系统，励磁电压响应比大小不同，对直流励磁机励磁系统，该值一般为 0.8~1.2 之间，对快速励磁系统来讲，该值可达 3。

2. 自动灭磁

运行中的发电机在退出运行，或发电机内部故障继电保护动作于切机时，要求在跳开发电机出口断路器的同时迅速将发电机灭磁。

灭磁就是将发电机励磁绕组的磁场迅速减弱到最小值。考虑到励磁绕组是一个大电感，突然断开励磁回路将产生很高的过电压，危及励磁绕组的绝缘，所以用直接断开励磁回路的方法是不行的。在断开励磁回路之前，应将励磁绕组自动接到放电电阻或其他放电装置中去，使励磁绕组中存储的能量迅速消耗。

对灭磁的基本要求是：①灭磁时间要短；②灭磁过程中转子过电压不应超过允许值，其值一般取额定励磁电压的 4~5 倍；③灭磁后，机组剩磁电压不应超过 500V。

灭磁的方法很多，一般有放电电阻灭磁、灭弧栅灭磁、逆变灭磁三种灭磁方法。

(1) 放电电阻灭磁。如图 9-18（a）所示，发电机正常运行时，灭弧开关 S 处于合闸状态，励磁电压 U_E 通过主触头 S_1 给励磁绕组供电，而触头 S_2 断开。当发电机退出运行需要灭磁时，灭磁开关 S 跳开，触头 S_2 先闭合，触头 S_1 后断开，使励磁绕组通过电阻 R 放电灭磁。

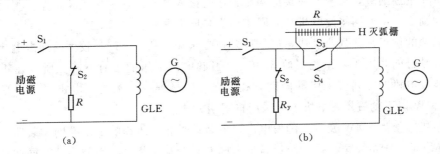

图 9-18　自动灭磁电路图
(a) 利用放电电阻灭弧示意图；(b) 利用灭弧栅灭弧示意图

利用放电电阻 R 放电灭磁的实质是将励磁绕组的磁场能转换为电阻 R 的热能，该方法电流是指数衰减，速度较慢。目前，广泛采用对非线性电阻放电灭磁，大大提高了灭磁的速度。

(2) 灭弧栅灭磁。如图 9-18（b）所示，发电机正常运行时，灭弧开关 S 处于合闸状态，励磁电压 U_E 通过主触头 S_1、S_3、S_4 给励磁绕组供电，而触头 S_2 断开。当发电机灭磁时，触头 S_2 先闭合，触头 S_1、S_4 后断开。接入限流电阻 R_y 是为了防止励磁回路被短接。在 S_4 断开后，S_3 紧接着被断开，产生的电弧被引入灭弧栅中，电弧在灭弧栅中分成很多短的电弧，相当于对非线性电阻放电。灭磁过程中，励磁电流逐渐衰减，当衰减到较小数值时，灭弧栅电弧不能维持，可能出现电流中断而产生过电压。为了限制过电压，灭弧栅并接多段电阻，避免了整个电弧同时熄灭，实现顺序熄灭。由于灭弧栅灭磁速度快，广泛应用于大、中型发电机中。

（3）逆变灭磁。利用可控硅整流桥逆变灭磁，其实质是将励磁绕组储存的能量送回交流电源侧。这种灭磁方式是通过 AER 装置改变晶闸管的控制角来实现的，可节省灭磁开关和灭磁电阻等设备，灭磁速度快，效果好，但受励磁方式的限制。

9.2　同步发电机自动并列

9.2.1　概述

在发电厂中，应能进行并列（同期）操作的断路器有：发电机、发电机双绕组变压器组高压侧、发电机三绕组变压器组各电源侧、双绕组变压器低压侧或高压侧、三绕组变压器各电源侧、母线分段、母线联络、旁路、35kV 及以上系统联络线，以及其他可能发生非同期合闸的断路器。用于完成并列操作的断路器称为并列点。在发电厂中，并列点很多，同期操作是一个复杂、重要的操作，一般由自动准同期装置完成。

电力系统中，并列方法主要有准同期并列与自同期并列两种。所谓准同期并列：先给待并列发电机加励磁，使发电机建立起电压，调整发电机的电压和频率，在接近同步条件时，将发电机并入电网，若整个过程是人工完成称为手动准同期并列；若整个过程由装置自动完成，称为自动准同期并列，所用装置称为自动准同期装置。所谓自同期并列，待并列发电机先不加励磁，当其转速接近同步转速时接入电网，在并列点断路器合闸后，立即给转子加励磁，由电网将发电机拉入同步称为自同期并列。

自同期的优点是并列速度快，但这种并列方法在并列时会产生较大的冲击电流，同时发电机加励磁前要短时从系统吸收无功，会引起电网电压的短时下降。所以在正常情况下，同步发电机的并列应采用准同期方式，在故障情况下，水轮发电机可采用自同期方式，100MW 以下的汽轮发电机也可采用自同期方式。

对单机容量为 6MW 及以下的发电厂，可装设带相位闭锁的手动准同期装置；对单机容量为 6MW 以上的发电厂，应装设自动准同期装置和带相位闭锁的手动准同期装置。水电厂宜装设自动同期装置；单机容量为 100MW 以下的火电厂可装设手动或半自动自同期装置。在变电所中，当有调相机或有经常解列和并列的线路时，应装设带相位闭锁的手动准同期装置，必要时，还可装设半自动准同期装置或捕捉同期装置。

电网的并列操作如果不当或误操作，将产生极大的冲击电流，损坏发电机，引起电网电压波动，甚至引起电网振荡，破坏电力系统的稳定性。所以，对并列操作有如下两个基本要求，即：

（1）并列瞬间，发电机的冲击电流应不超过规定的允许值。

（2）并列后，发电机应能尽快进入同步运行。

1. 准同期的理想并列条件

如图 9-19 所示发电机 G 经过变压器 T 通过断路器 QF 与系统 S 并列的电路。要使得冲击电流最小且并列后发电机应能尽快进入同步运行，则应在 QF 主触头合上瞬间，断路器两侧电压 $\dot{U}_G$、$\dot{U}_S$ 的大小相等、频率相同、相位差为零。即

(1) $\dot{U}_G$ 与 $\dot{U}_S$ 的相序必须相同。

(2) $\dot{U}_G$ 与 $\dot{U}_S$ 的大小必须相同。

(3) $\dot{U}_G$ 与 $\dot{U}_S$ 的频率必须相同。

(4) $\dot{U}_G$ 与 $\dot{U}_S$ 的相位差为零。

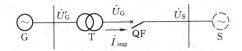

图 9-19 同步发电机与电网并列图

但是，在实际操作中，同时满足上述条件不太可能，事实上也没有必要。只要并列时的冲击电流 I_{imp} 较小，就不会危及发电机与电网的安全。因此，在实际操作中，上述理想条件允许有一定的偏差，但偏差要控制在允许值以内。

2. 准同期的实际并列条件

设发电机电压 $\dot{U}_G$、系统电压 $\dot{U}_S$ 分别为

$$u_G = \sqrt{2}U_G \sin(\omega_G t + \varphi_G) \tag{9-22a}$$

$$u_S = \sqrt{2}U_S \sin(\omega_S t + \varphi_S) \tag{9-22b}$$

式中　ω_G——发电机电压角频率，$\omega_G = 2\pi f_G$，f_G 为发电机频率；

　　　φ_G——发电机电压相角；

　　　ω_S——系统电压角频率，$\omega_S = 2\pi f_S$，f_S 为系统电压频率；

　　　φ_S——系统电压相角。

在同一相量图中要将频率不同的相量画出，以系统电压 $\dot{U}_S$ 为参考相量，则发电机电压 $\dot{U}_G$ 有相对转速 $\omega_\Delta = \omega_G - \omega_S = 2\pi(f_G - f_S)$，$\omega_\Delta$ 一般称为滑差。$T_\Delta = 1/|f_G - f_S|$ 一般称为滑差周期。如图 9-20 所示，当 $f_G > f_S$ 时，$\dot{U}_G$ 为顺时针旋转；当 $f_G < f_S$ 时，$\dot{U}_G$ 为逆时针旋转。

令 $u_\Delta = u_G - u_S$ 为滑差电压，当 $U_G = U_S = U$，且 $\varphi_G = \varphi_S = 0°$ 时，有

$$u_\Delta = u_G - u_S = 2\sqrt{2}U \sin\frac{\omega_\Delta t}{2}\cos\frac{\omega_G + \omega_S}{2}t = 2\sqrt{2}U \sin\frac{\delta}{2}\cos\frac{\omega_G + \omega_S}{2}t \tag{9-23}$$

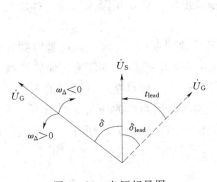

图 9-20　电压相量图

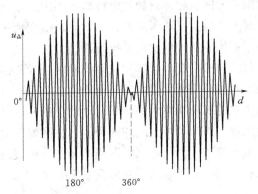

图 9-21　滑差电压波形图

画出滑差电压波形如图 9-21 所示，图中的包络线波形为 $2\sqrt{2}U|\sin(\delta/2)|$。合闸时，冲击电流 I_{imp} 为

$$I_{\mathrm{imp}} = u_\Delta / Z_{11} \qquad\qquad (9-24)$$

式中　Z_{11}——系统纵向阻抗。

由式（9-24）可见，要使得合闸时的冲击电流最小，必须 $\delta = 0°$。从图 9-21 中可见，当系统电压 $\dot{U}_S$ 与发电机电压 $\dot{U}_G$ 同相位（$\delta = 0°$）时，滑差电压最小为 $|\dot{U}_G - \dot{U}_S|$。因此要使冲击电流在允许值内，则相位差、电压幅值差必须在规定的范围内。

另外，要使发电机并列后能尽快进入同步，则频率差 $f_\Delta = |f_G - f_S|$ 也要小于允许值。

考虑到实际接线时，相序已经一致。所以，准同期的实际并列条件如下：

（1）$\dot{U}_G$ 与 $\dot{U}_S$ 的电压幅值差小于允许值。

（2）$\dot{U}_G$ 与 $\dot{U}_S$ 的频率差小于允许值。

（3）在合闸瞬间，$\dot{U}_G$ 与 $\dot{U}_S$ 的相位差接近于零。

3. 导前时间与导前相角

考虑到断路器的合闸时间 t_{on} 及准同期装置的动作时间 t_c，为了保证在断路器主触头合上瞬间 $\delta = 0°$，则准同期装置需要在 $\delta = 0°$ 之前 t_{lead} 发出合闸命令，且 $t_{\mathrm{lead}} = t_{\mathrm{on}} + t_c$。$t_{\mathrm{lead}}$ 称为导前时间，其对应的角度称为导前相角 δ_{lead}，$\delta_{\mathrm{lead}} = 2\pi f_{\Delta.\mathrm{set}} t_{\mathrm{lead}}$，式中 $f_{\Delta.\mathrm{set}}$ 为频率差的整定值。在图 9-20 中表明了导前时间与导前相角。

需要指出的是，在不同的频率差时，导前相角会发生改变，而导前时间固定不变。当频率差小于整定值时，导前相角减小；当频率差大于整定值时，导前相角增大。

4. 准同期装置的分类

根据使用场合，准同期装置分为差频同期装置与同频同期装置。

（1）差频同期。发电机与系统并网和已解列两系统间联络线并网都属差频同期。差频同期按准同期条件并网时需实现并列点两侧的电压相近、频率相近在相角差 $\delta = 0°$ 时完成并网操作。当频率差相差太大时，需要对发电机发出调速脉冲，如发电机频率大于系统频率，则发出减速脉冲；如发电机频率小于系统频率，则发出增速脉冲。当电压差太大时，需要对发电机发出调压脉冲，如发电机电压大于系统电压，则发出降压脉冲；如发电机电压小于系统电压，则发出升压脉冲。

（2）同频同期。未解列两系统间联络线并网属同频同期（或合环）。这是因并列点两侧频率相同，但两侧会出现一个功角 δ，δ 的大小与连接并列点两侧系统其他联络线的电抗及传送的有功功率成比例。这种情况的并网条件应是当并列点断路器两侧的压差及功角在给定范围内时即可实施并网操作。并网瞬间并列点断路器两侧的功角立即消失，系统潮流将重新分布。因此，同频同期的允许功角整定值整定为系统潮流重新分布后不致引起继电保护误动，或导致并列点两侧系统失步。

9.2.2　自动准同期装置

差频同期型自动准同期装置的框图结构如图 9-22 所示。从图中可见，装置包括频率差方向判断、电压差方向判断、合闸逻辑判断三部分功能。

1. 频率差方向判断

在微机型自动准同期装置中，直接测量发电机与系统电压的周期 T_G 与 T_S，再计算频率与频率差，如果频率差大于允许值，则发出相应的升速或降速脉冲，调整汽轮机的进汽大小或水轮机的进水量大小。但发出调速脉冲的时间应在 $\delta = 0° \sim 180°$ 时间范围内，因为发电机的调速本身有一段延时，更为主要的是要保证在发出合闸脉冲后发电机的频率不再变化，否则断路器主触头合上瞬间 $\delta \neq 0°$，造成冲击电流过大。如果频率差较大，调速脉冲应该更宽；如果频率差较小，调速脉冲应该更窄。另外，当频率差为零相位差不为零时，会造成无法合闸，因此需要破坏同频不同相的现象，加快同期并列过程。

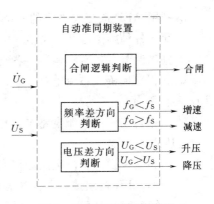

图 9-22　自动准同期装置
结构图

2. 电压差方向判断

在微机型自动准同期装置中，一般采用半波绝对值积分算法计算发电机电压与系统电压的有效值 U_G 与 U_S，再计算电压差，如果电压差大于允许值，则发出相应的调压脉冲，调整发电机的励磁电流大小。同样，发出调压脉冲的时间应在 $\delta = 0° \sim 180°$ 时间范围内。

3. 合闸逻辑判断

在频率差和电压差合格时，不断检测发电机与系统电压相位差，提前一个恒定导前时间 t_{lead} 发出合闸脉冲，在频差和压差不合格时能够对合闸回路进行闭锁。

对差频同期，特别是发电机对系统并列时，发电机组的转速在调速器的作用下不断变化，因此发电机对系统的频率差不是常数，而是包含有一阶、二阶或更高阶的导数。且并列点断路器还有一个固有的合闸时间 t_{on}，如果忽略装置的动作时间，同期装置必须在零相差出现前的 $t_{lead}(t_{lead} = t_{on})$ 时发出合闸命令，才能确保在 $\delta = 0°$ 时实现并列。或者说同期装置应在 $\delta = 0°$ 到来前提前一个角度 δ_{lead} 发出合闸命令，δ_{lead} 与断路器合闸时间 t_{on}、角频差 ω_Δ、角频差的一阶导数 $\dfrac{d\omega_\Delta}{dt}$ 及角频差的二阶导数 $\dfrac{d^2\omega_\Delta}{dt^2}$ 等有关。其数学表达式为

$$\delta_{lead} = \omega_\Delta t_{on} + \frac{1}{2}\frac{d\omega_\Delta}{dt}t_{on}^2 + \frac{1}{6}\frac{d^2\omega_\Delta}{dt^2}t_{on}^3 + \cdots \tag{9-25}$$

同期装置在并网过程中需不断快速求解该微分方程，获取当前的理想提前合闸角 δ_{lead}。并不断快速测量当前并列点断路器两侧的实际相差 δ，当 $\delta = \delta_{lead}$ 时装置发出合闸命令，实现精确的零相位差并网。

复 习 思 考 题

1. 发电机与系统并列运行，机端电压受哪些因素的影响？
2. 发电机与系统并列运行，改变发电机的励磁电流，对发电机与系统有何影响？

3. 利用 AER 改变发电机的外特性有何作用？

4. 简述各种励磁方式的特点。

5. 励磁调节方式有哪两种？各自有何特点？

6. 三相半控桥式整流电路中，对晶闸管触发脉冲有何要求？写出输出直流电压平均值的表达式。

7. 三相全控桥式整流电路中，对晶闸管触发脉冲有何要求？写出输出直流电压平均值的表达式。

8. 三相全控桥式整流电路如何实现逆变？

9. 说明 AER 的组成，并简述各环节的作用。

10. 并列运行发电机的外特性需满足何种条件，为什么？

11. 并列运行发电机如何调节无功？怎样合理分配无功？

12. 强励的指标有哪些？

13. 对发电机灭磁有何要求？灭磁方法有哪几种？

14. 发电机的实际并列条件有哪些？

15. 准同期为何要设置导前时间？

16. 导前时间与导前相角有何关系？

17. 准同期中调压与调速脉冲为何要在 $\delta=180°$ 前发出？

18. 准同期中如何获得准确的导前相角？

参 考 文 献

［1］ 贺家李，宋从矩．电力系统继电保护原理［M］．北京：中国电力出版社，2004．

［2］ 张保会，尹项根．电力系统继电保护［M］．北京：中国电力出版社，2005．

［3］ 郭光荣．电力系统继电保护［M］．北京：高等教育出版社，2006．

［4］ 许正亚．电力系统安全自动装置．北京：中国水利水电出版社，2006．

［5］ 国家电力调度通信中心．电力系统继电保护实用技术问答［M］．2版．北京：中国电力出版社，2000．

［6］ 江苏省电力公司．电力系统继电保护原理与实现技术［M］．北京：中国电力出版社，2006．

［7］ 罗士萍．微机保护原理及实现装置［M］．北京：中国电力出版社，2001．

［8］ 洪佩孙．电力系统继电保护［M］．北京：水利电力出版社，1987．

［9］ 王维俭．发电机变压器继电保护应用［M］．北京：中国电力出版社，2005．

［10］ 王梅义等．超高压电网继电保护运行技术［M］．北京：水利电力出版社，1984．

［11］ 国家技术监督局．GB 14285—2006 继电保护和安全自动装置技术规程［S］．北京：中国标准出版社，2006．

［12］ 能源部西北电力设计院．电力工程电气设计手册（2）．水利电力出版社，1990．

［13］ 南瑞继保．RCS—931系列超高压线路成套保护装置技术说明书．

［14］ 南瑞继保．RCS—901系列超高压线路成套保护装置技术说明书．

［15］ 南瑞继保．RCS—902系列超高压线路成套保护装置技术说明书．

［16］ 国电南自．PSL601数字式线路保护装置技术说明书．

［17］ 南瑞继保．RCS—978 220kV变压器保护说明书系列．